核技术与核安全

主　编　陈文振
副主编　于　雷　郝建立
编　者　黄　桂　彭　俏

中国原子能出版社

图书在版编目（CIP）数据

核技术与核安全 / 陈文振主编. —北京：中国原子能出版社，2021.5

ISBN 978-7-5221-1389-0

Ⅰ. ①核… Ⅱ. ①陈… Ⅲ. ①核技术②核安全 Ⅳ. ①TL

中国版本图书馆 CIP 数据核字（2021）第 092279 号

内 容 简 介

核技术是现代科学技术的重要组成部分，是主要的高新技术之一。而核安全问题不仅制约着国家核科学技术的发展，而且关系到国防核力量的建设，一旦发生核事故将危及社会公众与环境安全，直接影响国家政治、经济、外交等方面。这就要求相关的操作、运行与管理人员，特别是相关的涉核人员对核技术与核安全相关知识都要有较为清楚的认识和掌握。本书以此为背景，对相关的基本概念、基本原理和应用进行了介绍。全书分十章，包括核技术与核安全的概述，原子核物理基础知识，核技术的应用，核武器技术，核动力技术及其应用，核反应堆安全问题与安全设计，核反应堆安全评价，核安全监管，辐射安全及防护，核安全文化等内容。

本书既可作为本科通识教育的基础课教材与相关涉核人员的培训教材，也可供核环境、核装备与核设施相关的运行与管理人员，以及相关专业的工程技术人员参考。

核技术与核安全

出版发行 中国原子能出版社（北京市海淀区阜成路 43 号 100048）
责任编辑 刘东鹏
装帧设计 崔 彤
责任校对 冯莲凤
责任印制 赵 明
印　　刷 北京厚诚则铭印刷科技有限公司
经　　销 全国新华书店
开　　本 787 mm×1092 mm 1/16
印　　张 15.375
字　　数 384 千字
版　　次 2021 年 5 月第 1 版 2021 年 5 月第 1 次印刷
书　　号 ISBN 978-7-5221-1389-0 **定 价 66.00 元**

网址：**http://www.aep.com.cn** E-mail：**atomep123@126.com**
发行电话：**010-68452845**

前　言

进入21世纪以来，随着我国科学技术的发展和国防战略的调整，核舰船、核武器与核设施等方面建设也大步推进，核安全和核技术获得了空前的重视和应用。在福岛核事故发生后，不少人，特别是涉核单位的相关人员迫切希望了解这一学科知识。在核技术方面，可以说它是现代科学技术的重要组成部分，是20世纪人类文明的重要里程碑，也是当代最主要的先进技术之一。近年来虽然有一些专著或教材可以供大专院校教学和学生学习之用，但是这些书基本上仅局限于所涉及核技术的某个领域，缺少对其内涵、军事应用和发展做全面系统介绍且适用于相关涉核单位人员的教科书。在核安全方面，核能的安全利用是目前制约核电与核舰船发展的最重要因素。核安全问题不仅关系到国家核电发展、国家核力量建设，而且一旦发生核事故将危及社会公众与环境，直接影响国家政治、经济、外交等方面。核安全的有效保障离不开高素质的涉核人才，离不开对核安全的长期教育与认识，针对相关培训任务与教学工作，拟编写本教材。

全书对核技术与核安全的主要知识内容和应用领域进行了较为全面的介绍。除了将原子核物理基础作为公共基础知识外，重点对核技术与核安全方面的基本概念、理论方法和应用进行了讲述，以期能够满足相关学员了解核技术、理解核安全的基本需求。全书分十章，包括核技术与核安全的概述，原子核物理基础知识，核技术的应用，核武器技术，核动力技术及其应用，核反应堆安全问题与安全设计，核反应堆安全评价，核安全监管，辐射安全及防护，核安全文化等内容。

本书在编写思路、章节安排、内容撰写上，持开放的思路，注重知识的科学性和完整性、学习的系统性和基础性，同时突出在军事上的一些特点与特色。

本书由陈文振主编，于雷、郝建立副主编；第1～3章由陈文振编写；第4章由黄桂编写；第5章由郝建立编写；第6、7章由于雷编写；第8章由陈文振、于雷共同编写；第9章由龚军军编写；第10章由彭俏编写；全书由陈文振负责统稿。

本书编写过程得到了海军核安全局的大力支持，同时吸收了参考文献中所列的相关教材的内容，储玺、李明芮、马松洋、马俊杰、叶磊等博士、硕士们也做了大量的校对、编辑工作，在此一并表示衷心的感谢。

限于编者的水平，加之编写时间的仓促，书中难免存在缺点和错误，敬请读者批评指正。

编　者

2020年12月

目　录

第一章

概　论

第一节　核技术的应用与发展历程

1896 年，法国物理学家贝可勒尔发现了铀（U）的天然放射性，为核技术的诞生奠定了重要的科学基础，并推动了核技术应用的迅速发展。20 世纪 30 年代末期开始的核能和核辐射的开发利用，使人们对于原子核的研究以及由原子核发射的各类射线与物质的相互作用的认识有了进一步提升，并将其应用于现代科技研究——探索新领域、阐释新现象、确证新物质，逐步形成了一门具有丰富内涵且与多学科交叉融合的新兴科学技术，即核科学技术，简称核技术。因此，核技术是研究如何将核科学研究中所揭示出的原子核变化规律及其固有和伴随产生的物理现象加以实际应用的科学。

核技术是现代科学技术的重要组成部分，是 20 世纪人类文明史上一个重要的里程碑，属于高科技之一，也是社会现代化的重要标志之一。核技术现已广泛应用于国防、科研、工业、农业、医学、通信、交通、环保和资源开发等各个领域，形成相对独立和完整的研究和应用体系，并以其知识密集性、交叉渗透性、难以取代性、高效益性及广泛适应性等特点，被纳入了世界高科技角逐的竞技场。目前，世界上共有 150 多个国家开展核技术的研究、开发和应用。它的快速发展已成为推进国防和国民经济新技术、新材料、新工艺、新方法不断取得创新发展的动力。

核技术已经成为当前国防建设与国民经济发展的不可或缺的重要领域，是世界大国争夺的战略制高点，成为世界强国优先发展的重要方向。除了核武器、核电外，核技术在工业等领域应用具有难以替代的重要作用，其应用发展水平，不但影响着国家工业竞争力的高低，而且成为决定一个国家综合实力的重要因素，所以欧洲、美国、日本等发达国家高度重视，投入巨资研究发展和掌握其核心技术。核技术应用学科的发展对我国的科技进步、经济建设、国民健康、国家安全等方面也发挥了举足轻重的作用。

核技术一般分为同位素与辐射技术（简称同辐技术，也称为非动力核技术）、核武器技术和核动力技术。本书中所述的核技术还包括核能的和平利用等内容。

从 1896 年天然放射性的发现至今，核能与核技术的发展已有 120 多年的历史了。这个发展过程可大致划分为三个阶段。第一阶段从 1896 年至 1942 年，为核基础研究阶段。在这一阶段，经过世界各国许多科学工作者的努力，取得了一系列基础研究的重大发现和突破。例如放射性的发现、原子核结构模型的建立、同位素概念的提出、中子及裂变反应的发现等。这一阶段的研究成果为后来的核技术发展奠定了理论基础。第二阶段从 1942 年至 1945 年，为军事应用阶段。为了战争并赶在纳粹德国之前造出原子弹，美国集中了全世界优秀的科学家和巨额财力（约 23 亿美元），历时 4 年试验，爆炸了世界第一颗原子弹。之后，核能与核技术对整个世界政治、军事产生的重大影响是人们有目共睹的。第三阶段从 1945 年至今，为军事应用与和平利用并举阶段。第二次世界大战结束以后，核技术开始大规模地转移到国民经济应用中。此外，美国为了巩固其核武器的世界垄断地位，保持军事优势，继续发展其核武器。而其他国家为了打破美国核垄断也加速进行核武器的试验。1949 年苏联、1952 年英国，1960 年法国、1964 年中国、1968 年印度也相继爆炸了自己的原子弹或核装置，打破了美国一家独霸的局面。在和平应用方面，自 1954 年苏联建成第一座核电站以后，核技术的应用出现了前所未有的发展。核动力客轮下水、原子破冰船首航、辐射育种、辐射不育技术消灭病虫害、医用 γ 相机研制成功、放射性免疫测定技术的建立等像雨后春笋、竞相开放，并转向解决紧迫的社会问题、技术问题及生物医学中的问题。例如环境污染与保护、海水淡化、能源发展、生物工程、癌症的诊断与治疗等。到了 20 世纪八九十年代，核技术已经在许多方面形成了新兴的产业。在西方发达国家，核能与核技术的应用已经深入到国民经济的各个领域，技术日趋成熟，并不断取得新进展。进入 21 世纪以后，随着计算机、电子学以及其他新材料、新技术在核技术领域的广泛应用，使其出现了新的发展阶段，其应用领域更加广泛，发挥的作用也越来越大。应用核技术所取的经济效益和社会效益的影响就更大了，仅核技术在现代医学领域中的应用，就已拯救了成千上万人的生命。下面给出了核能与核技术发展与应用大致历程。

（1）1896 年，人类发现了天然放射性的存在。1898 年，法国科学家居里夫妇发现了钋（Po）和镭（Ra），并在 1902 年提炼出 0.1 g 的镭盐和几毫克钋。镭的发现，引起科学和哲学的巨大变革，为人类探索原子世界的奥秘打开了大门。同年，卢瑟福用强磁铁使铀射线偏转，发现射线分为方向相反的两种带电粒子，一种非常容易被吸收，称为α射线；另一种具有一定的穿透力，称为β射线。1900 年，法国人维拉德观察到，镭除了上面两种射线之外，还存在着第三种射线，它不受磁场的影响，与 X 射线非常类似，但具有很强的穿透力，称为γ射线。1905 年，爱因斯坦创造性地提出质量与能量转换的关系式，即 $E=mc^2$，为核能的应用打下理论基础。1910 年，科学家提出了同位素概念，首次实现用 X 射线照相开展无损检验，开启了核技术应用的先河。

（2）1923 年，研究人员首次采用放射性示踪开展生物学相关研究。1930 年，德国物理学家博特和贝克尔用 α 粒子轰击铍、锂、硼原子核，产生了一种能使计数管放电而且穿透力强的神秘射线。1932 年，英国物理学家查德威克研究认为这种“射线”是一种不带电的中性粒子流，它的质量数和质子数相当，并具有强的穿透本领，命名为“中子”。中子被发现后，成为科学家们进行核科学研究的重要工具，并极大地促进了核科学技术的迅猛发展。1936 年，活化分析技术首次得到了实践应用；1947 年，人们通过放射性核素碳－14 含量的测定来判断考古挖掘物品的年代。

（3）1930 年前后，英国物理学家考克拉夫特和瓦尔顿一起建造了第一台粒子加速器。1931 年，美国物理学家范德格拉夫建造了静电加速器，美国物理学家劳伦斯和利文斯顿设计制造了第一台用来加速离子的回旋加速器。1947 年建造了行波电子直线加速器和驻波质子加速器。

（4）1934 年，约里奥·居里夫妇用钋的α射线轰击铝箔，发现铝箔有放射性，并用化学方法从铝箔中分离出 ^{30}P（磷－30），首次发现人工放射性，并随后在实验中发现铀裂变产生多个中子和释放出大量能量，预言了链式反应可以实现。

（5）1938 年，德国人哈恩用中子轰击铀核实现了铀核的裂变，并发现裂变过程会释放能量。同年，分别由在德国出生的美国物理学家贝特和德国天文学家魏茨泽克各自独立发现聚变反应，即“热核反应”。

（6）1939 年，奥地利物理学家迈特纳和她侄子弗里施等人一起发现了铀核裂变现象，并测得 200 MeV 左右的裂变能。1941 年 3 月，人们用加速中子照射硫酸铀酰，第一次制得了 0.005 g 的另一种易裂变材料，钚－239。

（7）1942 年 1 月，在芝加哥大学废弃的足球场西看台下的一个小院落内，由美籍意大利物理学家费米设计建造了世界上第一座铀裂变反应堆 CP－1（芝加哥 1 号堆）。1942 年 12 月 2 日，人类首次完成自持裂变链式反应实验，第一座天然铀—石墨反应堆成功启动。

（8）1945 年 7 月 16 日凌晨 5 点 30 分，美国在新墨西哥州洛斯阿拉莫斯沙漠试验第一颗原子弹成功。8 月 6 日，日本当地时间早晨 8 点 16 分 02 秒，美国在广岛市上空投下其能量相当 1.25 万吨 TNT 当量、用铀－235 制成的原子弹，据说当时几乎立即夺去了至少 66 000 人的生命，一座 30 多万人口的城市化为灰烬。3 天之后又在长崎投下了另一枚钚原子弹，这两颗原子弹爆炸是核能首次破坏性亮相，加速了第二次世界大战结束。继美国之后，1949 年 9 月，苏联进行首次核武器试验，标志着军备竞赛开始。1952 年 10 月，英国在西澳大利亚的蒙蒂贝洛第一次核武器试验成功。同年 11 月 1 日，美国在太平洋的珊瑚岛（即马绍尔群岛）爆炸了世界上第一颗氢弹。1960 年 2 月 13 日，法国在非洲撒哈拉大沙漠赖加奈核武器试验成功，成为第 4 个宣布自己拥有核武器的国家。1964 年 10 月 16 日 15 时，中国西部地区罗布泊上空突然出现强烈的闪电、巨大的火球、惊天动地的爆炸声响、高高升起的蘑菇状烟云，构成了一幅无比壮丽的景象。中国的第一颗原子弹爆炸试验成功，使中国成为世界第 5 个试验并拥有核武器的国家。1967 年 6 月 17 日 8 时 20 分，中国的第一颗氢弹在中国西部地区上空爆炸成功。1969 年 9 月 23 日，中国进行首次地下核试验。1974 年 5 月 18 日，印度在波克兰核试验基地地下 107 米深处成功地进行了首次核试验，威力约 1.2 万吨到 1.5 万吨 TNT 当量的钚装置。

（9）1951 年 12 月 20 日，美国利用它的第一座生产钚的增殖反应堆的剩余热量发电，电功率为 100 kW。虽然美国从 20 世纪 50 年代初就开始研究和建造用于发电的各种类型的反应堆，但其真正的目的还是在于军事。1954 年 1 月 21 日，美国建造的第一艘核动力潜艇“鹦鹉螺”（又称“舡鱼”）号下水。1971 年 9 月，中国第一艘核潜艇成功下水。

（10）1954 年 6 月 27 日，苏联建成世界上第一座使用核燃料发电的核动力反应堆，它的电功率为 5 000 kW。1957 年 12 月，美国建成希平港核电厂，它与今天的核电厂差不多。

（11）1957 年，美国瑞侃公司首次用加速器辐照生产热缩材料，开创了辐射化工产业的历史。同年，美国凡士通公司首次用加速器辐照硫化技术生产汽车轮胎。

（12）1961 年，Allis Chalmers 与 William Myers 将第一台商用 Anger camera 在俄亥俄大学投入使用。1969 年 7 月 21 日，美国阿波罗 11 号飞船登月。为飞船供热的两个装置为 ^{238}Pu（钚–238）同位素发热器。1970 年，美国福特公司首次将电子加速器用于汽车配件涂漆固化。

（13）1969 年，英国工程师亨斯菲尔德成功设计了计算机断层成像（CT）并于 1972 年面世，提高了病变检出率和诊断准确度。1974 年，第一台正电子发射计算机断层成像仪（PET）问世，在 20 世纪 90 年代后期用于临床，大大促进了核医学的发展。1976 年，John Keyes 研制出第一台多用途单光子发射计算机断层成像仪（SPECT）。

（14）1981 年，马赫发表第一个肿瘤显像的单株抗体放射性药物。1983 年，第一台工业断层扫描器问世。1991 年，Cytogen 公司第一个推出经 FDA 同意的肿瘤显像的单株抗体放射性药物，同年，我国秦山核电站发电成功。

（15）1992 年，沙帕克因发明多丝正比室和漂移室而获得诺贝尔物理学奖。

（16）1994 年，布罗克豪斯和沙尔因发展了中子散射技术而获得诺贝尔物理学奖。

（17）1997 年，国际原子能机构的一次研讨会得出结论：利用核能进行海水淡化在技术上是可行的，并建立了一个国际核能海水淡化咨询小组。

（18）2001 年，美国能源部投资开发了一种体积更小的同位素微型电池，可为几立方毫米的微型电动机械提供动力。

（19）2002 年，俄罗斯完成海上浮动核反应堆的前期研发工作，并开始着手研究具体建造事宜。

（20）2003 年，美国科学家保罗 • 劳特布尔和英国科学家彼得 • 曼斯菲尔德由于在核磁共振成像技术领域的突破性成就获得了诺贝尔生理学或医学奖。

（21）2004 年，日本在世界上首次成功开发出了直径 5 mm，长约 2 cm 的微型 X 射线源。该机器带有内窥镜，可用于医学照射、探测。

（22）2005 年，聚变能取得重大进展，参加国际热核实验堆谈判的所有各方签署了联合声明，并就启动法国卡达拉奇建设达成一致意见。该决定标志着聚变能的发展进入了一个重要阶段——在与运行发电用聚变堆相关的条件下进行聚变技术的科学和工程论证。

（23）2007 年，核技术和同位素技术继续在农业、人体健康、海洋环境和陆地环境以及水资源管理领域作出实质性贡献。在粮食和农业领域，植物突变育种正在支持开发新的作物品种，使得肥料的需求大大减少。

（24）2008 年，欧洲核子研究中心通过世界最大的直线粒子加速器进行束流试验，通过大强子碰撞，制造“迷你版”宇宙大爆炸之后的瞬间状态，探秘“希格斯玻色子”“暗物质”“暗能量”等其他未解之谜。

（25）2010 年，俄罗斯首座浮动核电站下水。

（26）2011 年，美国为太空开发设计微型核电站，同年，日本宣布成功发明一种辐射探测塑料。

（27）2012 年，美国核管会向通用—日立核能有限公司颁发了全尺寸激光浓缩设施的首个建造和运行许可证。同年，光子放射治疗癌症方面取得重要进展，可以对肿瘤提供精确剂量的照射，同时最大程度减少对周边正常组织的损害。美国发表第一份为 NASA 太空技术部设定优先任务的有广泛公众基础的文件——《太空技术路线图与优先任务》。这份报告将核电源与核推进技术放在了优先发展技术的前列。

（28）2013 年，美国开展核火箭发动机非核试验。核火箭发动机使用核反应堆将氢加热到极高温度，氢膨胀通过喷嘴产生推力。与传统的化学火箭发动机相比，其推力和效率均提高两倍以上。

（29）2015 年，德国马克斯·普朗克研究所下属的等离子体物理研究所宣布，用于研究核聚变反应的世界最大仿星器“螺旋石 7–X”开始运行，并首次制造出氦等离子体。

（30）2016 年，美国橡树岭国家实验室通过开发的偕胺肟基聚乙烯纤维材料（AF1），将海水提铀成本大大降低，为工业化应用创造了条件，成为天然铀生产的另一种可能途径，有望为未来核能持续发展提供充足的燃料保障。

（31）2017 年，美国开始对最新研制的空间核反应堆电源地面样机进行热试，启动为期三年的技术示范项目，表明美国解决了空间反应堆电源可靠性问题、攻克了部分关键技术；同年，俄罗斯突破镍–63 同位素电池批量生产技术瓶颈；日本耐强辐射机器人首次成功完成福岛核事故中受损反应堆内勘察。

（32）2018 年，俄罗斯科学家开发了一种新的核反应堆燃料元件涂层，该涂层可以减缓 1 200 ℃下水蒸气与锆的氧化反应，使得制造耐事故燃料成为可能。

（33）2019 年，俄罗斯首座海上浮动核电站罗蒙诺索夫院士号投入使用。2020 年 10 月，中国“华龙一号”全球首堆首次达到临界状态。2020 年 10 月，俄罗斯的全球最强核动力破冰船“北极”号服役。

从以上所述可以看到，核能与核技术的应用，使人类社会进入了原子核时代，并发生了根本性的改变。人类现在生活与生产已经离不开核能与核技术。我们有理由预测，未来的核能与核技术时代将成为人类历史上最光彩夺目、最美好的时代。那时，人们不再因能源资源而困惑。核能与核技术对人类未来的发展所产生的影响是无法估量的。

第二节 核技术中的基本概念

核技术是以核物理、辐射物理、放射化学、辐射化学和核辐射与物质的相互作用为基础，以加速器、反应堆、核辐射探测器和核电子学为支撑技术的综合性现代科学技术。它利用放射性核素的电离辐射以及其他形式的辐射与物质相互作用所产生的物理、化学和生物效应观察自然现象、揭示自然规律、破解科学难题并加以实际应用。

核技术及其应用所涉及的领域和范围十分广泛，从其技术角度可分为射线技术、同位素技术和支撑技术三方面，即：

（1）射线技术：辐射加工，离子束加工，核分析技术，核成像技术，辐射检测仪表；

（2）同位素技术：同位素制备技术，同位素制品（或标记化合物），放射性药物，放射性年代学，放射性同位素能源，同位素示踪；

（3）支撑技术：加速器技术，反应堆技术，核辐射探测和核电子学，放射源技术，辐射剂量学和辐射防护。

从应用可分为：核技术在工业中的应用、核技术在生命科学中的应用、核技术在农业中的应用、核技术在环境科学中的应用、核技术在材料科学中的应用、核技术在能源领域中的应用和核仪器仪表等。核技术还以其独特的优势，在几十年发展的基础上，进一步向其他基础学科以及应用领域渗透，形成一些交叉学科或边缘学科，如核天文学、核考古学、核地质学、核海洋学等。

一、元素、核素和同位素

（一）元素

元素是指具有相同质子数的一原子的统称。一般由多个同位素组成，如 ^{1}H（氕、P）、^{2}H（氘，D）和 ^{3}H（氚，T）统称为氢（H）元素。

（二）核素

核素是指具有特定的质子数和中子数的一种原子或原子核。如 ^{1}H 核素，^{2}H 核素，^{3}H 核素。核素分为稳定核素和放射性核素两类；能够自发产生射线的核素称为放射性核素（Radionuclide）。

迄今已发现的周期表中的 110 多种元素，共有约 2 800 个核素，其中稳定或极长寿命的核素不到 300 个，其他都是不稳定核素。自然界存在的放射性核素（即原生及宇生放射性核素）中，宇生放射性核素只有 60 多个，其余都是通过反应堆或加速器生产出来的人工放射性核素。原生放射性核素即地球形成时就存在的初始放射性核素，其由于半衰期长还没有完全衰变完，不包括 ^{238}U、^{235}U 和 ^{232}Th 衰变产生的放射性核素；宇生放射性核素则是指大气中的原子核与来自于宇宙的辐射发生相互作用而产生的放射性核素；人工放射性核素是指由人工产生的放射性核素。在稳定核素中，中子数 N 和质子数 Z 的相对比例，有着严格的限制。

（三）同位素

同位素是具有相同原子序数，但质量数不同的一类核素，如 ^{1}H、^{2}H 和 ^{3}H 它们互为同位素。一种元素的同位素混合物中，某特定同位素的原子数与该元素的总原子数之比，即该特定同位素丰度。天然丰度是指在一种元素中特定同位素天然存在的丰度。例如 $^{234}_{92}U$、$^{235}_{92}U$ 和 $^{238}_{92}U$ 就是铀的三种同位素，它们在天然铀中所占原子百分比（丰度）分别为 0.005 5%、0.72%和 99.274%。

同中子异位素（Isotones）：具有相同中子数、不同质子数的一类原子。

同量异位素（Nuclear isobars）：具有相同质量数、不同质子数的一类原子。

同质异能素（Nuclear isomers）：处于同质异能态的核素。

二、射线与辐射

能量以波或次原子粒子移动传送的现象称为辐射。辐射包括电离辐射和非电离辐射两类。能够引起物质电离的辐射称为电离辐射。电离辐射的种类很多，常见的有电磁辐射（包括 γ 射线和 X 射线），带电粒子辐射（包括 α 射线、β 射线、电子束、质子射线、氘核射线、重离子束、介子束等），不带电粒子辐射（如中子）等。非电离辐射是指由于能量低而不能引起物质电离的辐射，如红外线、微波等。

γ射线：是一种能量极高的电磁辐射（电磁波），一般是由能态较高的原子核向较低能态跃迁时（γ衰变）释放的。γ光子是中性的，静止质量为0。波长为0.000 1～0.001 nm，穿透力强。

X射线：也称为伦琴射线，是由X光机产生的高能电磁波。波长比γ射线长，射程略近，穿透力不及γ射线。

α射线：实际上是高速运动的氦原子核，同位素产生的α射线能量通常在4～7 MeV，其直接电离能力非常强，但穿透能力很弱，对衰变产生的α粒子，10 cm厚的空气层就可完全吸收，一张普通的打印纸就可完全挡住。

β射线：实质是高速（几乎以1/4*C*～1*C*，*C*为光速）运行的电子，一般是原子核衰变时从原子核发出的，能量通常较高，且是连续分布的。射程比α射线长得多，β射线在空气中的射程大约几米至几十米。

中子：是一种不带电粒子，质量比质子稍大。中子与物质发生相互作用的类型及作用概率大小与中子能量大小存在着强烈的依赖关系。中子的穿透能力强，间接电离能力也强。

激光：20世纪60年代发展起来的一种新光源。激光也是一种电磁波，波长较长。由于它方向性好，仅0.1度左右偏差，单位面积上亮度高，单色性好，能使生物细胞发生共振吸收，导致原子、分子能态激发或原子、分子离子化，从而引起生物体内部的变异。

切伦科夫辐射：是指当带电粒子在介质中以大于该介质中光速的速度运动时所发射的电磁辐射。

三、基本参数与概念

（一）放射性活度

放射性活度是指单位时间内发生放射性衰变的次数。在SI（国际单位制）中，放射性活度的单位是每秒的衰变数（衰变/s），称为贝可勒尔，简称贝可（Bq）。非SI的放射性活度单位居里（Ci）与贝可的关系为：$1\ \text{Ci}=3.7\times10^{10}\ \text{Bq}$。

（二）比活度

比活度是指单位体积或单位质量物质的放射性活度，称为放射性活度浓度，单位体积物质的放射性活度有时简称为体积比活度，国际制单位为Bq/m^3，常用单位Bq/L。单位质量物质的放射性活度有时简称为质量比活度，国际制单位为Bq/kg。体积比活度国际制单位为Bq/m^3，常用单位Bq/L。

（三）吸收剂量

吸收剂量指的是单位质量物质受到电离辐射照射后吸收电离辐射能量的多少，国际单位制是焦耳/千克，即J/kg，吸收剂量的专用单位为戈瑞（Gray），用Gy表示，1 Gy＝1 J/kg。

吸收剂量率：单位时间内的吸收剂量，单位为Gy/s。吸收剂量率常用于表征中子、γ射线等产生的外照射辐射水平。有时说“某某地方核辐射很强”就是指吸收剂量率很高。

（四）剂量当量

剂量当量是指组织中某一点处的吸收剂量与该点处的辐射品质因数的乘积，即 1 kg 生物或人体吸收 1 J 辐射能所发生的生物效应。剂量当量的 SI 单位为希沃特（Sv），1 Sv=1 J/kg=100 rem（雷姆，非 SI 制单位）。

（五）有效剂量

不同的组织器官接受相同的当量剂量的照射时，其后果也是不同的。辐射照射对生物体组织器官产生的危险，不仅与辐射种类、能量有关，还随受照射的组织器官的不同而变化。为了总体衡量生物体受照射后可能产生的危险，对生物体所有组织器官所受的当量剂量进行加权求和，就是有效剂量。有效剂量 SI 单位为 Sv。

（六）核跃迁

核跃迁是指核系统从一种量子能态转变为另一种量子能态的过程。例如通过α衰变或β衰变，由一种核素转变为另一种核素的过程，或通过吸收（或放出）光子、轨道电子或电子对使系的核能级发生变化的过程。

（七）多普勒效应

多普勒效应是指由辐射源相对于观察者的运动而引起观察到辐射波长的改变。

四、核衰变与核反应

（一）核衰变

原子核衰变是一种原子核转变为另一种原子核的途径之一。这种物理过程在核反应堆内是大量发生的，缓发中子就是由被称为“先驱核”的一些裂变碎片在核衰变过程放出的。在迄今发现的约 2 000 种核素中，天然核素较少，大多数是人工制造出来的且不稳定。不稳定核素会进行自发衰变，称为放射性核素。其中，自然界存在的称为天然放射性核素，由核反应产生的称为人工放射性核素。放射性核素衰变的类型有β衰变、α衰变、γ衰变和蜕变。

β^-衰变：母核发射负电子（通常叫它β^-粒子），同时伴有反中微子的发射。衰变后的原子核 Z 增加 1，而 A 不变。这时核内有一个中子转化为一个质子。

β^+衰变：母核发射正电子（通常叫它β^+粒子），同时伴有中微子的发射。衰变后的原子核 Z 减少 1，而 A 不变。这时核内有一个质子转化为一个中子。

α衰变：母核发射氦原子核 ${}^4_2He$（通常叫它 α粒子）。衰变后的原子核 Z 减少 2，A 减少 4。

γ 衰变：当放射性核经α衰变或β衰变后，所生成的子核往往处于激发态，在极短的时间内，子核从较高的激发态跃迁到较低激发态或基态时，便放出 γ 射线。γ 射线和 X 射线都属电磁波。但 γ 射线的波长比 X 射线的短。

蜕变：激发态的核放出核子而衰变。

内转换：与γ辐射相竞争的一种核跃迁过程，它通过电磁相互作用，将原子核的激发能直接转化成壳层电子的激发能而退激。

俄歇效应：处于激发态的原子，由于外壳层电子填充内壳层空穴，以发射轨道电子而不是发射 X 射线的退激发过程。

穆斯堡尔效应：γ辐射的无反冲发射和无反冲共振吸收。

衰变常数：某核素一个原子核在单位时间内衰变的概率。是一个确定的常数，并且只与核本身有关。

衰变能：给定的核衰变所释放的能量。

衰变纲图：详细标明能级、辐射类型和半衰期等核数据的放射性核素衰变的图式。

半衰期：原子核衰变一半所需的平均时间称为半衰期。它从统计平均的角度反映了核衰变快慢的程度。

（二）核反应

核反应：粒子（包括原子核）与原子核碰撞导致原子核的质量、电荷或能量状态改变现象的统称。

链式核反应：核反应产物之一能引起同类的作用，从而使该反应能持续进行的反应。

聚变反应：在一定条件下，由两个或多个轻核聚合成一个较重的核，在反应过程中放出巨大的能量和可能发出的粒子。

核裂变：重核吸收中子后可能不稳定，直接分裂成两个碎片或两个以上碎片，通常还伴随着发射中子、γ射线及轻带电粒子的现象。

吸收反应：入射粒子被靶核俘获而形成复核，处于激发态的复核，可能发生放射性衰变、辐射俘获、蜕变、裂变过程。

散射反应：入射粒子与靶核作用后，出射粒子与入射粒子属于同一类的反应。这可以分两种情况：

1）弹性散射反应：在反应过程中系统的动量和动能均守恒，靶核内部状态没有变化，弹性散射还可以分为共振弹性散射和势散射两种。

2）非弹性散射反应：在反应过程中，系统的动量守恒，而动能不守恒，有一部分动能转变为靶核的内能，使靶核变为激发态，再发射γ射线衰变到较低能级或基态。

散裂反应：当入射粒子能量高于 100 MeV 时，不形成复核，入射粒子可能把一个核分裂为一个较重的核以及许多轻核，如α、p、n 等。

阈能：引起某种特定核反应所需的入射粒子动能（实验室系）的最小值。

微观截面：入射粒子与靶粒子之间发生某种特定相互作用概率的度量。单位为靶恩（barn，b），$1\ b=10^{-28}\ m^2$，近似等于原子内一个核子的截面大小。

裂变碎片：裂变所产生的具有一定动能的各种核素。

裂变产额：裂变中产生某一给定种类裂变产物的份额。质量数在 90 和 140 附近的裂变产物有高的裂变产额。

五、射线与物质作用

根据射线的种类，可将其与物质的相互作用分为以下几类。

（一）α 射线与物质的相互作用

α粒子核衰变所发射的能量一般在 4～7 MeV，与物质相互作用的主要形式有电离、激发、散射和核反应。

1. 电离和激发

与它周围原子的壳层电子发生库仑作用，使其获得能量。当电子获得能量脱离原子而成为自由电子，形成了自由电子和正离子组成的离子对，这种现象称为电离。当这些自由电子的动能足够大还将引起其他原子的电离。前者称为初级电离，后者则称为次级电离。在空气中产生一个离子对大约需要35 eV的能量，所以一个5 MeV的α粒子，在空气中可以产生约1.5×10^5个离子对。因此，α粒子通过物质时，在径迹上将产生很多离子对。射线在单位路程上产生的离子对的数目被称为比电离或电离密度。如果α粒子通过物质时，壳层电子获得的能量不足以使它脱离原子成为自由电子，而仅使电子从低能级跃迁到高能级，使原子处于激发态，就称为激发。受激的原子随即发射出一定能量的X射线而回到基态。该激发能也可传递给核外电子，使该电子获得足够的能量逃离原子核的束缚而成为一个自由电子（即俄歇电子），此过程称为俄歇效应。

2. 散射

α粒子的散射分为弹性散射和非弹性散射两种，通常是以弹性散射为主。实验和理论计算表明，当α粒子垂直地入射到散射体上，经散射后，大部分α粒子是小角散射，发生大角散射的概率较小。

3. 核反应

通常情况下，α粒子引起核反应的概率较小。它与Be、B、F、Li、Na、O等元素相互作用发生反应时将产生中子，这是目前制备同位素中子源的主要方法。

（二）β射线与物质的相互作用

发生β衰变的放射性核素所发射的β粒子的能量一般在4 MeV以下。在这样的能量范围内，β射线与物质相互作用的主要形式为电离、激发、散射和次级辐射等。

1. 电离、激发

β粒子与物质作用时，会使其分子或原子发生电离。但其比电离值与能量相同的α粒子相比小几个量级，例如 5 MeV 的α粒子在水中每微米产生约 3 000 对正负离子对，而1 MeV的β粒子每微米只产生5对。

β粒子每产生一个离子对所需的能量几乎和它的速度无关，在空气中约为32.5 eV。

2. 散射

β粒子比α粒子更容易被散射，它不仅可以被核散射，也可以被轨道电子散射。

3. 次级辐射

当β粒子在原子的轨道电子的库仑场或原子核的库仑场及核力场中因散射而发生偏转时，速度将发生变化，并伴随有电磁波的发射，这个过程称为轫致辐射。除了轫致辐射以外，物质中的原子与电子相互作用时，还可发射出特征X射线。特征X线的产生机理是：快速电子将原子的K，L，M…壳层的电子击出原子之外，该壳层就产生了空位，当外层电子向内层跃迁时，将两壳层间的能量差，以X射线的形式发射出来，这种X射线具有确定的能量。

另外，快速电子与物质相互作用时，还会使其原子的价电子激发到高能级，当它们返回基态时，会发出可见光和紫外线，这些次级辐射总称为荧光。

（三）γ射线与物质的相互作用

γ射线波长范围在 10^{-11}～10^{-8} cm，与物质的相互作用形式有十几种，主要取决于γ射线的能量。放射性核素核衰变时放出的γ射线或者内层轨道电子跃迁时发射的 X 射线，与物质作用的主要形式有光电效应、康普顿效应和电子对效应三种。

1. 光电效应

原子吸收一个γ光子，并将其全部能量传给一个电子，使其摆脱原子束缚而发射出来的电子称为光电子，这种效应就叫光电效应。

2. 康普顿效应

γ光子可与原子核外壳层自由电子发生弹性碰撞后将转一角度 θ，而电子则得到一部分能量，并和入射光子呈一特定角度射出，这种现象叫康普顿效应。

3. 电子对效应

能量大于等于 1.02 MeV 的γ光子在原子核场附近湮没而生成一对正负电子，光子的能量一部分转化为正负电子的静止质量，另一部分转化为它们的动能，这种现象称为电子对效应。

六、放射分析与标记

放射化学是研究放射性物质的化学分支学科。它包括用化学方法处理辐照过的或自然界存在的放射性物质以得到放射性核素及其化合物，将化学技术应用于核研究以及将放射性物质用于研究化学问题。

（一）放射分析化学

放射分析化学是指通过测定放射性或核现象进行微量分析的一门学科，又称核分析化学。

放射分析法：用放射性核素、放射性标记化合物作指示剂，通过测定其放射性来确定待测放射性样品含量的分析方法。用在容量分析中的放射分析法叫作放射性滴定。

放射化学分析：利用适当的方法分离、纯化样品后，通过测定放射性来确定样品中所含放射性物质量的技术。如通过测定天然放射性核素 ^{40}K 的放射性而求钾含量的方法。

同位素稀释法：将已知比活度的、与待测物质相同的放射性同位素或标记化合物，与样品混合均匀，分离纯化其中一部分，测定其比活度。根据混合前后比活度的改变，来计算待测物的含量。

活化分析：利用核反应使待测样品中的稳定核素转变为放射性核素，通过测定放射性活度来确定待测物的含量。

激发 X 射线荧光分析法：当 α，β，γ或 X 射线作用于样品时，由于库仑散射，轨道电子吸收其部分动能，使原子处于激发状态。由激发态返回基态时发射特征 X 射线，根据此特征 X 射线的能量和强度来分析元素的种类和含量。

μ 子 X 射线荧光分析：当具有一定能量的带负电荷的 μ 子（μ^-）射入待测样品时，由于受原子核库仑引力的作用而被捕获形成 μ 子原子，也释放出一系列特征 X 射线，即 μ－X 射线，由此获取样品的化学组分和状态的方法。

穆斯堡尔共振谱：即无反冲条件下的核γ射线共振谱。

正电子湮没法：利用正电子的湮没寿命来研究物质微观结构的方法。

核磁共振法：通过核磁共振光谱特性如化学迁移、耦合常数、多重性、吸收峰的宽度和强度以及温度效应，来测定样品分子结构的方法。

（二）标记

标记即原化合物分子中的一个或多个原子、化学基团，被易辨认的原子或基团取代的过程。标记化合物中这些易被辨认的原子或基团称为示踪原子（或基团）。放射性标记化合物即用放射性核素作为示踪剂的标记化合物，如 $Na^{18}F$、$^{14}CH_3COOOH$，其中 ^{18}F、^{14}C 被称为示踪原子。

稳定核素标记化合物：即人为地改变化合物中某一元素的稳定同位素丰度到可以观测的程度的一类化合物，如 $NH_2{}^{13}CH_2COOH$、$^{15}NH_3$，其中 ^{13}C、^{15}N 被称为示踪原子。

非同位素标记化合物：即在特定条件下，还可用非同位素关系的示踪原子，取代化合物分子中的某些原子，如用 ^{75}Se 取代半胱氨酸分子中的硫原子，制成硒标记的半胱氨酸。

多标记化合物：即在化合物分子中引入两种或多种示踪原子，如 $^{14}CH_3CH(^{15}NH_2)COOH$、$^{14}CH_3CH(NH_2)^{13}COOH$ 等。

定位标记：标记原子处在分子中的特定位置上，且标记原子的数目也是一定的。

均匀标记：标记原子在被标记分子中，呈均匀分布。

名义定位标记：示踪原子在指定位置上的分布低于化合物中该同类原子总含量的 95%，对这类化合物在其名称后可用 N 或 n 标明。

七、辐射加工

辐射交联：高分子材料的微观分子线性长链在射线作用下产生自由基，链与链间的自由基会发生反应，或高分子链重排，从而形成网状 T 形结构，高分子链由二维结构变为三维立体结构，由辐射导致的这种变化称为辐射交联。

辐射接枝：射线作用于基材产生自由基，与不饱和单体分子发生反应，将单体分子接枝在基材上。

辐射聚合：将不饱和单体配制的聚合体系进行辐照，引发自由基或离子聚合。

辐射降解：高分子链在射线作用下，产生的自由基引发分子链的重排，这种重排导致高分子主链发生断裂，形成小分子链，使高分子的性质发生变化。

辐射灭菌（又称辐射消毒）：利用高能射线破坏细菌或病毒的蛋白质分子结构和遗传物质，达到使细菌致死的作用，称为辐射灭菌。

八、辐射防护

所有的核技术应用与核能开发利用活动都存在对从业人员、公众和环境释放放射性物质的可能性。如果超过一定的照射剂量则会对人类和环境造成危害。对此，采取辐射防护措施尤为重要。辐射防护是原子能科学技术的一个重要分支，它研究的是人类免受或少受电离辐射危害的一门学科。其基本任务是保护从事放射性工作的人员、公众及其后代的健康与安全，保护环境，促进原子能事业的发展。辐射防护研究的主要内容包括辐射剂量学、辐射防护标准、辐射防护技术、辐射防护评价和辐射防护管理等。

辐射防护与核安全密切相关，两者相互支持，互相补充。核安全的着重点在维持核设施的正常运行，预防事故发生和在事故后减轻后果，从而保护从业人员、公众和环境不至于受到辐射带来的伤害。辐射防护的着重点则是在通过辐射水平的监测、辐射效应的评价、辐射防护措施和事故应急，使辐射剂量不超过规定的限值并实现辐射防护最优化。

辐射防护制度是核安全管理制度的重要组成。其通过采取严格的防范措施，预防可能发生的安全和健康危害，确保从业人员和公众所受辐射照射剂量在限值以下，并将辐射照射保持在合理、可行和尽可能低的水平，从而保证人员健康和安全。这也是贯彻落实“确保安全”的重要体现。

第三节 核安全的基本概念

这里所说的安全，实际上是一种心态，是个人和公众对政府、社会和企业在某一领域（如交通、食品、住房、金融、社会治安、自然灾害等）所采取的应对危害或风险的保障措施的信赖。这方面的保障措施越全面，越周到，越详细，个人或公众在这个领域的安全感越高。另外，安全也是一个自人类诞生以来就一直要面对的问题，由于放射性危害及可能造成的社会、经济和政治影响，核安全受到广泛关注。随着时代发展和技术进步，公众对核安全的认识不断发生变化，核安全理念也不断演进。核安全是一个相对的概念，绝对安全是不存在的，因此需要确定能被广泛接受的核安全目标。在核能与核技术利用过程中，需要遵守核安全的基本原则，从而实现核安全目标，减少对人员、环境和社会的损害。

需要指出的是，尽管世界各国在反应堆设计、运行、退役与放射性废物管理、核应急等方面逐步建立了一套比较完善的监管体系与标准。但是，由于核能系统存在反应性控制、热量排出和放射性包容等安全问题，特别是三哩岛核事故、切尔诺贝利核事故和福岛核事故的发生，使人类比以往任何时候都更加关注核安全。

核安全的概念在不同场合有不同的定义，涉及的范畴也有所不同。为了更好理解核安全，需要先理解安全的概念。本节从安全的定义出发，对核安全及其相关概念进行介绍。

一、安全

安全是指不受威胁，没有危险、危害、损失。《职业健康安全管理体系》（GB/T 28001）中给出的安全定义是“免除了不可接受的损害风险的状态”。因此，安全可以理解为：控制风险达到可接受的水平。

二、核安全与核事故

（一）核安全

核安全，是指对核设施、核材料采取必要和充分的监管、保护、预防和缓解等安全措施，保障核设施、核材料安全，防止由于任何技术原因、人为原因或者自然灾害造成的事故，并最大限度地减少事故情况下的放射性后果，从而保护公众、从业人员和环境免受核事故危害。

发展核能必须要重视核安全。核安全是国家安全的重要组成部分，在总体国家安全体系中具有举足轻重的地位，事关环境安全，更事关公众利益。因此必须对核设施、核活动、核材料和放射性物质等采取必要和充分的监控、保护以及各种事故预防和缓解措施，防止造成事故，对公众和环境产生不可接受的放射性危害。

2003 年国际原子能机构（IAEA）为帮助成员国在监管核能与电离辐射的和平利用方面建立法律体系，出版了《核法律手册》。手册中提出核法律的基本原则是“安全原则”和“安保原则”。2011 版手册进一步提出了“核安全（Nuclear Safety）、核安保（Nuclear Security）和核保障（Nuclear Safeguard）”概念，并以此概念作为该手册的指导方针。根据国际原子能机构（IAEA）文件的释义，核安全是指“实现正常的运行工况，防止事故或减轻事故后果，从而保护工作人员、公众和环境免受不当的辐射危害”；核安保是指“防止、侦查和应对涉及核材料和其他放射性物质或相关设施的偷盗、破坏、未经许可接触、非法转移或者其他恶意行为”；核保障是指“国际原子能机构与一个或多个成员国缔结的载有该国或多个成员国承诺不利用某些物项推进任何军事目的和授权原子能机构监督履行这种承诺的协定”。从以上定义可以看出，核安全涵盖了部分核安保的内容，而核安保的内容又与核保障存在着部分交叉。核安全与核安保在很多领域存在协同关系。根据中国 2017 年颁布的《核安全法》第 2 条规定的核安全定义实际上涵盖了核安全与核安保两个方面。

（二）核事故

核事故，按我国《核安全法》附则中定义，它是指核设施内的核燃料、放射性产物、放射性废物或者运入运出核设施的核材料所发生的放射性、毒害性、爆炸性或者其他危害性事故，或者一系列事故。

在核事故状态下，若有关的专设安全设施不能按设计要求发挥作用，则放射性物质的释放可能会达到不可接受的水平。国际核事故分级标准（INES）按照核事故的严重程度将核设施内发生的有安全意义的事件分为七个等级。在人类和平利用核能的 60 年间共发生了三起重大核事故，即 1979 年的美国三哩岛核事故、1986 年的苏联切尔诺贝利核事故以及 2011 年的日本福岛核事故。核事故具有事故突发性、处理复杂性、后果严重性和公众敏感性的特点。核工业发展没有绝对安全，只有相对安全，但随着人类认识水平和企业技术不断提高、国家监管能力的不断提升，并从历次核事故和事件中吸取教训、总结经验、举一反三，进行安全改进，核安全才能得到有效保证。

三、其他相关概念

为了更好地理解核安全，下面介绍与之相关的一些基本概念。

（一）风险

前面提到，核工业发展没有绝对安全，只有相对安全。对于政府、核电建设者以及公众，都需要一种合理的度量，为核设施确定一个可接受的安全水平。为了比较不同事情的安全水平，要建立一个安全的度量，人们通常将风险作为安全的度量指标。

风险就是指某种特定的危险事件（事故或意外事件）发生的可能性与其产生的后果的组合。它是两个因素共同作用组合而成的，一是该危险发生的可能性，即危险概率；二是该危险事件发生后所产生的后果。

随着人类所处环境的变化，人们对一件事情的安全评判也会发生变化，人们可接受的风险水平也会随之改变。核安全问题是所有安全问题的一类特定案例，也必须按照同样的方式加以思考。

在核安全领域，IAEA 给出的风险内涵包括：①表示危害、危险或与实际照射或潜在照射有关的损害或伤害后果发生概率的多属性量，它涉及可能产生特定有害后果的概率以及这类后果的严重程度和特性；②对某一特定后果（通常是不受欢迎的）进行适当度量的数学均值（预期值）；③辐射照射导致个人或人群组中产生特定健康效应的概率。

（二）核设施

我国《核安全法》中核设施指：

1. 核电厂、核热电厂、核供汽供热厂等核动力厂及装置；
2. 核动力厂以外的研究堆、实验堆、临界装置等其他反应堆；
3. 核燃料生产、加工、贮存和后处理设施等核燃料循环设施；
4. 放射性废物的处理、贮存、处置设施。

另外，《核安全法》中定义了放射性废物，是指核设施运行、退役产生的，含有放射性核素或者被放射性核素污染，其浓度或者比活度大于国家确定的清洁解控水平，预期不再使用的废弃物。

我国核设施主要分三类：一是以核电厂为代表的民用核设施；二是用于军用核装备、军用核动力、军用核材料研制生产的军工核设施；三是交付军队管理使用的军事核设施。

（三）核材料与乏燃料

我国《核安全法》中，核材料指：

1. 铀–235 材料及其制品；
2. 铀–233 材料及其制品；
3. 钚–239 材料及其制品；
4. 法律、行政法规规定的其他需要管制的核材料。

IAEA 对核材料的解释是：Pu（但 ^{238}Pu 浓度超过 80%者除外）；^{233}U；浓缩 ^{233}U 或浓缩 ^{235}U；非矿石或矿渣形式的含天然存在的同位素混合物的铀；任何含有上述一种或多种成分的材料。

乏燃料是指在反应堆堆芯内受过辐照并从堆芯永久卸出的核燃料。

（四）固有安全

固有安全是与安全相关的一个概念。

在 IAEA 术语中，固有安全指的是通过对材料以及设计概念的选取，从物理上消除特定的危害，如采用防火材料实现防火就是固有安全。对于反应堆而言，固有安全性指的是当反应堆发生异常工况时，只是由堆的自然安全性、后备安全性和非能动安全性，不依靠任何外部设备或人为操作的强制性干预，移出堆芯热量并控制反应性，使反应堆实现安全运行和停闭。

能动的安全是指安全系统功能的实现需要依靠能动设备（有源设备），即需由外部条件的保证才能实现预期的功能，例如，在事故停堆后堆芯冷却阶段时，能动的余热排出系统需要冷却泵持续运转，而泵的运转依赖电力供应。再如，电动辅助给水泵由应急柴油机供电，它的功能也需要借助外部电力来实现。

冗余的安全是指为防止某一套安全系统失效，通过备份冗余方式设置多套系统，其中任意一套系统有效就可以实现预定的安全功能。

非能动的安全是指依靠惯性原理、重力法则、热传递法则、堆芯负的反应性反馈特性等自然科学法则或原理等，实现反应堆的安全功能。例如，二次侧非能动余热导出系统在全厂失电情况下，利用蒸汽发生器的自然循环导出堆芯余热，这就是非能动安全。反应堆有了非能动的安全功能，当出现异常工况时，可以不依靠人为操作或外部设备的强制性干预，只利用系统设计的自然属性和自然法则，来控制堆芯内反应性并移出堆芯热量，使反应堆趋于正常运行或安全停闭。非能动安全概念是 20 世纪 80 年代提出，是当前先进反应堆的重要标志之一。

（五）核设施的运行、停闭与退役

1. 运行

运行可分为正常运行和异常运行（预计运行事件）等几类。

正常运行：在规定的运行限值和条件范围内的运行。就核电厂而言，这包括启动、功率运行、停堆、关闭、维护、试验和换料。

预计运行事件：在设施的运行寿期内预计至少出现一次，但是由于设计中已采取适当措施而不会引起安全重要物项的明显损坏或导致事故工况偏离正常运行的运行过程。预计运行事件的例子包括正常断电、汽轮机跳闸和主冷却泵断电等事故。

2. 停闭

是指核设施已经停止运行，并且不再启动。

3. 退役

是指采取去污、拆除和清除等措施，使核设施不再使用的场所或者设备的辐射剂量满足国家相关标准的要求。

核设施退役是核设施达到或超过设计寿期或者因为其他原因终止运行后所应采取的行动，通过退役可将残留的放射性物质和其他有害物质的危害作用减少到可以接受的水平，实现场址有限制使用或无限制开放和使用。

以核电厂为例，核电厂退役可以采取三种形式：一是停止运行后立即拆除，并清除反应堆的放射性物质；二是将反应堆封存几十年，待其放射性自然衰减后再拆除；三是在反应堆外建造一个混凝土外壳，将反应堆长期罩起来。

（六）核应急与核安全文化

1. 核应急

在 IAEA 术语中，应急表示某些非常规情况，需要迅速采取行动，首要的是缓解对人体健康和安全、生活质量、财产或环境的危害或不利后果。核应急或放射性应急，是由于核链式反应或链式反应产物的衰变能量或射线照射已造成或预计将造成危害的紧急情况。

我国《国家核应急预案》的相关描述为“需要立即采取某些超出正常工作程序的行动，以避免事故发生或减轻事故后果的状态，有时也称为紧急状态；同时也泛指立即采取超出正常工作程序的行动”。

2. 核安全文化

核安全文化最早由 IAEA 提出。切尔诺贝利核事故后，国际核安全咨询组发布的《关于切尔诺贝利事故后审议会议的总结报告》（INSAG－1）中首次提出“安全文化”；1988 年，IAEA 在发布的《核电厂基本安全原则》报告中，安全文化得到了进一步的阐述，并被强调为核安全的基本管理原则；1991 年，IAEA 发布《安全文化》中，论述了安全文化的定义、特征和本质，阐述了安全文化对决策层、管理层和个人三个层次的要求，并提出影响问题和定性指标，用以衡量所达到的不同层次的安全文化水平。《安全文化》给出了核安全文化的第一个定义为：安全文化是存在于组织和个人中的种种特性和态度的总和，它建立一种超出一切之上的观念，即核电厂安全问题由于它的重要性而要保证得到应有的重视。

第四节 核安全的发展

因在核技术应用中伴随着原子核内部结构变化产生不稳定核素，而放出电离辐射有可能对人体健康和生命及环境带来重大危害，特别是核技术最初用于军事，原子弹爆炸的阴影长期留在人们的记忆中，因此，核与辐射安全受到世界范围的特殊的重视。

为了保证核与辐射安全，取得公众的信赖，世界各国在核技术的研究、开发和应用中，在核设施设计、建造、运行和退役过程中，采取了一系列技术措施及管理措施，发展了一整套理论和原则，以法律和法规的形式颁布并严格实施。

核与辐射安全作为一门新兴的综合性学科，可以定义为：在核技术的研究、开发和应用的各个阶段，在核设施设计、建造、运行和退役的各个阶段，为使核技术应用过程中或核设施运行和退役过程中产生的辐射对从业人员、公众和环境的不利影响降低到可接受的水平，从而取得公众的信赖，所采取的全部理论、原则和全部技术措施及管理措施的总称。

上述定义包含了三个内涵：

（1）范围：核与辐射安全要贯穿在核技术的研究、开发和应用的各个阶段，贯穿在核设施设计、建造、运行和退役的各个阶段。

（2）目的：核与辐射安全的目的是使核技术应用过程中或核设施运行和退役过程中产生的辐射对从业人员、公众和环境的不利影响降低到可接受的水平，从而取得公众的信赖。

（3）内容：核与辐射安全的内容要涵盖为此目的所采取的全部理论（如确定论和概率论）、原则（如纵深防御、核安全文化）、全部技术措施（如设备分级与鉴定、运行限值和条件）和管理措施（如报告制度、许可证申请和监督）。

核安全和辐射安全的着重点有些不同，核安全的着重点在维持核设施的正常运行，预防事故发生和在事故下缓解其后果，从而保护从业人员、公众和环境不至于受到辐射带来的伤害。辐射安全的着重点在通过辐射水平的监测、辐射效应的评价、辐射防护措施和事故应急与干预，实现辐射防护最优化并使辐射剂量不超过规定限值。

国际原子能机构将核安全、辐射安全、放射性废物安全和放射性物质运输安全统称为核安全，这就是广义的核安全的概念。本书中用到核安全概念多数指的是广义的核与辐射安全的概念。

核技术与核安全

核与辐射安全作为一个综合性学科涉及十多个专业或学科，如核物理、放射化学、核材料、核设备、核仪表、辐射防护、核医学、地质、地震、气象、水文、法律、社会学、心理学等。

当前，核电已成为核技术应用的主产业，因此，本书在阐述核安全概念时常常采用了核电安全的许多概念，但其要点同样适用于其他核产业。

由于核辐射有可能对人造成伤害和对环境造成不利影响，因此，在核电发展初期就确立了重视安全的许多基本原则，特别强调从设计上和设备可靠性上保证核事故不可能发生。如：设计上对放射性泄出物的纵深防御原则，固有安全性和故障安全原则，安全组合的单一故障准则，安全系统的多重性和多样性原则。同时，对设计、建造和运行都提出了严格的要求，如：保守的设计、严格的厂址要求、严格的质量保证等。另外，将最大可信事故确定为设计基准事故，设置了专设的工程安全设施。为保证专设安全设施能够应对这些设计基准事故，在安全分析中采用保守的假设和计算模型，并规定了各类设计基准事故的验收准则。

核电发展的历史表明，上述设计基本原则，特别是采用保守的设计和重视设备可靠性对保证核电安全是完全正确的。

1979 年 3 月 28 日，美国宾夕法尼亚州的三哩岛核电厂 2 号机组发生了堆芯部分熔化事故。三哩岛核事故起因是一个普通的初因事件——蒸汽发生器主给水丧失。按照设计，蒸汽发生器主给水丧失后，辅助给水系统自动启动。由于辅助给水管线上的两个阀门在维修时关闭，维修后未复位，水无法进入蒸汽发生器，以致造成蒸汽发生器一次侧失去冷却，堆内温度和压力上升，稳压器泄压阀自动开启泄压。稳压器泄压阀在泄压后本应自动回座，由于设备故障没能回座，从而导致堆内冷却剂流失。这时，安全注入系统自动投入。运行人员根据稳压器水位高信号做出了错误判断，切除了安全注入系统，结果堆内燃料元件得不到冷却，导致堆芯部分熔化。三哩岛核事故表明，尽管出现了维修错误和设备故障，如果没有运行人员错误干预，安全系统按照设计自动投入，堆芯部分熔化事故本可避免发生。三哩岛核事故后，为了减少人因失误，世界各国在加强运行人员培训，改进人机接口和主控室设计等方面做了大量改进，针对严重事故的预防和缓解也开展了大量的研究工作，这些工作的许多成果已经纳入核安全法规和标准及核电厂的改进中，从而大大提高了核安全水平。

1986 年 4 月 26 日，苏联乌克兰共和国的切尔诺贝利核电厂 4 号机组发生了强烈爆炸，大量放射性物质从核电厂泄漏出来，通过烟雾弥漫到苏联及欧洲部分地区，造成环境严重污染，大量人员撤离并引起了社会恐慌，在一个时期内影响了世界核电的发展。切尔诺贝利事故发生的主要原因是该核电厂所采用的这种类型核反应堆存在严重的设计缺陷。运行人员执行的实验程序考虑不周和违反操作规程也是导致这次事故的原因。但追溯其根本原因应归于苏联核电主管部门缺乏安全文化，因为这种堆型的设计缺陷早已为人所知，在别的同类型核电厂调试中已发现，并向有关主管部门专门写了报告，但未引起主管部门和有关方面的重视。切尔诺贝利核事故的教训是深刻的，从 20 世纪 90 年代之后，强调安全文化的重要性成为世界各国加强核安全的重要课题。

2011 年 3 月 11 日，日本本州岛东海岸发生里氏 9.0 级特大地震。地震发生后，运行中的福岛第一核电厂 1、2、3 号机组和第二核电厂全部 4 个机组均通过液压系统将位于堆芯下部的控制棒插入堆芯，成功实现自动“停堆”，这表明该核电厂达到了超基准地震事故设计标准。地震导致核电厂外部电源和厂用电丧失，立即启动紧急柴油发电机供电，以冷却堆芯燃料组件。全厂共设有 13 台紧急柴油发电机，其中水冷式发电机 9 台，空冷式发电机 4 台，地震发生前 12 台备用，1 台待修。地震发生后，2 台空冷式发电机无法使用，1 台空冷式发电机和全部水冷式发电机组均正常运作。柴油发电机供电一个多小时后，高度达 14 m 以上的强海啸将位于海拔 13 m 高处的柴油发电机全部淹没，导致其无法继续供电。只能依靠备用电池组供电，但供电时间非常有限。随后，调入 3 台移动式柴油发电机，但因接口不匹配，无法引入。在导热冷却系统断电停运情况下，整个反应堆处于高温蒸发状态，金属元件与水反应生成氢气，在适当浓度和高温条件下发生化学爆炸并起火，安全防护设施严重受损，厂房面目全非，致使大量放射性物质向外界泄漏。福岛核事故一方面归因于突如其来的特大地震和海啸双重自然灾害，另一方面也有人为因素存在，是“天灾”和“人祸”共同作用造成的恶果。福岛核电厂已接近寿期，部分部件出现老化现象，存在安全隐患。运营单位对核电机组设备、部件检查维护不到位，事故发生后部分关键设备无法发挥作用。以上三起核事故使人们对核电发展规划、核电厂选址、核电厂设计运行、核电技术研发、核安全文化及核电人才培养等方面进行了分析思考。

从采用保守的设计和重视设备可靠性，到减少人因失误和考虑严重事故的预防和缓解，再到强调安全文化的重要性和概率安全分析方法的应用，以及对核安全的理解和核电厂安全设计上不断地反思，产生了新的安全理念、安全要求、安全方法和技术。反映了核安全与辐射安全概念的不断深化和提高。

上述的三起严重核事故的发生，也不断引起人们对核能安全的高度重视，深化了反应堆安全风险的认知，也促进了核安全技术的持续改进，反应堆安全性能也得到不断提高。安全技术的进步主要体现在安全系统的设计上。

1. 非能动安全技术的发展

当前非能动安全技术主要包括：自然循环技术、非能动余热排出技术、非能动安全注射技术、非能动安全壳冷却技术等。

（1）自然循环技术，是指在重力作用下的闭合系统中，流体不依赖外界动力源，仅仅利用冷、热源流体的密度差所产生的驱动力而进行的循环流动。自然循环技术是非能动安全设计的重要基础，对于舰艇核反应堆来说，通过提高反应堆的自然循环能力，还可以在不启动主冷却剂泵时，利用回路自然循环输出一定的功率，维持自然循环工况运行，对降低舰艇噪声具有重要意义。

美国最早在 1969 年服役的“一角鲸”号核潜艇上就采用了自然循环压水堆，显著降低了装置噪声，并提高了安全可靠性。当前美、法、俄罗斯核潜艇的核动力装置可以在自然循环工况下，以较高的功率水平运行，对提高潜艇的隐蔽性和战术性能具有重要意义。

（2）非能动余热排出技术，是指在无需任何外部动力的情况下，利用多个环路自然循环将反应堆的衰变热顺利带到最终热阱，从而实现在发生全部电力丧失等极端事故时堆芯的安全冷却功能。

例如，船用核反应堆的非能动余热排出系统，就是利用一回路自然循环将堆芯衰变热带到蒸汽发生器，并利用蒸汽发生器二次侧的自然循环回路，将能量带到非能动余热排出冷却器，再利用海水的自然流动把能量带入大海。

（3）非能动安全注射技术，是指在反应堆发生冷却剂丧失事故后，依靠重力位差、蓄能压差等无源设备实现将冷却水注入堆芯，实现失水事故下堆芯的再淹没。

（4）非能动安全壳冷却技术，是利用流体（含气体）被加热或蒸发、冷却或冷凝而产生的密度差形成驱动压头或位差形成的重力压头，在无需任何外部动力的情况下，就能实现安全壳冷却。

2. 非能动安全系统的应用

非能动安全系统的应用可以大大简化系统设计、减少系统运行失效概率；提高系统的安全性，使堆芯熔化概率降低 1～2 个数量级；并通过减少能动设备，降低了对应急电源的要求，也减少了设备的在役检查和维修，提高了系统的经济性。与同级别的核电机组相比，广泛应用非能动安全技术的 AP1000 核电机组，其系统阀门减少了 50%，水泵减少了 35%，管道减少了 80%，抗震构筑物减少了 45%，电缆减少了 70%，而反应堆堆芯熔融频率和大量放射性释放频率比第二代核电机组分别降低了 2～3 个数量级，在严重事故后无需人员干预的时间延长到 72 小时，也可有效降低人因故障的概率。

非能动安全技术的优越性，快速推动着其在核能系统中的应用，目前国际上正在建造、研发的先进压水堆，几乎都应用了非能动安全技术设计。同时非能动安全系统在舰船核动力压水堆的应用也越来越受到各国军方的重视。

第五节　核安全的目标与基本原则

为了保护人类和环境免受放射性危害，减轻核安全问题对公众和社会的不良影响，需要确定一个合理的核安全目标。核安全目标在核设施的选址、设计、建造及运行的全过程必须贯彻一整套基本原则，确保选址及电厂状态遵循普遍接受的健康和安全原则。核安全目标可以是定性的和定量的。考虑到影响核设施的复杂因素及其不确定性，安全目标的层次越高，它越可能是定性的。核设施的安全目标一般认为有三个：一个是核安全的总目标（基本安全目标），其余两个是解释总目标的辅助性目标，为辐射防护目标和技术安全（概率安全）目标。三者之间不是彼此孤立而是相互联系的，从而确保核安全目标的完整性。

在三哩岛核事故与切尔诺贝利核事故发生之后，IAEA 针对两次核事故出版了《核电厂基本安全原则》（INSAG－3，1999 年修订为 INSAG－12），从基本安全目标、辐射防护目标和技术安全目标等层次全面描述了核安全目标。

一、安全目标

1. 总的核安全目标

总的核安全目标是指建立并保持对放射性危害的有效防御，以保护工作人员、公众和环境免遭放射性危害。总的核安全目标由辐射防护目标和技术安全目标所支持，这两个目标互相补充、相辅相成，技术措施与管理性和程序性措施一起保证对放射性危害的防御。

需要注意的是，在总的核安全的表述中突出了放射性危害，但这并不意味着核设施不存在一般工业生产活动都会造成的其他危害，如热排放对环境的影响、由于设备损坏所造成的经济损失等。这些危害同样值得重视，但为了突出核设施的特殊性，它们不属于核安全内研究范畴，因此核安全的总目标并不关注这些危害。

2. 辐射防护目标

辐射防护目标是保证核设施在所有运行状态下，辐射照射或由于任何计划排放的放射性物质引起的辐射照射保持低于规定限值并且合理可行尽量低，如果发生核事故，应保证减轻所有事故的放射性后果。

辐射防护目标要求在核设施正常运行情况下具有一整套完整的辐射防护措施，在预计运行事件工况和任何事故工况下都有一套减轻事故后果的措施，包括场内和场外的对策，从而保障工作人员、公众及环境尽量免受放射性危害。

3. 技术安全目标

技术安全目标是指采取一切合理可行的技术手段或措施防止事故，并在一旦发生事故时减轻其后果；对于在设计时考虑过的所有可能事故，包括概率很低的事故，要以高可信度保证后果尽可能小且低于规定限值，并保证有严重放射性后果的事故发生的概率极低。

二、定量安全目标

以上是定性的目标，为了更好实施，相关国家还制定了定量目标。

1. 美国

1986 年 8 月 21 日，美国核管理委员会（NRC）关于核电厂运行安全目标的政策声明提出了两个定性的安全目标：

（1）核电厂运行不会对公众个人的寿命和健康带来明显的附加风险；

（2）核电厂运行对公众的寿命和健康的社会风险低于或可与目前见到的可竞争的其他生产电力的技术相比拟。与其他社会风险相比也不会带来明显的附加。

同时，作为对上述两个定性的安全目标的支持，又提出了两个定量的安全目标：

（1）核电厂运行对公众个人产生的平均急性死亡风险低于因其他事故产生的个人总急性死亡风险的 0.1%；

（2）核电厂运行对接近核电厂的公众产生的癌症死亡风险低于因所有其他原因产生的公众总癌症死亡风险的 0.1%。

为确立先进轻水堆的设计基础，1985 年，在美国能源部（DOE）参与下，由美国电力研究院（EPRI）编制了美国核电厂用户要求文件（URD），于 1991 年正式出版。该用户要求文件提出：堆芯损坏概率小于 10^{-5}/堆年；大量放射性释放概率小于 10^{-6}/堆年。

2. 国际原子能机构

1999 年国际原子能机构核安全顾问组发表的报告（INSAG－12）中提出的核电厂运行安全目标是：

（1）堆芯熔化概率为 10^{-4}/堆年（对已运行的核电厂）和 10^{-5}/堆年（对将来的核电厂）；

（2）大量放射性释放概率为 10^{-5}/堆年（对已运行的核电厂）和 10^{-6}（对将来的核电厂）。

3. 中国

2002 年 5 月，我国核安全局发表的政策声明《新建核电厂设计中几个重要安全问题的技术政策》中提出新建核电厂运行的安全目标是：（1）堆芯熔化概率为 10^{-5}/堆年；（2）大量放射性释放概率为 10^{-6}/堆年。

三、核安全方针和原则

围绕上述核安全目标，在核设施的选址、设计、建造及运行的全过程必须贯彻一整套基本原则。核安全的基本原则是为达到核安全目标所必须遵循的、具有普遍应用意义的规则，是具体安全原则的基础。

（一）安全方针

我国“核安全法”第一章第四条指出，从事核事业必须遵循确保安全的方针。

确保安全的核能发展才是可持续的。国际原子能机构编写的《核安全公约》第 10 条规定，“每一缔约方应采取适当步骤确保从事与核设施直接有关活动的一切组织为核安全制定应有的优先政策”。各国法律和我国现有的有关核安全的法律法规都强调安全是核能、核技术开发利用的最重要的条件。实践中，无论是核安全监督管理部门，还是从事核安全相关的单位都将安全作为开展核能开发利用活动的前提，“确保安全”已经成为我国核安全监管和核能开发利用活动实践中坚持的方针。

以“确保安全”为方针，实际上就是强调发展核能与核技术利用必须确保以安全为前提，将安全置于至高无上的首要位置。任何人或任组织均不得以牺牲安全为代价来发展核能与核技术利用事业，以获取利益。“确保安全”方针强调的是在发展核能与核技术应用中，必须保障核安全。我国这一方针的确定也是根据习近平主席在第四次国际核安全峰会上的讲话精神所确定的。

（二）安全原则

我国“核安全法”第一章第四条指出，核安全工作必须坚持的具体原则是，安全第一、预防为主、责任明确、严格管理、纵深防御、独立监管、全面保障的原则。

1. 安全第一

安全第一，是指始终作出保守决策，确保安全性不受任何经济性、进度要求等其他因素的干扰和影响。从事核安全相关的活动的主体，包括开展核能与核技术利用相关活动的单位、核安全设备制造单位、从事核安全设备无损检验的单位及其各级管理人员和技术人员、操作人员，也包括核工业行业主管部门、能源主管部门和核安全监管部门，在进行决策、规划、管理、生产、制造、研发、检查、检验、运输、操作等活动中，均应当将安全摆在首要位置，确保核安全不受到多种利益权衡的影响，确保活动符合核安全的要求。

2. 预防为主

预防为主，是指把预防核事故的发生放在核安全工作的首位，防患于未然。苏联切尔诺贝利核事故和日本福岛核事故等前车之鉴充分说明，一旦发生核事故，尤其是大规模放射性物质释放的事故，造成的损害、放射性危害和放射性污染非常严重而且不可逆，治理成本高、治理效果不可预期，核事故造成的破坏很难通过事后的措施进行补救。相对于“事中”的抢救和“事后”的治理而言，“事前”的预防成本最低，效果最好。预防为主也意味着一旦发生事故，要开展应急响应措施，以减轻其后果。

我国放射性污染防治法、安全生产法、环境保护法等法律都确立了预防为主的原则。核安全法规定的核安全许可制度是预防为主原则的重要制度安排。

3. 责任明确

责任明确，是指各类责任主体所承担的各类责任内容具体，边界明确。我国核安全法所规定的不同责任主体承担着不同的安全责任：核设施营运单位、核材料的持有单位以及放射性物品运输的承运人是核安全全面责任的主体；各相关政府部门在其职责范围内承担“三定方案”所规定的安全管理责任，其中，特别强调了核工业主管部门、能源主管部门“管行业必须管安全”的责任；承包商和供货商在其职责范围内承担与其权利义务相配套的“相应”责任。

4. 严格管理

严格管理，是指各级管理者始终坚持严格的标准和要求，确保各项活动的质量。一方面要求营运单位、核材料持有单位和运输活动托运人在从事核安全相关活动时严格遵守法律、法规规定的义务，执行相关的核安全标准和单位内部的管理制度；另一方面要求政府有关部门，严格依照相关法律、法规，严格开展审评、许可、监督和执法，严厉查处违法违规行为。核安全监管部门的严格监管也是严格管理的具体体现，体现为在相关活动（例如核安全设备的制造、安装、无损检验，核设施的选址、设计、建造、运行、退役等过程）的全过程中，始终严格遵守现行法律法规规定的各项核安全要求开展监督和检查。

5. 纵深防御

纵深防御，是指通过设定一系列递进并且独立的防护、缓解措施或者实物屏障，防止核事故发生，减轻核事故后果。纵深防御概念贯彻于安全有关的全部活动，包括与组织、人员行为和技术、管理方面，以保证这些活动均置于多重措施的防御之下，即使有一种故障发生，它将由适当的措施探测、补偿或纠正。

6. 独立监管

独立监管，是指核安全监督管理部门对核安全实施独立监管，不受其他任何主体的干扰和影响，决策独立，履行职责独立，确保我国核安全监管的独立性、权威性和有效性。独立监管是国际通行做法，相关国际公约和各国法律都有规定。但同时需要注意的是，核安全工作涉及多个部门，各部门之间要各司其职也要相互配合。管行业必须管安全，管发展必须管安全，独立监管原则并不能排除行业主管部门对核电企业的监管。

7. 全面保障

全面保障，是指形成系统全面的核安全支撑体系，对确保核安全构建有效的支撑。一是国家构建核安全战略规划体系，从较长的时间维度策划确保核安全的任务，并推动落实；二是明确核安全文化建设的法律要求，从人员的潜意识层面提升核安全水平；三是加强核安全科技研发力度，推动核安全手段和方法的创新；四是加强核安全国际合作，充分借鉴世界各国在核能与核技术利用生产实践中所形成的良好做法，提高自身安全水平，同时，推广中国核安全监管体系。

思考题

1. 120 多年的核能与核技术发展历史，可大致划分几个阶段？请简要叙述。
2. 请简要描述核技术及其应用所涉及的领域和范围。
3. 什么叫辐射？包含哪两类？它们有什么异同点？
4. 常见的射线有哪些？它们有什么特点？
5. 什么是放射性活度、比活度？
6. 什么是吸收剂量、剂量当量、有效剂量？它们有什么不同？
7. 常见的核衰变有哪些？它们有什么特点？
8. 什么是衰变常数、半衰期？它们与什么有关？
9. 常见的核反应有哪些？它们有什么特点？
10. 什么叫散射反应？包含哪两类？它们有什么异同点？
11. 什么叫裂变产额？铀−235 裂变产物中，在多少质量数附近有高的裂变产额？
12. 射线与物质的相互作用分为几类？请简要描述。
13. 什么叫活化分析、标记？
14. 什么叫辐射降解、辐射灭菌（又称辐射消毒）？
15. 什么叫核安全？为什么人类比以往任何时候都更加关注核安全？
16. 核事故的定义是什么？具有什么特点？
17. 我国《核安全法》中，核设施包含哪些？分为几类？
18. 什么是乏燃料？我国《核安全法》中，核材料包含哪些？
19. 什么叫能动的安全、冗余的安全、非能动的安全？
20. 核电厂退役可以采取哪几种形式？
21. 核应急与核安全文化的定义是什么？
22. 核安全和辐射安全的着重点有哪些不同？
23. 请简要描述三哩岛核事故、切尔诺贝利核事故与福岛核事故的时间、地点和主要原因。
24. 非能动安全技术主要包括哪几项内容？
25. 总的核安全目标是什么？
26. 核安全工作必须坚持的具体原则是什么？请简要说明。

第二章

原子核物理基础知识

第一节　原子核的基本性质

原子核的基本性质通常是指原子核作为整体所具有的静态性质，这些性质和原子核的结构及其变化有密切关系。

一、原子核的组成与质量

（一）原子核的组成

所有原子的原子核都由质子和中子所组成。质子和中子统称为核子。质子带正电，用 p 表示。中子不带电，用 n 表示。因此，核子有两种状态：带电态，就是质子；不带电态，就是中子。

质子也是氢核，它所带的电荷等于基本电荷（单位为库伦 C），即电子电荷的绝对值：$e=1.602\,189\,2\times10^{-19}$ C。

质子和中子的质量分别为：

$$m_{\mathrm{p}}=1.672\,648\,5\times10^{-27}\,\mathrm{kg}=938.279\,6\,\mathrm{MeV}\cdot c^{-2}=1.007\,277\ \ \mathrm{u}$$

$$m_{\mathrm{n}}=1.674\,954\,3\times10^{-27}\,\mathrm{kg}=939.573\,1\,\mathrm{MeV}\cdot c^{-2}=1.008\,665\ \ \mathrm{u}$$

其中，$c=3\times10^{8}$（m/s）为光的速度。u 为原子质量单位，按国际标准，1 原子质量单位规定为 ^{12}C 原子质量的 1/12。

自由的质子是稳定的，自然界中有大量质子长期存在。而中子是不稳定的，自然界里见不到自由中子。

在反应堆内，燃料核裂变所放出的中子，从产生到被吸收或泄漏出堆外的平均寿命，对热中子反应堆大约为 10^{-3}s 量级，对快中子反应堆则只有 10^{-6} ～10^{-7}s 量级，比自由中子存在的时间短得多。

质子数用 Z 表示，Z 又称为核电荷数，也是该元素的原子序数，中子则用 N 表示。原子核的质量数用 A 表示，则 $A=Z+N$，表示原子核内的核子总数。

（二）原子核的质量

当核外电子的结合能很小，可以忽略，那么原子核的质量 m 就等于该元素的原子的

质量 m_A 减去该原子的外层电子的质量 m_e，即

$$m = m_A - Zm_e \tag{2-1-1}$$

其中，Z 为电荷数。m_A 等于原子的原子量×原子质量单位。电子的质量是很微小的，$m_e \approx 5.485\,8\times10^{-41}$ u。

对原子质量，以 u 作单位时，都接近于质量数 A。所以在近似计算中，可用近似公式：

$$m = m_A - Zm_e \approx m_A \approx A \tag{2-1-2}$$

二、原子核密度

定义：单位体积内的原子数目称为核密度，用 N 表示，单位是 $1/m^3$。

因为每个原子中只有一个原子，所以核密度的计算可以归结为原子密度的计算，即单位体积内的原子数目的计算。下面根据物质是单一、混合与化合三种情况介绍核密度（原子密度）的计算方法。

（一）单质核密度的计算

物质的分子仅由同种原子组成时，这种物质叫作单质，设原子的原子量为 A，则 A 克这种原子叫作一个“摩尔（克）原子”。任何物质每摩尔（克）原子中均含有相同的原子数目 N_A，N_A 称为阿伏伽德罗常数，其值为

$$N_A = 6.022\,045\times10^{23}\ (1/\text{mol})$$

因此，每一克这种原子中含有的原子数目为 N_A/A，每千克中含有原子 $1\,000\,N_A/A$ 个。设该物质的密度为 ρ（kg/m^3），则 $1\,000\rho N_A/A$ 就是每立方米内含有的原子数目，于是得到核密度的计算公式为

$$N = 1\,000\rho N_A / A\ (1/m^3) \tag{2-1-3}$$

（二）化合物核密度的计算

在化合物的分子中，每种元素的原子都有确定的数目。设化合物的分子量为 M，则 M 克这种化合物分子叫作一个“摩尔分子”，其中含有 N_A 个分子。设化合物的密度为 ρ（kg/m^3），每个化合物分子中第 i 种原子的数目为 n_i，则第 i 种原子核的密度计算为

$$N_i = \frac{1\,000\rho N_A n_i}{M}\ (1/m^3) \tag{2-1-4}$$

（三）混合物核密度的计算

两种或多种不同物质混合在一起所形成的物质，叫作混合物。设混合物的平均密度为 ρ（kg/m^3），第 i 种原子的原子量为 A_i，其原子百分比为 W_i，则混合物的平均原子量为 $A = \sum_i W_i A_i$，于是第 i 种原子核密度计算式为

$$N_i = \frac{1\,000\rho N_A W_i}{\sum_i W_i A_i}\ (1/m^3) \tag{2-1-5}$$

第二节　原子核的能量

原子核裂变或聚变时所产生的能量，是由核的结构发生变化引起的结合能变化的结果。因此，原子核的结合能是核能利用的源泉，比结合能则是原子核稳定性程度的标志。

一、结合能

（一）质量亏损

Z 个质子与（A-Z）个中子结合成的原子核 ${}_{Z}^{A}X$，其质量 m 总是小于组成它的 Z 个质子与（A-Z）个中子的质量总和，这种质量的差异称为“质量亏损”。以 Δm 表示质量亏损，则有

$$\Delta m = Zm_{\mathrm{p}} + (A - Z)m_{\mathrm{n}} - m > 0 \qquad (2\text{-}2\text{-}1)$$

式（2–2–1）还可以写为

$$\Delta m = Z(m_{\mathrm{p}} + m_{\mathrm{e}}) + (A - Z)m_{\mathrm{n}} - (m + Zm_{\mathrm{e}}) \qquad (2\text{-}2\text{-}2)$$

若电子结合到原子中的质量亏损可以忽略不计，则 $m_{\mathrm{p}} + m_{\mathrm{e}}$ 与氢原子质量 m_{H} 近似相等，$m + Zm_{\mathrm{e}}$ 与所讨论核的原子质量 m_{A} 近似相等，所以上式可改写为

$$\Delta m \approx Zm_{\mathrm{H}} + (A - Z)m_{\mathrm{n}} - m_{\mathrm{A}} \qquad (2\text{-}2\text{-}3)$$

利用式（2–2–3），可相当精确地通过原子质量 m_{A}，计算相应原子核的质量亏损。例如，一个质子与一个中子结合成氘核，氘的原子质量为 $m_{\mathrm{D}} = 2.014\,102$ u，氢的原子质量为 $m_{\mathrm{H}} = 1.007\,825$ u，中子质量为 $m_{\mathrm{n}} = 1.008\,665$ u，而 $Z = 1$，$A = 2$，根据式（2–2–3）求得一个质子与一个中子结合成氘核的质量亏损为：

$$\Delta m \approx 1.007\,825 + 1.008\,665 - 2.014\,102 = 0.002\,388 \text{ u}。$$

（二）结合能

爱因斯坦提出的质量与能量著名关系式为

$$E = mc^2 \qquad (2\text{-}2\text{-}4)$$

式中，c 为光速，c=2.997 924 58×10^{8} m/s。因此，1 个原子单位的质量与 931.501 6 兆电子伏（MeV）的能量相当，而 1 MeV=1.602 189 2×10^{-13} J。式（2–2–4）表明：当核子结合成原子核时，质量总要亏损，即在结合过程中有的能量从该原子核系统中释放出来。

$$\Delta E = \Delta mc^2 \qquad (2\text{-}2\text{-}5)$$

式（2–2–5）就等于各核子结合成该原子核时所释放出来的能量。反之，要把原子核中所有核子完全分开，就须提供这么多的能量。这个能量称为该原子核的结合能。这样将式（2–2–1）代入得，

$$\Delta E = [Zm_{\mathrm{p}} + (A - Z)m_{\mathrm{n}} - m]c^2 \qquad (2\text{-}2\text{-}6)$$

或

$$\Delta E \approx [Zm_{\rm H}+(A-Z)m_{\rm n}-m_{\rm A}]c^2 \qquad (2-2-7)$$

这便是计算原子核的结合能计算公式。利用式（2-2-7），就可以计算前面提到的一个质子与一个中子结合成氘核所放出的能量为：

$$\Delta E = \Delta mc^2 = 0.002\,388 \times 931.501\,6 \approx 2.224\ \text{MeV} \qquad (2-2-8)$$

二、比结合能

不同核素的结合能差别是很大的。一般来说，核子数 A 大的原子核结合能也大。我们将原子核的结合能与核子数之比叫作“比结合能”，也就是每个核子的平均结合能，用符号ε表示。

$$\varepsilon = \Delta E / A \qquad (2-2-9)$$

比结合能表示，把原子核拆成自由核子，平均对每个核子所要做的功。因此，比结合能的大小可用以标志原子核结合的牢固程度。ε越大的原子核结合得越紧，因而也就越稳定。ε较小的原子核结合得较松，因而也就比较容易分裂，不稳定。

根据实验和计算结果，将不同原子核的比结合能与对应的核子数用一曲线表示出来，如图 2-2-1 所示，此曲线称为比结合能曲线。

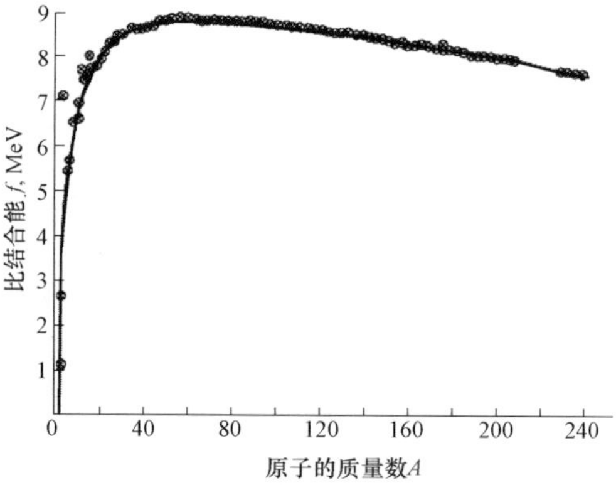

图 2-2-1　比结合能随原子质量数的变化

由图 2-2-1 可知，只有轻核和重核的比结合能较小。轻核的比结合能出现了周期性的涨落，并出现几个极值。在 $A\approx60$ 以前，比结合能随 A 增加而增加。在 $A\approx60$ 以后，比结合能随 A 增加而平滑地下降。因为中等核比结合能较大，所以这些核最稳定。比结合能曲线的这一特性给我们重要的启示：如果能够将比结合能较小的原子核变成比结合能较大的原子核，就能够放出能量。例如可以将比结合能相对较小的重原子核裂变成比结合能比之大的中等原子核，或将比结合能较小的极轻原子核聚变成比结合能相对较大的轻原子核，前者放出的能量称为裂变能，后者称为聚变能。代表性的例子有铀-235 分裂成两个中等质量的核，以及两个氘核子聚合成一个氦核等。

第三节　原子核衰变与衰变规律

原子核衰变是一种原子核转变为另一种原子核的途径之一。本节将对这种核衰变过程所遵循的基本规律加以介绍。

一、原子核衰变规律

设在某时刻 t，放射性核的数目为 $N(t)$。这 $N(t)$ 个放射性核并不是同时衰变。实验表明，原子核的放射性衰变是一个统计过程。对于单个原子核，发生衰变的时刻并不确定，但大量同类原子核在某一小段时间间隔内发生衰变的百分比是确定的。令某核素一个原子核在单位时间间隔内衰变的概率为λ，则无论α衰变或β衰变，相应的λ都是一个确定的常数，并且只与核本身的特性有关，与影响核外电子性质的化学、物理条件如温度、压力、电磁场等因素皆无关，这个λ称为衰变常数。顺便指出，每一种放射性核都有它固有的衰变常数。迄今已知放射性核素中，没有两种核素的衰变常数是完全相同的。

设$t=0$时有$N(0)$个相同的放射性原子核，到t时刻末衰变的核有$N(t)$个，则按衰变常数λ的物理意义，在$t \to t+\mathrm{d}t$间隔内平均衰变的核数有$\lambda N(t)\mathrm{d}t$个。故t时刻末衰变的核减少数（$-\mathrm{d}N$）为

$$-\mathrm{d}N = \lambda N(t)\,\mathrm{d}t \tag{2-3-1}$$

注意：λ与时间无关。因为$N(t)$随时间而减少，所以导数前冠以负号，对式（2-3-1）积分后即有

$$\int_{N(0)}^{N(t)} \frac{\mathrm{d}N(t)}{N(t)} = -\int_0^t \lambda \mathrm{d}t \tag{2-3-2}$$

故

$$N(t) = N(0)\mathrm{e}^{-\lambda t} \tag{2-3-3}$$

这就是核衰变过程所遵循的普遍规律，即放射性衰变按指数规律衰减。

二、半衰期与平均寿命

我们将放射性核衰减掉一半所需要的时间称为半衰期，用符号$T_{1/2}$表示。由式（2-3-3）不难求得：

$$\frac{N(0)}{2} = N(0)\mathrm{e}^{-\lambda T_{1/2}} \tag{2-3-4}$$

即

$$T_{1/2} = \frac{\ln 2}{\lambda} = \frac{0.693}{\lambda} \tag{2-3-5}$$

可见，半衰期与衰变常数成反比，衰变常数大的放射性核减少一半所需要的时间就短，反之亦然。

每个放射性核的实际寿命有长有短，可以取从0到∞之间的任何值。但是，大量放射性核的平均寿命（用符号T_{av}表示）却是一定的，而且是重要的物理量。上面分析中，我们知道，$\lambda N(t)$表示t时刻放射性核的衰变率，因此，$\lambda N(t)\,\mathrm{d}t$就是在$t$到$t+\mathrm{d}t$的时间间隔内衰变掉的放射性核数，这些核的寿命都是$t$，代入式（2-3-3）不难求得放射性核的平均寿命为

$$T_{\mathrm{av}} = \frac{1}{N(0)}\int_0^\infty t\lambda N(t)\mathrm{d}t = \frac{1}{N(0)}\int_0^\infty t\lambda N(0)\mathrm{e}^{-\lambda t}\mathrm{d}t = \frac{1}{\lambda} \tag{2-3-6}$$

可见，放射性核的平均寿命比半衰期长，它也表示放射性核减少到$N(0)/\mathrm{e}$所需要的时间。放射性核的平均寿命与半衰期之间的关系可通过式（2-3-5）及式（2-3-6）

求出：

$$T_{av}=\frac{T_{1/2}}{0.693}\approx 1.443T_{1/2} \tag{2-3-7}$$

$T_{1/2}$ 和 T_{av} 都是描述放射性衰变的特征量，根据不同的需要可以选用其中任何一个来描述放射性核的衰变特征。

如果母核衰变后生成的子核仍然是放射性的，这就属于连续衰变的情况。如A→B→C，其中，A、B、C 表示各代放射性原子核。衰变链越长，所要求解的微分方程数目也就越多。自然，这时的微分方程已不同于式（2–3–1）。

第四节　核反应

一、核反应规律与反应能

（一）核反应规律

原子核反应是用粒子或光子撞击靶原子核而转变为新核及另一粒子的过程，这些过程可以用下式表示为

$$a+x\rightarrow y+b \tag{2-4-1}$$

这里 a 是入射粒子，b 是反应后放出的粒子，称为出射粒子。x 是被轰击的原子核，称为靶核。y 是形成的新核。这种核反应也可以表示为 x（a,b）y。例如，历史上第一次发现的核反应是

$${}_{2}^{4}He+{}_{7}^{14}N\rightarrow{}_{8}^{17}O+{}_{1}^{1}H \tag{2-4-2}$$

也可以表示为 ${}_{7}^{14}N(\alpha,p){}_{8}^{17}O$ 。

在核反应中，出射粒子可以与入射粒子同类，也可以不同类。出射粒子与入射粒子同类的核反应，称为散射。在散射过程中，原子核的种类虽然不变，但也广义地称为核反应。

所有的核反应都遵守下列几条守恒定律：

（1）核子数守恒：反应前后核子数目相等。

（2）电荷守恒：反应前后所有粒子的电荷之和相等。

（3）动量守恒：反应前后系统的动量守恒。

（4）能量守恒：反应前后系统的能量（包括静止能量）守恒。

以上四条守恒定律是最基本的，核反应所须遵守的守恒定律除以上四条外，尚有其他一些守恒定律，详细的内容见有关的参考书。

（二）反应能

在核反应 x (a, b) y 中，设 m_a、m_b、m_x、m_y 分别为各粒子的静止质量，它们的动能分别为 E_a、E_b、E_x、E_y。根据能量守恒定律，有

$$m_a c^2+E_a+m_x c^2+E_x=m_b c^2+E_b+m_y c^2+E_y \tag{2-4-3}$$

因为在一般情况下，靶核是静止的，所以令 $E_x=0$，则式（2–4–3）可以写成

$$m_a c^2 + m_x c^2 + E_a = m_b c^2 + m_y c^2 + E_b + E_y \tag{2-4-4}$$

上式又可改写成

$$Q = [(m_a + m_x) - (m_b + m_y)]c^2 = E_b + E_y - E_a \tag{2-4-5}$$

Q 称为反应能，它等于反应前后各粒子静止能量之差（即反应物的质量亏损 Δm 乘以 c^2），也等于反应前后各粒子动能的改变量。

由式（2-4-5）可以看出，当 $Q>0$ 时，反应物的静止质量减少，而动能则增加，这种反应称为放能核反应。当 $Q<0$ 时，反应物的静止质量增加，而动能减少，这种反应称为吸能核反应。

二、中子核反应

由于中子不带电，它和原子核作用时不存在库仑斥力，可以穿过核外电子云层与核直接作用。核反应堆核反应主要是中子与各种物质相互作用的结果。

（一）产生中子的核反应

这里介绍 4 种主要的产生中子的核反应。

1. (α, n) 反应：用 α 粒子轰击某些轻原子核如 ^7Li、^9Be、^{11}B、^{19}F 等，可得到由约 1 MeV 到 13 MeV 能量的中子，其核反应分别为 $^7Li(\alpha, n)^{10}B$、$^9Be(\alpha, n)^{12}C$、$^{11}B(\alpha, n)^{14}N$、$^{19}F(\alpha, n)^{22}Na$。

2. (γ, n) 反应：某些原子核受到 γ 射线照射时也会发射出中子，这样产生的中子通常称为光激中子。由于绝大多数 γ 放射源都不能发射出能量大于 4 MeV 的 γ 射线，因而靶物质仅限于中子结合能低的铍和氘，其核反应分别为 $^9Be(\gamma, n)^8Be$、$^2H(\gamma, n)^1H$。

3. (p, n) 和 (d, n) 反应：用质子或氘核轰击某些轻原子核，也可以产生中子。其核反应分别有 $^3H(p, n)^3H$、$^3H(d, n)^4He$ 等。

4. (n, f) 反应：用中子轰击可裂变原子核（如 ^{235}U），使靶核分裂为两个中等质量的原子核（称为裂变碎片），每次核裂变平均放出 2 至 3 个次级中子。以 F_1 和 F_2 记裂变碎片，ν 表示每次核裂变平均放出的中子数，则核裂变反应可表示为

$$n + {}^{235}U \rightarrow F_1 + F_2 + \nu n \tag{2-4-6}$$

（二）中子引起的核反应

按入射中子的能量和靶核的性质，中子与靶核可以发生如下一种或几种反应。

1. 弹性散射：用（n, n）反应表示。中子与靶核作用后，中子重新射出且靶核内能不变，这种反应称为弹性散射。这个反应前后除动量守恒外，动能也守恒，可以用弹性小球间的碰撞来描述。

2. 非弹性散射：常用（n, n′）反应表示。这个反应过程与弹性散射相似，放出的仍是中子，但作用后靶核内能发生了变化，靶核处在激发态上。当它从激发态回到基态时，常有 γ 射线放出。

3. 辐射俘获：常用（n, γ）反应表示。靶核俘获中子放出 γ 射线的反应称为辐射俘获。这种反应是靶核俘获中子后形成一个不稳定的复核，经过极短时间（约10^{-14} s）处于激发

态的复核便放出 γ 射线，而回到生成核的基态。生成核与靶核原子序数相同，但生成核质量数增加 1。

(n, γ) 反应在由轻核到重核的许多核中都能发生，特别是热中子作用下，几乎所有元素都能发生这种反应。所以在热中子反应堆中，能量在几个电子伏附近的中子被 ^{238}U 吸收的 $^{238}U(n,\gamma)^{239}U$ 反应，控制棒（如镉棒）核对低能中子吸收反应 $^{113}Cd(n,\gamma)^{114}Cd$ 都属于这类反应。

入射中子与靶核形成复核时，中子结合能 ΔE 存在复核内。设中子与靶核在质心系的总动能为 E_c，则复核的激发能是 $E_c+\Delta E$。若在 $E_c+\Delta E$ 附近有复核的激发态，则形成复核的概率就特别大。这种现象称为“共振吸收”。

4. 放出带电粒子的反应：中子与靶核作用生成一个新核并放出质子、α 粒子等带电粒子的反应。例如压水堆中的 ^{16}O、^{17}O 等核吸收中子后都放出一个质子，发生 $^{16}O(n,p)^{16}N$、$^{17}O(n,p)^{17}N$ 等反应，^{16}N 的半衰期为 7.3 s，它放出 β 和 γ 射线，这一反应是压水堆水中放射性的主要来源。

5. 放出几个中子的反应：高能中子轰击靶核，有时可以产生两个或多个中子，可表为 (n, 2n)、(n, 3n) 等。

6. 裂变反应：重核在中子作用下，分裂成两个不同的碎片，放出 2～3 个中子，并放出大量能量，这个过程称为裂变反应，就是前面介绍的 (n, f) 反应，因此，它即是产生中子的核反应，也是中子引起的核反应。

核裂变是反应堆内最重要的核反应。同位素 ^{233}U、^{235}U、^{239}Pu 和 ^{241}Pu 在各种能量的中子作用下均能发生裂变，通常把它们称为易裂变核。对于 ^{238}U 和 ^{232}Th，只有在快中子轰击下才能引起裂变，通常称为可裂变核。

（三）中子按能量的分类

在前面介绍的中子与核相互作用的方式有多种，产生的中子能量也很不同，究竟发生何种类型的核反应，产生的中子能量有多高，这主要取决于入射中子的能量与靶核的性质，以及反应的类型。因此，在研究中子与物质的相互作用时，常根据能量范围对中子进行分类。

1. 慢中子（$0<E\leqslant 1$ keV）

对慢中子再细分为以下三类：

（1）冷中子（$0<E\leqslant 0.002$ eV）

所谓“冷”是指它的平均能量比热中子的能量要低。

（2）热中子（$0.002\ \text{eV}<E\leqslant 1$ eV）

与周围介质处于热平衡的中子称为热中子。热中子的分布近似遵守麦克斯韦分布律，在 20 ℃（即 293 K），热中子的最可几速度为 2 200 m/s，其相应的能量为 0.025 3 eV。通常将这两个数值作为热中子的代表值。

（3）超热中子（$1\ \text{eV}<E\leqslant 1$ keV）

所谓“超热”是指它的平均能量比热中子的能量要高。

超热中子在与重核作用时，可以发生强烈的共振吸收，所以常把这一能区的中子又叫作共振中子。

慢中子引起的核反应，除弹性散射外，主要是被核吸收，如前面介绍的（n, γ）反应、（n, α）、（n, p）反应与（n, f）反应。其中最常见的是（n, γ）反应，它在由轻核到重核的许多核中都能发生。至于（n, α）和（n, p）反应，只限于少数几种轻核（如 ^{6}Li、^{10}Be、^{14}N 和 ^{27}Al 等）才能发生。而（n, f）反应则只对少数几种重核（^{233}U、^{235}U、^{239}Pu 和 ^{241}Pu）才能发生。

2. 中能中子（1 keV＜E≤0.5 Mev）

中能中子与原子核作用主要是弹性散射，其次是辐射俘获。

3. 快中子（0.5 MeV＜E≤10 MeV）

快中子除了与原子核发生弹性散射外，还可产生非弹性散射。

4. 高能中子（E＞10 MeV）

高能中子除了与原子核发生弹性散射和非弹性散射外，还可产生放出两个或两个以上粒子的核反应，即前面介绍的（n, 2n）、（n, 3n）反应。

在原子核反应堆内，中子的能量在 0～17 MeV 范围内，实际上具有 10 MeV 以上能量的高能中子为数极少。因此，在核反应堆内中子引起的核反应主要为两大类：散射（弹性与非弹性）反应和吸收（辐射俘获与裂变）反应。

三、中子核反应截面与核反应率

在反应堆的物理计算中，为了定量描述中子与物质的相互作用，常用到中子截面、反应率等概念。在介绍中子核反应截面与核反应率之前，我们先介绍几个常用的基本物理量。

（一）中子密度与中子通量密度

中子密度：单位体积内的自由中子数称为中子密度，用 n 表示，单位是 1/m^3。

中子束的强度：设有一束均匀的、单向中子束，中子密度为 n，速度为 v，单位时间内通过垂直于 v 方向的单位面积的中子数，称为中子束的强度，用 I 表示，单位是 1/（s·m^2）。

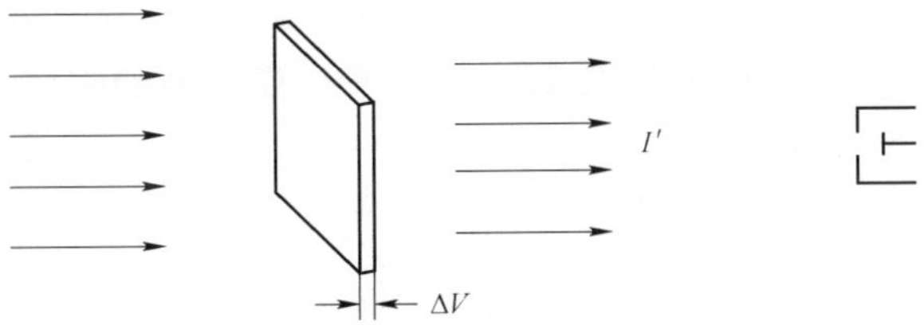

图 2-4-1　平行中子束穿过薄靶后的衰减

中子通量密度：单位时间内进入以空间某点为中心的适当小球体的中子数除以该球体的最大截面积所得的商，称为该点的中子通量密度。用 ϕ 表示，单位与 I 相同，1/（s·m^2）。

按照 ϕ 的定义可以推导得出，中子通量密度就是单位体积所有中子在单位时间内所经过路程的总和，因此，$\phi=nv$，这也是 ϕ 的物理意义。反应堆理论中常常用中子通量密度 ϕ 来代替中子密度 n，或用中子密度 n 来代替中子通量密度 ϕ。

（二）中子核反应截面

核反应截面的物理意义是发生某类核反应的概率，主要分为微观截面和宏观截面。

1. 微观截面

假定有一单向均匀平行的单能中子束，其强度为I，该中子束垂直地打在一个具有单位面积的薄靶上，靶的厚度为Δx，靶片内单位体积中的原子核数是 N。在靶后某一距离处放一个中子探测器（见图 2–4–1）。如果未放靶时测得的中子束强度是I，放靶后测得的中子束强度是I'，那么，$I'-I=\Delta I$就等于与靶核发生作用的中子数。因为中子一旦与靶核发生作用（不论是散射还是吸收）都会使中子从原来的飞行方向中消失，中子探测器就不能探测到这些中子。实验表明：在靶面积不变的情况下，ΔI正比于中子束强度I、靶厚度Δx和靶的核密度N，即

$$\Delta I=-\sigma IN\Delta x \tag{2–4–7}$$

式中，σ为比例常数，我们称之为“微观截面”，它与靶核的性质和中子的能量有关，将上式改写为

$$\sigma=\frac{-\Delta I}{IN\Delta x}=\frac{-\Delta I/I}{N\Delta x} \tag{2–4–8}$$

式中，$-\Delta I/I$为平行中子束中与靶核发生作用的中子所占的份额，$N\Delta x$又是对应单位入射面积上的靶核数，所以σ是单位强度的入射中子束，相对于每个靶核的相互作用率。

容易理解，与靶核发生作用的中子数，除了跟入射中子束的强度I，靶厚度Δx及靶的核密度 N 有关外，还与入射中子的能量有关。当厚度为Δx趋于无穷小的时候，式（2–4–8）也可以写成微分的形式：

$$\sigma=\frac{-\mathrm{d}I}{IN\mathrm{d}x} \tag{2–4–9}$$

根据式（2–4–9）也可以看出，σ是表示平均入射中子与靶核发生相互作用的概率大小的一种度量。它的单位为 m^2，由于微观截面的数值一般都很小，所以实际应用中，通常用“靶”（缩写为 b）作为单位，1b 等于 $10^{-28}\ \mathrm{m}^2$ 或 $10^{-24}\ \mathrm{cm}^2$。

对于初始强度为I_0的单能中子束，其在靶核发生作用后的强度，很容易由式（2–4–9）积分求得剩余的中子束强度为

$$I(x)=I_0\mathrm{e}^{-N\sigma x} \tag{2–4–10}$$

由于中子与物质的相互作用有多种方式，因而用不同的微观截面来描述不同类型的相互作用，我们就以角标来表示各种不同核反应的截面，如下标 s、e、i、γ、f、a 和 t 分别表示中子与原子核相作用的散射、弹性散射、非弹性散射、辐射俘获、裂变、吸收和总的反应截面。

根据截面的定义可得

$$\sigma_{\mathrm{s}}=\sigma_{\mathrm{e}}+\sigma_{\mathrm{i}} \tag{2–4–11}$$

$$\sigma_{\mathrm{a}}=\sigma_{\gamma}+\sigma_{\mathrm{f}}+\cdots \tag{2–4–12}$$

$$\sigma_{\mathrm{t}}=\sigma_{\mathrm{s}}+\sigma_{\mathrm{a}} \tag{2–4–13}$$

2. 宏观截面

由于每立方米的靶物质中含有 N 个核，所以 $N\sigma$ 等于每立方米内靶核的总截面，它经常出现在反应堆物理的公式中，称之为宏观截面，记作 Σ，它的单位是 1/m。其物理意义是表示一个中子与单位体积内原子核发生某种核反应的平均概率大小的一种度量。例如，中子与靶核作用发生的是散射、弹性散射、非弹性散射、辐射俘获、裂变、吸收和总的核反应，可以分别用 Σ_s、Σ_e、Σ_{in}、Σ_γ、Σ_f、Σ_a、Σ_t 表示它们的宏观截面。

既然宏观截面 Σ 是微观截面与核密度的乘积，要计算它，除了需要通过获得 σ，还必须知道单位体积内的原子核数 N。对于单元素材料核密度按式（2−1−3）计算，对于化合物、混合物材料核密度则分别按式（2−1−4）、式（2−1−5）计算。这样化合物和混合物的某一类型的宏观截面 Σ_x（x=s, a, f,⋯）可以写成

$$\Sigma_x = \sum_i N_i \sigma_{xi} \tag{2-4-14}$$

式中：σ_{xi} 为第 i 种元素的某种核反应的微观截面；N_i 为单位体积介质中第 i 种元素的原子核的数目。

有了宏观截面的概念，式（2−4−10）还可以写为

$$I(x) = I_0 e^{-\Sigma x} \tag{2-4-15}$$

3. 平均自由程

一个中子在连续两次相互作用之间所穿行的距离称为自由程，其平均值称为平均自由程，用符号 λ 表示（注意，不要同放射性衰变常数相混淆），其单位是 m。对于中子与靶核不同类型的相互作用，可定义不同类型的平均自由程。例如，中子在连续两次相互作用发生的是散射、弹性散射、非弹性散射、辐射俘获、裂变、吸收和总的反应，可以分别用 λ_s、λ_e、λ_{in}、λ_γ、λ_f、λ_a、λ_t 表示它们的平均自由程。

由式（2−4−15）可得

$$I(x)/I_0 = e^{-\Sigma x} \tag{2-4-16}$$

因为 $I(x)/I_0$ 表示入射中子在靶内一直穿行 x 距离后剩余的中子束强度占初始中子束强度的份额，所以 $e^{-\Sigma x}$ 就是入射中子 I_0 在靶内一直穿行 x 距离未与靶核发生相互作用的概率。对式（2−4−15）求导可得

$$-\frac{dI(x)}{I_0} = e^{-\Sigma_x} \Sigma dx \tag{2-4-17}$$

显然，式（2−4−17）表示中子在靶内一直穿行 x 距离后，在 x 附近的 dx 距离内，发生变化的中子束强度占初始中子束强度的份额，即与靶核发生首次相互作用的概率，因此，平均自由程可以由下式求得：

$$\lambda = \int_0^\infty x e^{-\Sigma x} \Sigma dx = \frac{1}{\Sigma} \tag{2-4-18}$$

可见，某种特定反应的中子平均自由程等于这种反应的宏观截面的倒数。同样，根据中子与靶核不同类型的相互作用，可定义散射平均自由程 $\lambda_s = 1/\Sigma_s$，吸收平均自由程 $\lambda_a = 1/\Sigma_a$，总核反应平均自由程 $\lambda_t = 1/\Sigma_t$，等等，且有

$$\frac{1}{\lambda_t}=\frac{1}{\lambda_s}+\frac{1}{\lambda_a} \quad (2-4-19)$$

4. 核反应率

假设中子以同一速率 v 在靶核内杂乱无章地运动，靶核的宏观截面为 Σ，平均自由程为 λ，则一个中子与靶核在单位时间内发生核反应的统计平均数为 $v/\lambda = v\Sigma$。前面我们介绍了中子密度 n 的概念，它表示单位体积内的自由中子数，因此单位时间单位体积内的中子与靶核发生核反应的总次数为 $R = nv\Sigma$，称为核反应率，它是反应堆物理分析中常用而重要的一个物理量，单位是 $1/(\mathrm{s}\cdot\mathrm{m}^3)$。同样与宏观截面相对应，根据中子与靶核不同类型的相互作用，可定义散射反应率 $R_s = nv\Sigma_s$，吸收反应率 $R_a = nv\Sigma_a$，总核反应率 $R_t = nv\Sigma_t$，等等。

根据核反应率的定义，一束均匀的、单向中子束，在靶核内穿行 x 距离后，在 $\mathrm{d}x$ 距离内，发生核反应后中子束强度的减少量即为中子与靶核发生作用的核反应率，因此，由式（2–4–9）得

$$R=\frac{-\mathrm{d}I}{\mathrm{d}x}=\sigma NI=\Sigma I \quad (2-4-20)$$

一般情况，如果中子不是单向运动，而是杂乱无章地运动，可用靶物质所在处的中子通量密度 ϕ 代替中子束强度 I，则式（2–4–20）照样成立，即

$$R=\sigma N\phi=\Sigma\phi \quad (2-4-21)$$

这是因为单位时间、单位体积内中子所走的总路程（$\phi = nv$）越长，单位体积内的靶核数(N)越多，那么中子与靶核碰撞的机会就越多，因而核反应率(R)就越高。式(2–4–21)在反应堆物理中应用很广，对于不同类型的核反应，只要将式中的 σ 或 Σ 换成相应的微观或宏观截面，就可求得不同类型的核反应率，如裂变（反应）率，散射（反应）率，等等。

四、多普勒效应

通常说截面与中子能量有关系，主要指截面取决于发生相互作用过程的中子和核的相对能量。这样，即使对单能中子，相对于靶核的能量也将在单一中子能量测量值的上下范围内变化。这种现象叫作多普勒效应，它与具有表现固定频率的运动光源或声源所观测到的波长变化现象相类似。

由于靶核的振动能随温度上升而增加，所以中子与核相对能量的范围也随温度上升而增大。这样，由于多普勒效应，共振峰的宽度随温度上升而加大，这种现象叫作多普勒展宽，在反应堆物理分析中经常遇到。峰的展宽伴随着其高度的降低，而截面曲线下共振的面积保持不变。对于孤立清晰的共振，当温度增加时，多普勒展宽见图 2–4–2。

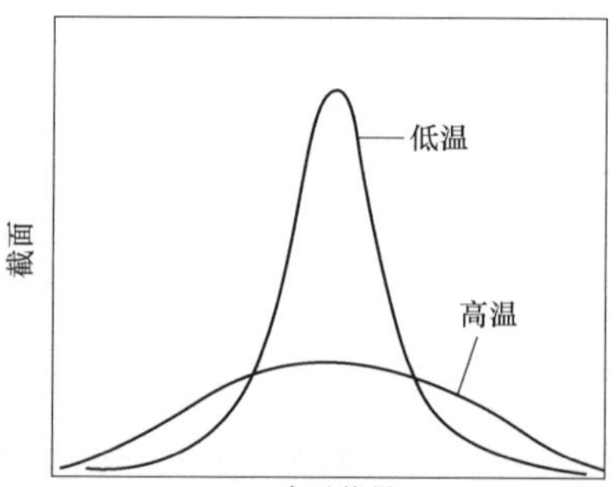

图 2–4–2　温度增加后共振的多普勒展宽

对热中子反应堆来说，多普勒展宽对中子的吸收率产生影响。如果共振中子平均通量密度保持不

变，则共振中的中子吸收率将不受多普勒展宽的影响，因为截面曲线下的面积不变。然而，在实际热中子反应堆中，中子慢化过程中经过共振区的共振中子，平均通量密度由于共振峰的展宽而增大，即共振区内中子的总吸收率（它取决于中子通量密度与截面的乘积）随温度的升高而增加。

第五节　核裂变与核聚变

一、裂变临界能与临界质量

核裂变反应是反应堆内中子与核燃料所发生的最重要核反应。核裂变反应过程有大量的裂变能释放出来，同时还放出中子。这就有可能在适当条件下由裂变产生的中子再引起核裂变反应，再放出中子并释放能量。这样核裂变在人为控制之下就能够按照要求持续下去，达到利用原子能的目的。根据原子核的液滴模型我们来了解核裂变过程的一些特性。考虑一滴液体因受力而发生的变化过程（见图 2–5–1）：液滴开始是球形的 A，然后被拉成一个椭球体 B。虽然体积没有变，表面积却增加了，只要体积能超过表面能，液滴就会返回到它的原始形状。如果变形力足够大，则液滴将达到 C 所示的哑铃形。在这种状态下，表面能一般会超过为液滴提供内聚力的体积能，液滴将不再能返回它的原始形状，而是分裂成两个小液滴，这两个小液滴开始多少有点变形，如 D 那样，最后变为球形 E。

核裂变过程可以认为与上述过程相类似。靶核吸收一个中子而形成一个受激发的复合核，其激发能等于中子的结合能加上这个中子被俘获前的动能。由于有这种过剩能量，可以认为复合核要经历一系列的变形过程，即经历类似于图 2–5–1 的过程。如果过剩能不足以引起超过 B 的进一步变形，则将迫使核回到原始形状。而过剩能则由受激发的复合核通过发射一个γ射线光子而释放。如果复合核具有足够的能量使它进入哑铃状态 C，则由于表面能（加上静电排斥能）超过体积能，它就不可能再回复到起始状态 A，而由 C 变到 D，然后到 E，表示裂变成两个分离的核—裂变碎片。由于静电排斥它们向相反方向飞离，复合核为了变形到状态 C 而必须具有的过剩能量叫作裂变的临界能量。如果可以得到这么多临界能量，则通常要发生裂变。如果不能获得这么多临界能量，则裂变不可能发生。为了说明一些重核在中子作用下可能发生裂变的情况，在此把一些重核吸收一个中子形成复合核的临界能量，与一个中子的结合能等数据列于表 2–5–1 中。

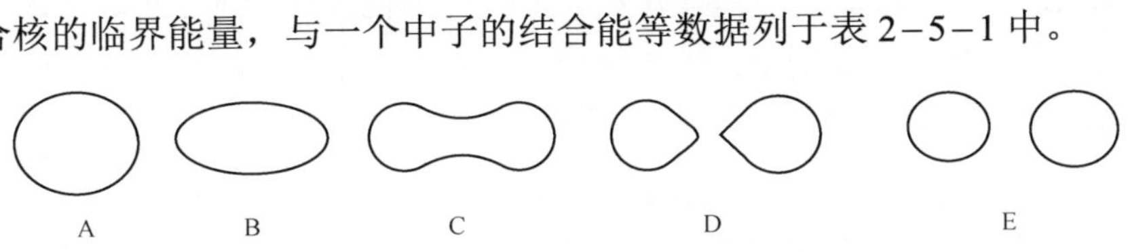

图 2–5–1　重核裂变的液滴模型

由表 2–5–1 可知，^{233}U、^{235}U、^{239}Pu 俘获一个中子后生成了复合核 ^{234}U、^{236}U、^{240}Pu，因为复合核中最后一个中子的结合能 $E_B > E_c$，所以 ^{233}U、^{235}U、^{239}Pu 俘获热中子后便可以发生裂变。而 ^{232}Th 与 ^{238}U 俘获一个热中子后生成的复合核的结合能 $E_B < E_c$，所以不能引起裂变，只有把入射中子的动能提到 0.6 MeV 以上，才有可能引起裂变。这样，在

核反应堆中子平衡的计算中，可以不必考虑热中子引起 ^{238}U 的裂变，而只需要考虑由快中子引起 ^{238}U 的裂变。

表 2–5–1 几种重要核的临界能量

发生裂变的核 ^{A}Z	临界能 E_c/MeV	一个中子与 ^{A-1}Z 核结合形成 ^{A}Z 核的结合能 E_B/MeV
^{232}Th	5.9	—
^{233}Th	6.5	5.1
^{233}U	5.5	—
^{234}U	4.6	6.6
^{235}U	5.75	—
^{236}U	5.3	6.4
^{238}U	5.85	—
^{239}U	5.5	4.9
^{239}Pu	5.5	—
^{240}Pu	4.0	6.4

像 ^{233}U、^{235}U、^{239}Pu 等重核吸收热中子后就可以裂变，通常我们称之为易裂变核。^{241}Pu 也是易裂变核，但是 ^{241}Pu 的半衰期短，裂变截面大，在反应堆里面的积累量很少，生产成本高，所以很少单独提取和作为燃料。自然界存在的易裂变核只有 ^{235}U 一种。另外，我们将需要能量较高的中子，如快中子，才能引起裂变的原子核称为可裂变核，包括 ^{232}Th 和 ^{238}U。^{232}Th 和 ^{238}U 在一定条件下吸收中子之后，可以按以下的衰变方式转变成易裂变核 ^{239}Pu 和 ^{233}U：

$$^{232}Th(n,\gamma)^{233}Th \xrightarrow[23.5分]{\beta^-} {}^{233}Pa \xrightarrow[27.4天]{\beta^-} {}^{233}U \tag{2-5-1}$$

$$^{238}U(n,\gamma)^{239}U \xrightarrow[23分]{\beta^-} {}^{239}Np \xrightarrow[2.3天]{\beta^-} {}^{239}Pu \tag{2-5-2}$$

所以，^{232}Th 和 ^{238}U 也称为再生物质或可转换材料。^{233}U、^{235}U、^{239}Pu 均已被用作核燃料，但只有 ^{235}U 是天然存在的，它也是目前使用最多的核燃料。不过，在天然铀矿中，^{238}U 的含量最丰富，约占 99.28%，^{235}U 的含量大约只占 0.714%。

表 2–5–2 中给出了反应堆中几种重要的裂变核对能量为 0.025 3 eV 的中子截面（即热中子截面）：σ_f 是裂变截面，σ_c 是俘获截面，σ_a 是总的吸收截面，它等于 σ_f 与 σ_c 之和，$a=\sigma_f/\sigma_a$ 是给定裂变核吸收的中子所引起裂变的份额。因此，在 ^{235}U 中，被吸收的热中子中有 85%引起裂变，而在 ^{239}Pu 中仅有 73%。

表 2–5–2 易裂变和可裂变核素的热中子微观截面（b）

核素	σ_f	σ_c	σ_a	σ_f/σ_a
^{233}U	531	48	579	0.917
^{235}U	581	99	681	0.855
^{238}U	—	2.7	2.7	—
天然铀	4.2	3.4	7.6	0.553
^{239}Pu	743	269	1 012	0.734

在一定条件下，为实现链式裂变反应所需核材料的最小质量称为临界质量。

二、裂变能与反应堆热功率

（一）裂变能

我们知道，核燃料裂变时会释放出巨大的能量，并可以根据结合能公式计算出。^{235}U、^{233}U、^{239}Pu 的原子核吸收热中子裂变时，产生碎片，同时放出二到三个中子、β射线、γ射线和中微子等。裂变能首先就是以上述物质的动能形式表现出来。这些物质与堆芯各种材料的核相碰撞而逐渐丧失动能，被碰核获得动能，温度不断地上升，直到裂变碎片和中子与被碰撞核达到热运动平衡状态为止。

核裂变时，大约有 90%的能量是瞬时放出的，其余部分，主要是裂变产物和中子俘获产物的β和γ衰变能，这些能量要经过一段时间后才能放出来。其放出时间不等，有的只需几秒后便会放出，而有的却要几年后才能释放出来。这些延迟释放的裂变能给反应堆的安全带来许多麻烦。例如，反应堆停闭后必须继续冷却，否则反应堆仍然会过热直到整个堆芯被熔化掉。

每次裂变放出的能量与可裂变核有关，也随堆芯设计而略有变化，因为中子俘获产物与反应堆中所有使用的材料有关。表 2–5–3 中列出了几种常见的可裂变同位素的裂变能数值。但一般认为每一个 ^{235}U、^{233}U、^{239}Pu 的原子核，裂变时大约要释放出 200 MeV 的能量。

表 2–5–3　几种裂变同位素的裂变能

同位素	E_f（MeV/裂变）	同位素	E_f（MeV/裂变）
^{232}Th	196.2±1.1	^{238}U	208.5±1
^{233}U	199.0±1.1	^{239}Pu	210.0±1.2
^{235}U	201.7±0.6	^{241}Pu	213.8±1.0

裂变碎片的动能约占总裂变能的 84%，碎片在燃料芯块内的飞行路程很短，约为 0.012 7 mm，所以可以认为裂变碎片的动能在核裂变发生地转化为热能。在干净和均匀装载的反应堆内，这部分热能的空间分布与燃料芯块内热中子通量的分布基本上相同。裂变中子与慢化剂原子核相碰撞，将动能转化为热能，它的射程从几厘米到几十厘米不等。裂变过程中产生的γ射线的穿透能力很强，其动能将分别在堆芯、反射层、热屏蔽和生物屏蔽内转换为热能，也有极少部分γ射线穿出生物屏蔽以外。由γ射线产生的热量分布与堆的具体设计有关。高能β粒子在包壳内的射程大约为 4 mm，在铀燃料芯块内的射程小于 0.254 mm，所以高能β粒子的能量大部分在燃料元件内转换成热能。有小部分的高能β粒子穿出燃料元件进入慢化剂，但不会射到堆芯外。^{235}U 裂变能的近似分配参见表 2–5–4，所以，在实际计算中常常取每次裂变放出 200 MeV 的能量。

表 2-5-4 裂变能的近似分配

类型		来源	能量/MeV	射程	转化为热能的地点
裂变	瞬发	裂变碎片的动能	168	极短	燃料元件内
		裂变中子的动能	5	中	大部分在慢化剂内
		瞬发γ的动能	7	长	堆内各处
		中微子	12	长	堆外
	缓发	裂变产物衰变的β射线能	8	短	大部分在元件内；小部分在慢化剂内堆内各处
		裂变产物衰变的γ射线能	7	长	
过剩中子引起的（n、γ）反应	—	过剩中子引起的非裂变反应加上（n、γ）反应产生的γ衰变能	≈3～12	有长有短	堆内各处
总计		—	≈210～219	—	198～207 MeV 可以利用

由以上分析可知，裂变能绝大部分在燃料元件内转化为热能，裂变能的分布与堆的具体设计和运行提棒程序有关。在缺乏精确数据时，对于热中子反应堆来说，可以假定 90%以上的裂变能在元件内转化为热量，大约 5%裂变能在慢化剂内转化为热能，而其余不到 5%的裂变能在反射层内和热屏蔽内转化为热能。通常在大型压水堆设计中，常取燃料元件的释热量为堆释热量的 97.4%，而在沸水堆中取 96%。

（二）反应堆热功率

反应堆单位时间释放的热能，称作反应堆的热功率。取 ^{235}U 核每次裂变放出的能量为 E_f=200 MeV，而 1 MeV=1.602×10^{-13} J。那么，^{235}U 核每次裂变放出的能量约为 3.204×10^{-11} J，所以，放出 1 J 的能量需要 3.12×10^{10} 次 ^{235}U 核的裂变。如果反应堆内 ^{235}U 核的裂变率为 $R_f=\Sigma_f\phi$，因而堆内任一点处单位体积的功率 $q_v(r)$ 为

$$q_v(r)=E_f\Sigma_f\phi(r)=\frac{\Sigma_f\phi(r)}{3.12\times10^{10}}\ \mathrm{W/m^3} \tag{2-5-3}$$

式中：Σ_f 为堆芯 ^{235}U 核的热中子裂变宏观截面；$\phi(r)$ 为堆芯内 r 处的中子通量密度。设反应堆堆芯的体积为 V（m^3），则反应堆热功率 P 为

$$P=\frac{R_fV}{3.12\times10^{10}}=\frac{\Sigma_f\bar{\phi}V}{3.12\times10^{10}}\quad \mathrm{W} \tag{2-5-4}$$

式中：$\bar{\phi}$为反应堆堆芯的平均热中子通量密度，即

$$\bar{\phi}=\frac{1}{V}\int\phi(r)\mathrm{d}V \tag{2-5-5}$$

式（2-5-4）表明，反应堆的热功率与裂变率成正比。在已经设计好的反应堆内，Σ_f 已经确定，这就意味着反应堆的热功率与堆芯的平均热中子通量密度成正比，反应堆内中子通量密度大的地方，功率就大，反之亦然。所以，我们经常用反应堆内的中子通量密度水平来表示反应堆的功率水平。

由于$1\,\mathrm{MW}=86\,400\times10^{10}\ \mathrm{J/d}$，所以热功率为 P（MW）的反应堆每天的裂变次数为

$$R_f=\frac{P\times10^6\times86\,400\mathrm{J/d}}{200\times1.6\times10^{-13}\mathrm{J}/裂变数}=2.68\times10^{21}P\ \ 裂变数/\mathrm{d} \tag{2-5-6}$$

即每天消耗 $2.68\times10^{21}P$ 个 ^{235}U 原子。再乘以 ^{235}U 的克原子量并除以阿伏伽德罗常数后，上式可换成每天裂变 ^{235}U 克数为

$$燃耗率\approx 2.68\times10^{21}P\times\frac{235}{6.02\times10^{23}}=1.05P\ \ \text{g/d} \qquad (2-5-7)$$

这说明每天使 1.05 克 ^{235}U 裂变产生的热功率为 1 MW。实际上，^{235}U 核吸收中子不能全部裂变，还有一部分俘获中子而消耗 ^{235}U 的核，所以要得到 1 兆瓦日的能量，消耗的 ^{235}U 要比上述数值大 $\sigma_a/\sigma_f=1.17$ 倍。所以实际燃耗率为 $1.05\times1.17\ P=1.23\ P$ g/d。

单位质量的核燃料所释放的能量，称为燃耗深度，通常采用每吨兆瓦日作单位，表示为“MW・d/t”。$1\ t=10^3\ kg=10^6\ g$。作为一个例子，假定核燃料是纯 ^{235}U，如果全部 ^{235}U 都裂变，则释放的能量应大约是 1 MW・d/g，相当于 10^6 MW・d/t。但由于有辐射俘获，所以实际上 ^{235}U 释放的能量最多约为 8×10^5 MW・d/t。从反应堆堆芯中卸出的燃料所达到的燃耗深度称为卸料燃耗深度，它是动力堆设计的重要指标之一。目前压水堆平均卸料燃耗深度可达到 3×10^4 MW・d/t 以上。例如，一座压水堆的热功率为 2 800 MW，每天燃耗 ^{235}U 质量为 $1.23\ P=3\ 444$ g/d，则 1 年所消耗的 ^{235}U 质量为 $3.444\times365=1\ 257.1$ kg。

三、裂变碎片和裂变中子

（一）裂变碎片

核裂变过程中，要生成裂变碎片和放出中子。核裂变的方式有许多种，其中绝大多数裂变时产生两个碎片。裂变碎片的质量产额曲线如图 2-5-2 所示。从图中可以看出，引起裂变的中子能量不同，曲线的形状也就不同。图中给出 14 MeV 的中子和热中子引起 ^{235}U 核裂变时的裂变碎片质量产额曲线。对热中子裂变来说，目前已经发现有 80 种以上的裂变碎片，这说明 ^{235}U 核差不多有 40 种以上的不同分裂途径。裂变碎片的质量数的范围大约分布在 72 到 161 之间。从曲线也可以看出，裂变方式一般不是对称的。对称裂变（两个碎片质量大约相等，如 $A=117$、118）的产额只有 0.01%，非对称裂变（两个碎片的质量数分别为 95 和 139）的最大产额为 6%。

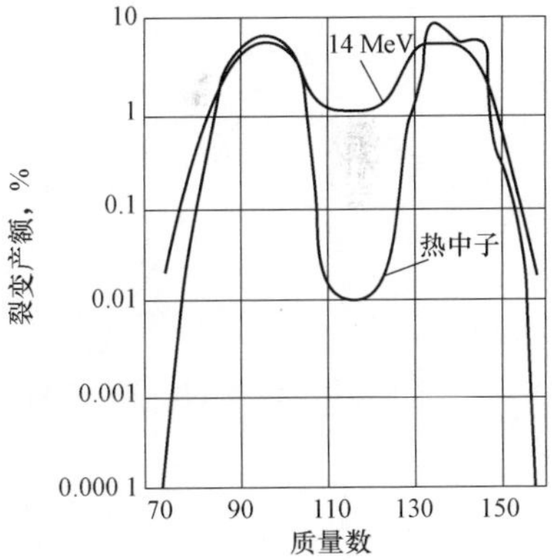

图 2-5-2　裂变碎片的质量产额曲线

几乎在所有的情况下，这些裂变碎片都具有很大的中子质子比。它们通常要经过一系列β衰变，将过剩的中子转变为质子才能成为稳定核。我们把裂变碎片和它们的衰变产物称为裂变产物。当然，也有个别的碎片在β衰变过程中放出中子，通常把这些在衰变过程中放出中子的裂变产物叫缓发中子的先驱核。由于裂变碎片的放射性衰变和积累，反应堆内最终会产生 300 多种裂变产物。这些裂变产物中有些元素，如氙和钐，具有相当大的热中子吸收截面，它们消耗堆内的中子，我们则把这些吸收中子截面大的裂变产物叫毒物。

（二）裂变中子

重核裂变所放出的中子称为裂变中子，也是最重要的裂变产物，我们通常根据它们的

特性将其分为两类，即瞬发中子和缓发中子，分别介绍如下。

1. 瞬发中子

裂变中子 99%以上是在裂变的瞬间（约 10^{-14} s）发射出来的，我们把这些中子叫瞬发中子。瞬发中子的能量分布在从 0.18 MeV 到 12 MeV 相当大的范围内。一般用 $x(E)\,\mathrm{d}E$ 表示能量在 E 和 $E+\mathrm{d}E$ 范围内裂变中子的份额。$x(E)$ 通常叫裂变中子能谱，^{235}U 裂变时瞬发中子的能谱（见图 2–5–3 中实线）为

$$x(E)=0.453\mathrm{e}^{-1.036E}\sinh\sqrt{2.29E} \tag{2-5-8}$$

或用下列近似的式子表示（见图 2–5–3 中虚线）

$$x(E)=0.770E^{0.5}\mathrm{e}^{-0.776E} \tag{2-5-9}$$

式中，E 为裂变中子的能量，MeV。且满足

$$\int_0^\infty x(E)\mathrm{d}E=1 \tag{2-5-10}$$

实际上不同裂变同位素的裂变谱 $x(E)$是不同的，但差别不大。因此，在近似计算时可以认为式（2–5–8）或式（2–5–9）适用于所有的裂变同位素。从图 2–5–3 中可看出，大多数瞬发裂变中子的能量在 1 MeV 左右。在 10 MeV 以上的瞬发裂变中子的份额已很小。裂变中子的平均能量 E 为 $E=\int_0^\infty Ex(E)\mathrm{d}E=1.98\approx 2\,\mathrm{MeV}$，且通常认为瞬发裂变中子是各向同性地发射出来的。

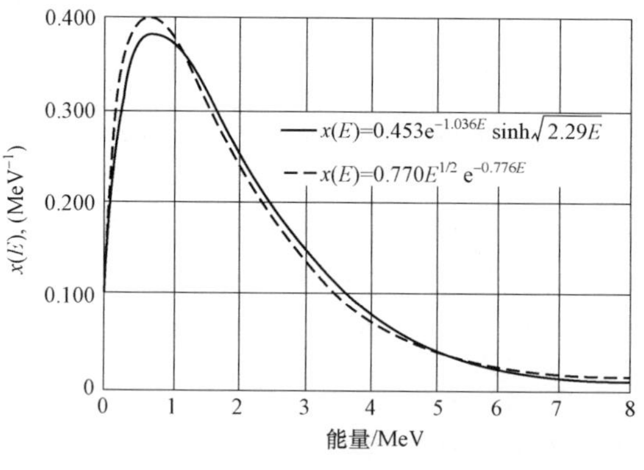

图 2–5–3 ^{235}U 核热中子裂变时的裂变中子能谱

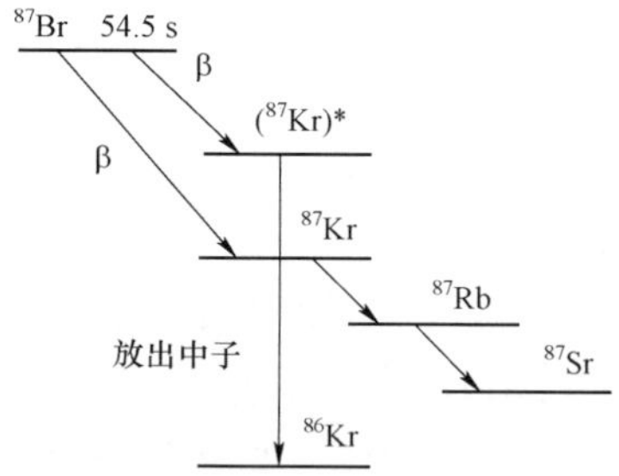

图 2–5–4 缓发中子先驱核 ^{87}Br 的衰变

2. 缓发中子

裂变中子中，还有小于 1%的中子（对 ^{235}U 裂变，约有 0.65%）是在裂变碎片衰变过程中发射出来的，我们把这些中子叫缓发中子。例如，裂变碎片 ^{87}Br 经过β衰变生成处于激发态的 ^{87}Kr（见图 2–5–4），它通过放出一个中子衰变成 ^{86}Kr。这种衰变的半衰期为 54.5 s，就是说，这个中子的发射与裂变瞬间相比有一段时间延迟。像 ^{87}Br 这种裂变碎片，在β衰变过程中能够产生缓发中子，就是前面所说的缓发中子先驱核。根据先驱核半衰期的长短，通常分为六组，各组有关参数列于表 2–5–5 中，其中：$T_{1/2,i}$、λ_i、E_i 分别表示第 i 组缓发中子先驱核的半衰期、衰变常数、能量；ν_i 表示一次裂变产生第 i 组缓发中子

的平均数，称为第 i 组缓发中子的产额；β_i 表示第 i 组缓发中子占全部裂变中子（瞬发与缓发）的份数，称为第 i 组缓发中子的份额；$\beta=\sum_i \beta_i$ 称为每次裂变产生的缓发中子总份额，也是在每次裂变产生的全部中子中（瞬发与缓发）缓发中子所占的份额，在后面的中子动力学分析中经常要用到；β_i/β 表示第 i 组缓发中子占全部缓发中子的份数，称为第 i 组缓发中子的相对份额；t_i 表示第 i 组缓发中子先驱核的平均寿命 $t_i=1/\lambda_i$，则总的缓发中子平均寿命 $\bar{t}$ 表示，同样对 ^{235}U 的热裂变，有 $\bar{t}=\sum_i \beta_i t_i \Big/ \sum_i \beta_i$。

表 2-5-5 ^{235}U 核热中子裂变时缓发中子数据

组	1	2	3	4	5	6
半衰期 $T_{1/2,i}$/s	55.72	22.72	6.22	2.30	0.61	0.23
能量 E_i / keV	250	560	430	620	420	430
份额β_i	0.000 21	0.001 42	0.001 28	0.002 57	0.000 75	0.000 27
平均寿命 t_i/ s	80.39	32.78	8.97	3.32	0.88	0.33
衰变常数λ_i /（1/s）	0.012 4	0.030 5	0.111	0.301	1.14	3.01
产额 ν_i	0.000 52	0.003 46	0.003 10	0.006 24	0.001 82	0.000 66
相对份额β_i/β	0.032	0.219	0.196	0.395	0.116	0.042
总份额β	0.006 5					
总产额 ν	0.015 8					

缓发中子的能谱不同于瞬发中子的能谱，它是不连续的，从表 2-5-5 可看出缓发中子的平均能量要比瞬发中子的低许多。虽然缓发中子在整个裂变中子中所占的份额很小（小于 1%），但正是因为有了这个不到 1%的缓发中子，反应堆内裂变率或功率的控制才得以实现。

四、核聚变

核聚变又称为热核反应。它是将结合能较小的轻核（质量数大致小于 16），例如氘和氚，在一定的条件下，将它们聚合成一个中等质量的、平均结合能较大的原子核（类似将轻核分成自由核子，再重新组合成一个新的中等质量核），同时发出巨大的能量（该过程也会导致质量亏损，变成能量放出，这就是核聚变能），这种反应称为核聚变。它是取得核能的重要途径之一。由于原子核间有很强的静电排斥力，因此在一般条件下，发生核聚变的概率很小，只有在几千万摄氏度温度的条件下，轻核才有足够的动能去克服静电斥力而发生持续的核聚变，故又称为也称“热核聚变反应”或“热核反应”。由于原子核的静电斥力同它们所带电荷的乘积成正比，所以原子序数越小，聚合所需的动能（即温度）就越低。一些较轻的原子核，如氢、氘、氚、氦、锂等最容易释放聚变能。^4He 核的平均结合能比它附近的一些轻核要大得多（见图 2-2-1），所以它的聚变反应，概率较大，释放的能量也多。具体的以两个氘核 ^2_1H 聚合成一个氦核 ^4_2He 为例。因为 ^2_1H 核的比结合能为 1.11 MeV，^4_2He 核的比结合能为 7.07 MeV。因此将两个氘核分离为两个质子和两个中子，需要能量 1.11×4=4.44 MeV；而聚合成氦核时，可放出 7.07×4=28.28 MeV 的能量。所以将两个氘核聚合成一个氦核时，可以放出 28.28−4.44=23.84 MeV 的结合能。比较 ^{235}U 裂变与氘核的聚变可以看出：对于裂变能平均每个核子释放的能量约为 200/235≈0.85 MeV；而对于聚变能平均每个核子释放的能量约为 23.84/4≈6 MeV。所以同样重量的物质参与反应时，聚变反应放出的能量要比裂变反应的大得多，这正是受控热核反应特别令人关注的一个重要原因。

但人们发现氘和氚更容易发生聚变，氘核与氚核聚合生成一个氦核和中子过程：

$$^{2}_{1}He + ^{3}_{1}H \rightarrow ^{4}_{2}H + ^{1}_{0}n \qquad (2-5-11)$$

该聚变反应能够放出 17.2 MeV 的能量。一般称氘和氚为聚变核燃料。氘的水化合物称为重水。自然界中氘的储量丰富，每升水中含 0.03 克氘，地球上水中约有 40 亿万吨氘，所以地球上聚变燃料比裂变燃料丰富得多。氚在自然界中很少，只有几千克，主要来自宇宙射线。但是氚可以由锂制得。地球上锂的含量较为丰富，能够满足人类对聚变能的需求。

核聚变是取得核能的重要途径之一，聚变能源不仅丰富，而且安全、清洁。现在人们已经知道，在宇宙中，能量的主要来源就是原子核的聚变，太阳和宇宙中的其他大量恒星，能长时间的发光发热，源源不断地向外界辐射能量都是由于轻核聚变的结果。当然，要实现这类聚变反应，必须先对系统提供一定的能量。核武器氢弹的原理就是氘和氚的核聚变反应。由于核聚变要求的温度高（千万度以上），目前只能在氢弹爆炸和由加速器产生的高能粒子碰撞中实现，氢弹要用原子弹引爆就是这个道理。氢弹的能量不是逐步放出来的，而是以爆炸的形式一下子放出来的，所以，利用这些能量就很不容易。如果能够控制核聚变反应，使能量逐步释放出来，那么，就可以利用核聚变能来发电（我们把通过核聚变反应而释放能量的装置称为聚变反应堆），这也是目前高科技领域中的一个重大课题。

现在我们知道，实现受控核聚变反应，先要将氘、氚等核燃料加热到高温，在这样千万度的高温下，氘氚混合燃料已超出大家非常熟悉的物质的三种状态：固态，液态和气态了，而为物质的第四种状态，称为等离子体。那么什么是等离子体呢？简单地说等离子体就是导电的气体。若将气体加热到几万度以上，气体原子将全部发生电离，变成带正电的离子和带负电的自由电子，这种由离子和电子组成的气体，就是等离子体。等离子体的温度越高，密度越大、约束时间（维持高温的时间）越长，放出的能量就越多。当温度达到临界时，放出的能量足以加热下一次添加的氘氚燃料，聚变反应就可以持续下去，这时就称为可控核聚变的“点火”。目前实现“点火”，还有三大困难急待解决。第一是加热，即如何将等离子体加热到如此高的温度。第二是约束，即使达到了加热温度，高温等离子体不能与盛装它的容器壁相接触，否则等离子体要降温，容器也会被烧坏。第三是干净，也就是如何防止杂质混入等离子体，因杂质会大大增加辐射损失而使等离子体冷下来。如能克服以上困难，实现点火，下一步就是建立聚变反应堆，实现聚变能的和平利用。聚变反应堆的主要部件应包括高温聚变等离子堆芯、位层、屏层、磁体、辅助等系统以及等离子体系统，此外还有与核电站类似的热交换系统和发电装置。60 多年来，人们一直在努力探索实现“受控聚变反应”的方法。由于采用的加热和约束方法有所不同，所以实验装置也分为好几种类型。托卡马克（俄文“环形”“室”“磁性”三个词的缩写）、磁镜、磁压缩装置和激光聚变装置等，都是为研究可控聚变反应而设计制造的实验装置。

第六节　反应性及其控制

一、反应性的定义

核反应堆内中子的产生与消失的大小决定了核反应堆内所处的状态，而核反应堆内中子的产生与消失的大小集中反映在有效增殖因数 k（中子产生数量比中子消失数量）上。当有效增殖因数 k 大于 1 时，中子产生大于中子消失，堆内中子数将随时间增加，核反应堆处于超临界状态；当有效增殖因数 k 小于 1 时，中子消失大于中子产生，堆内中子数将随时间而减少，核反应堆处于次临界状态；当有效增殖因数 k 等于 1 时，中子的产生等于中子的消失，堆内中子数将不随时间变化，它们可以在任意数值上相平衡，核反应堆处于临界状态。

但平衡是相对的，不平衡才是绝对的。由于种种原因，有效增殖因数 k 不能恒等于临界值 1，通常把有效增殖因数与 1 之差，叫作过剩增殖因数，用 k_{ex} 表示：

$$k_{ex}=k-1 \tag{2-6-1}$$

再把 k_{ex} 与 k 之比称为反应性，用ρ表示。

$$\rho=k_{ex}/k=(k-1)/k \tag{2-6-2}$$

式（2－6－2）就是反应性的定义与计算式。由于 k 恒大于零，所以ρ与 k_{ex} 的符号相同，同为正或负，它们都是描述反应堆偏离临界状态远近程度的一种度量或参数。在反应堆动态研究中，通常用反应性来表征反应堆偏离临界状态的程度，它是一个非常重要的动态物理量。

由于反应性表示 k 的相对变化，其大小常用百分数表示，或用缓发中子份额β来度量。当用β值表示的反应性单位称为“元”，1β为“元”，其百分之一称为“分”。k、k_{ex} 和ρ的关系见表 2－6－1。

表 2－6－1　反应堆状态的描述

反应堆状态	次临界	临界	超临界
k	<1	=1	>1
k_{ex}	<0	=0	>0
ρ	<0	=0	>0

综上所述，反应性的符号标志着反应堆所处的状态；而反应性的大小，将决定堆内中子通量密度（或堆功率）变化的速率。

二、反应性的影响因素

对于一个新建造的反应堆，为了保证它能在所需功率下长期运行，必须使它有足够的反应性储备。一个新建的反应堆投入运行之前，在冷态（20 ℃）时所储备的反应性即冷态干净堆芯的剩余反应性，称为该堆的后备反应性，记为ρ_0。核反应堆启动运行后，堆芯温度从冷态变为热态，温度变化范围较大，温度的变化将引起反应性的变化；另外，反应堆在运行过程中，核裂变不断地产生裂变碎片，其中有一部分碎片要吸收中子，从而引起反应性的变化；还有，堆内裂变不断地发生变化，燃料成分相应变化。这些变化使反应性发生变化，因此，对压水堆而言，影响反应性变化主要有下列三个效应。

（一）温度效应

反应堆投入运行后，堆芯温度将上升，使得堆芯物质密度减少，以及中子温度升高和铀核热运动加剧，这些变化导致反应性变化。我们将堆芯温度变化引起反应性变化的现象称为温度效应，堆芯温度升高引起反应性增加称为正温度效应（正反馈），而堆芯温度升高引起反应性减少则称为负温度效应（负反馈）。通常都将反应堆设计成具有负温度效应。不同堆型的温度效应是不一样的，压水堆的温度效应最为显著，为负效应。这样，我们将由温度效应引起的反应性变化称温度反应性。按额定参数运行时的压水堆，这一变化大约为 2%～12%。

（二）中毒效应

核反应堆运行过程中，裂变碎片及其衰变产物不断产生和积累。在这些产物中，有一些具有很大的热中子吸收截面，最突出的是 ^{135}Xe 和 ^{149}Sm。通常把这些有害的裂变产物及其衰变产物称为核毒物。我们将核毒物俘获中子而引起反应性减小的现象称为中毒效应，由核毒物引起的反应性减少称为中毒反应性。对于不同的核反应堆、不同的运行功率及运行时间，中毒反应性大小是不同的。一般压水堆在额定工况时，它的平衡中毒反应性大约为 2%～5%。

（三）燃耗效应

核反应堆投入运行后，核裂变燃料将不断地燃耗。燃耗使裂变核减少将引起反应性下降，这种效应称为燃耗效应。因燃耗引起的反应性减少称为燃耗反应性。对于不同的核反应堆、不同的运行功率及运行时间，燃耗反应性的大小差别很大。通常堆功率越高，工作时间越长，燃耗就越深，所减少的反应性也就越多。一般压水堆在工作末期时，这一减少大约为 3%～12%。

核反应堆在不同的工况和不同的运行时间下，上述三个效应又有主次之分。例如，当核反应堆由冷态向热态过渡或运行温度发生大幅度变化时，温度效应是主要的；当反应堆处在高功率下运行或功率大幅度变化时中毒效应就显著；当核反应堆长期工作时，燃耗效应则越来越明显。

综上所述，为了保证核反应堆能够正常工作一段时间，特别是核动力反应堆，要求它在设计功率下能够运行足够的天数，必须使其在工作开始之前具有足够的反应性储备，用以补偿由温度、中毒和燃耗效应引起的反应性减少。对一般压水堆，后备反应性的数值大约在 15%～25%的范围。

三、反应性控制任务

核反应堆启动后，由于温度、中毒等效应，使堆内反应性发生变化；要使核反应堆达到启动、提升或降低功率稳定运行和停闭的目的，就必须采取外部控制的方法来控制反应性。

（一）常用物理量

1. 剩余反应性

在任何时刻，通过控制毒物反应性的调节，所能获得的最大反应性，称为反应堆在该时刻的“剩余反应性”，记为ρ_{ex}。控制毒物是指反应堆中作为控制用的所有物质，例如控制棒、可燃毒物和化学补偿毒物等。剩余反应性的大小与反应堆的运行时间和运行工况有关。一个新堆的剩余反应性称为“初始剩余反应性”。一个新的堆芯，在冷态无中毒情况下，其初始剩余反应性为最大。

2. 停堆深度

当全部控制毒物都投入堆芯时，核反应堆所达到的负反应性称为停堆深度，用ρ_s来表示。很显然，停堆深度也是与反应堆运行时间和工况有关的。为确保核反应堆的安全，要求在热态、平衡氙中毒的工况下，必须具有足够大的停堆深度。否则，当堆芯逐渐地冷却和氙-135逐渐衰变后，反应堆的反应性将逐渐地增加，而停堆深度就逐渐地减小，这样堆芯有可能又重新恢复到临界或超临界的状态。压水堆设计中，一般规定冷态无中毒时的停堆深度为3%～5%，还应保证在一组控制棒被卡住不能下插到堆芯，冷态和无中毒时的停堆深度必须大于2%～3%。

3. 总的被控制当量

总的被控当量等于剩余反应性与停堆深度之和，用$\Delta\rho$表示。即

$$\Delta\rho=\rho_{ex}+\rho_s \qquad (2-6-3)$$

一组控制棒组件完全插入堆芯后所引起的反应性变化，定义为该组控制棒组件反应性当量。

（二）主要任务

反应性控制的主要任务是：采取各种切实有效的控制方式，在确保安全的前提下，控制反应堆的剩余反应性，以满足反应堆长期运行的需要；通过控制毒物适当的空间布置和最佳的提棒程序，使反应堆在整个堆芯寿期内保持较平坦的功率分布，使功率峰因子尽可能地小；在外界负荷变化时，能调节反应堆，使它能适应外界负荷变化；在反应堆出现事故时，能迅速安全地停堆，并保持适当的停堆深度。

四、反应性控制的基本原理与方法

（一）基本原理

对反应性的控制，原则上可对热中子反应堆的有效增殖因数中的六个因子进行控制，即通过改变堆内中子吸收、改变中子慢化性能、改变燃料的含量、改变中子泄漏等方式实现对反应性的控制。实际上，当热中子反应堆的成分确定后，快中子增殖因数、每次吸收的中子产额值，可以认为基本不变，此外，对逃脱共振俘获概率的控制不太有效，而对热中子利用系数及不泄漏概率值的控制比较有效，且容易实现。

移动控制棒可以控制燃料吸收中子的数量，从而改变热中子利用系数值。另外，移动控制棒又会使中子通量密度发生某种形式的畸变，改变了堆芯的中子泄漏值，从而改变中

子不泄漏概率。通常，动力堆都采用控制棒来控制快变化的反应性。

（二）压水堆的控制方法

由于压水堆初始剩余反应性很大，总的被控当量很大。压水堆的栅格较为稠密，控制棒效率比较低，如果全部采用控制棒来控制反应性，要安排众多的控制棒，这是很困难的。目前，电站压水堆采用控制棒、固体可燃毒物和冷却剂中加硼酸溶液三种控制方式，而舰船用压水堆都采用控制棒和固体可燃毒物并用的控制方式。

利用控制棒控制反应堆的优点是：快速、可靠、灵活、机动。它的缺点是：对堆内中子通量密度分布扰动较大，会导致堆内中子通量密度分布的不均匀，同时，较多的控制棒会给反应堆结构设计、制造带来困难。

（三）固体可燃毒物法

为了减少控制棒的数量，可在新堆芯中按一定分布插入硼钢管等可燃毒物。这是充分利用硼“燃耗”较快，从而使硼钢管的中子吸收能力，随反应堆燃耗加深而明显降低这一反应性补偿特性制成的，这种补偿不需外部控制，是自动进行的。如果能够合理在堆内布置固体可燃毒物，使它随着燃耗而自动放出反应性，正好补偿燃耗反应性，这样既减少了控制棒的数量，还可以有利于展平堆内中子通量密度分布，提高反应堆燃料利用率和延长堆芯寿期。

思考题

1. 原子核由什么组成的，它们有什么样的特性？
2. 什么叫质量亏损、结合能？
3. 什么叫比结合能？比结合能随原子质量数的变化有什么规律？
4. 什么叫原子核衰变？原子核衰变遵循什么规律变化？
5. 放射性核的平均寿命是如何定义的？它与半衰期之间有什么关系？
6. 核反应应遵循什么样的守恒规律？
7. 什么叫反应能？它为什么可正可负？
8. 什么叫中子核反应？产生中子的核反应主要有几种？
9. 什么叫裂变反应、聚变反应？它们有什么区别？
10. 根据能量范围，中子大致分为几类？
11. 中子密度与中子通量密度的定义是什么？它们有什么区别？
12. 什么叫微观截面和宏观截面？它们的单位是什么？有什么区别？
13. 核反应率、多普勒效应的定义是什么？
14. 什么叫裂变临界能与临界质量？
15. 什么叫易裂变核？主要有哪些核？
16. 什么叫裂变能，它释放的特点是什么？每一个 ^{235}U 原子核，裂变时大约要释放出多少能量？
17. 能量为 $E_1=0.025\,3$ eV 的中子密度 $n_1=10^5$ 中子/cm^3，而能量为 $E_2=1$ keV 的中子密度 $n_2=10^3$ cm^{-3}，试问哪一种中子通量密度大？

18. 根据计算，每天使 1.23 克 ^{235}U 裂变能够产生的热功率为 1 MW。为了得到 1 kW・h 的能量，需要使多少 ^{235}U 产生裂变？

19. 反应堆的热功率为 330 MW，问每秒有多少个 ^{235}U 核发生裂变？

20. 什么叫裂变碎片和裂变中子？

21. 什么叫瞬发中子和缓发中子？简要说明它们有什么区别？

22. 为什么同样重量的物质参与反应时，聚变反应放出的能量要比裂变反应的大得多？

23. 什么叫反应性？为什么说反应性的符号标志着反应堆所处的状态？

24. 简要解释什么叫温度效应、中毒效应与燃耗效应。

25. 什么叫剩余反应性、停堆深度？

26. 压水堆的控制方法主要有哪几种？

第三章

核技术的应用

核能涵盖三类技术：（1）产生核爆炸所需的技术；（2）使核反应堆产生能量并加以应用的技术；（3）核技术应用。前两种技术都用铀和钚原子分裂来释放能量。对于核技术应用，公众知之甚少，但这类技术五花八门，且对人们日常生活的各个方面都有惊人的影响。美国早在 1992 年的一项研究中指出，与核技术有关的非动力和平应用每年涉及 3 570 亿美元收入和 370 万个工作职位，现在在美国核技术应用似乎比核动力工业规模大 4 倍。看来重视核技术应用是十分必要的。

几十年以前，原子能激起人们各种崇高而神往的梦想。他们梦想有一天原子能发出的电力便宜得能使世界各地的人们都能享用汽车、火车和飞行器且能不加油不停地运转；海水能被淡化；不毛的沙漠能变成绿洲。当年的温斯顿·丘吉尔先生视原子的和平利用为“世界繁荣的长流泉”。虽然在第二次世界大战战后岁月里存在的深深恐惧和严峻现实背景的影响下，这些早期的梦想勾画出原子能和平发展的必要性、大众形象和期望，并非所有的梦想都经受住了时间的考验，有些过早地破灭了。但是，还有许多梦想已经在研究实验室、医院、工厂和农民的田地里实现。它们产生了今日社会从中受益的持久成果。特别是 2005 年至 2020 年这 15 年来的成就，使人们产生了对地球存在着的众多问题利用核能技术加以解决的希望。事实也表明在不少领域核技术发挥着重要作用。

在我国培育新兴产业发展、支持国家经济转型升级形势下，开展核技术在不同领域的应用研究更凸显其重要意义。

第一节　核技术在工业上的应用

核技术的工业应用极为广泛。到 2016 年，世界上已有近 150 个国家和地区开展了核技术在工业领域的应用研究、开发。美国将核技术列为优先支持的 22 项重大技术发展方向之一。核技术工业应用已成为一个世界性的产业。许多新兴国家正以极大的热情和切实的步骤发展本国的辐射加工产业；一些国家正在探索采用包括核技术在内的综合技术，将本国的资源优势转化为经济优势。核技术工业应用的快速发展已成为推进新技术、新材料、新工艺、新方法取得创新发展的动力之一。在核技术工业应用领域，美国、欧洲等发达国家和地区技术处于领先地位。

核技术在工业中的应用主要体现为生产过程中的分析检测、辐射加工、同位素示踪等。

根据放射性核素放出的射线可作为获取工业过程中的控制参数和其他信息的一种信息源的原理而集成的各种同位素监控仪器仪表，如核测井在油田、煤田、矿山等的开发与生产中得到了深入广泛的应用，在矿产开发、工业生产控制方面发挥着不可替代的作用，如测厚仪、核子秤、射线探伤机、集装箱检测系统、离子感烟火灾报警器等可用于监控生产流程，实现无损检测或成分分析，探测火情等，是工业过程控制和自动化监测的重要组成部分。

一些国家研制开发的 ^{60}Co（钴－60）集装箱 CT 检测系统、中子成像检测系统，以及基于核技术研制的爆炸物检测装置、高能电子束消毒灭菌系统、放射性物品检测装置等，都是核技术应用的具体成果，为打击走私、反恐等提供了有力的手段，为维护人身财产和保障国家安全发挥着越来越重要的作用。例如，作为核技术工业应用的重要体现的辐射加工，已在交联线缆、热缩材料、橡胶硫化、高分子电阻正温度系数（PTC）器件、医疗用品消毒灭菌、食品辐照保藏以及废水、废气处理等领域取得显著成效，形成产业规模。我国的辐射加工产品有 20 多类 300 多种，形成了热收缩材料、辐射交联电线电缆和辐射乳液聚合三大支柱产品。

医疗用品消毒灭菌成为大批量医疗用品消毒的主要方式，可应用辐射灭菌的医疗用品包括金属制品、塑料制品以及一次性使用的高分子材料医疗用品等上千种，中西药与化妆品也都可以采用辐射灭菌，发展前景广阔。

全世界约有 45 个国家批准辐照食品 200 多种，年市场销售总量达 3×10^5 t 以上，而且食品辐照在国外已作为预防食源性疾病和开展国际农产品检疫的一种有效手段。此外，为满足辐射加工需要而发展的同位素辐照装置及成套设备、大功率辐照加速器及成套设备，以及以同位素 γ 源和加速器为射线源的大型工业在线检测、危险物品的安全检测装备、辐射治疗设备等，已形成产业规模。辐射加工应用领域的年总产值以每年20%左右的速度增长。

基于离子注入的辐射加工（或改性）为半导体材料升级换代、电子信息产业的发展提供了强大的技术平台。全世界用于集成电路的离子注入机共有 3 000 多台。用 12 MeV 电子加速器对硅整流器件（可控硅）的辐射改性已经得到了广泛的应用；用金属离子源注入到材料表面，增强材料表面的力学强度和耐摩擦性等也已广泛用于刀具加工、汽车工业与航空航天工业；在核反应堆上运用中子嬗变掺杂制造的 N 型高阻硅，适宜制备优质高阻材料。离子注入已成为微电子线路加工的手段之一。离子束刻蚀相对于光束和电子束刻蚀具有分辨率高、曝光时间短的优点，用低温等离子体刻蚀方法将取代高温沉积法，成为大规模集成电路生产精细图案高保真转移的唯一经济可行的办法。将氧离子注入到半导体硅片上，在很薄的单晶硅层下形成绝缘 $Si0_2$ 层，这种半导体材料具有功耗小、时间响应快、体积小等优点，将有很好的发展前景。截至 2019 年，全世界开展核技术应用的有 80 多个国家，用于辐射加工的电子加速器超过 1 000 台，其总功率约为 45 MW；^{60}Co 放射源的辐照装置约 250 座，强度已达 9.25×10^{18} Bq。

一、示踪技术的应用

核素示踪技术是核技术应用的重要组成部分，包括稳定性核素示踪技术和放射性核素示踪技术两大类。

核素示踪技术又称为同位素示踪技术或示踪原子法，简称为示踪法。它是指用示踪剂（标记原子或标记化合物）研究被追踪物质运动、转化规律的技术方法。随着科学技术的进步，核素示踪技术走过了诞生、发展和完善的历程，经历了由简单地追踪元素到追踪复杂的化合物的研究历程。它为人类认识客观事物提供了特有的、精确的研究手段。它帮助人类了解了许多其他方法难以揭示的现象和过程。另外，核技术的迅速发展为核素示踪技术提供了更多的精密探测仪器，尤其提供了更多可供利用的稳定性和放射性核素及其标记化合物，极大地促核素示踪技术的发展，扩大了其应用范围。

放射性示踪技术在工业中的应用范围很广，在一些用其他方法不易解决的问题上表现出独到优势。如研究发动机、轴承、机床设备和切削刀具等机械零件的磨损情况，为提高机件的耐磨性、研究磨损机理、选择耐磨材料提供了科学依据。再如，大型发电厂的内燃机一般是不停车的，故它的活塞和曲轴连杆连续工作。怎样才能在不停车的情况下知道是否需要更换活塞或活塞环呢？除了定期检修更换之外，可用中子照射活塞环，使活塞环中的金属铁形成放射性同位素铁。这样，内燃机运行中金属磨损产生的微粒会脱离活塞环而落入机器润滑油中。若将润滑油与探测器相连，便能很容易测出其中的放射性铁的数量，据此就可以判断活塞和活塞环是否需要更换。在冶金工业中，放射性同位素示踪技术对测定炼钢高炉炉衬耐火材料的腐蚀情况、炼钢运行时间、产品中的杂质含量和分布，以及研究凝固过程、灰尘运动规律和分布特征等都具有重要的意义。例如，炉衬耐火材料腐蚀程度的现场测定是比较困难的，因为不可能在高温下进行检查。假如炉衬的腐蚀磨损超过极限不能发现而继续使用，会造成很大的损失。利用示踪技术很好地解决了这一难题。工作中可将放射性同位素（一般用钴－60）埋入炉衬耐火材料中一定深度（磨损腐蚀极限深度）的位置上。在生产过程中，可间隔一定的周期测量放射性强度，根据放射性强度的变化情况，可知道炉衬的腐蚀磨损程度。目前示踪技术在冶金工业的炼钢（铁）高炉炉衬材料磨损程度的现场监测方面已成为一种成熟的技术。在浇铸工艺中，应用放射性同位素示踪技术，可以较简便、准确地测定钢锭、连铸坯的结晶速度、杂质和产生缺陷的原因等。飞机场、炼油厂和油田的地下输油管道常因腐蚀或质量问题而发生漏油事故，不仅造成油的损失，还会污染环境，引起火灾。利用示踪技术可以很好地解决这个问题。工作中可将掺有放射性 ^{131}I－苯的航空油加入待检管道中，接着加入没有放射性的航空油，然后放入探测器（检漏仪）悬浮于航空油中。当放射性油经漏洞流出并渗入土壤时，随油移动的检漏仪便能探测到漏油的部位。此法简便、准确、经济。同理，该方法还适应油管堵塞部位的寻找及石油工业与化工工业的地下管道检查。在催化工业中，利用放射性同位素示踪技术可以研究催化剂，催化机理和反应机制，为控制催化剂的生产和使用，研制优良的催化剂创造了条件。

二、辐射加工技术的应用

美国是世界核技术应用产业的发展大国，2013 年其产业规模就达到了 6 000 亿美元。在辐射加工方面产业特色尤为明显：如高性能热缩材料及制品、经辐照处理的宇航食品转向民用推广进入市场；辐照装置大型化、专业化水平很高，单座装源能力已超过 1 200 万居里；研究工作深入、应用领域宽，如食品辐照加工，美国开展了有关安全和检疫处理等方面的系统研究，并出台了一系列法规，是目前世界上辐照处理农产品及食品商业化最先进的国家之一。印度、泰国、越南等采用辐照技术处理热带水果，实现大批量出口；不少国家应用辐照技术对进出口粮食检疫处理，以保证本国的物种安全。

辐射加工是民用非动力核技术的重要应用领域，主要是指利用γ射线、电子束和 X 射线辐照被加工物体，使其品质或性能得以改善的过程。辐射加工可以应用于医疗卫生产品、药品、食品、生物制品、农副产品、化工产品、高分子材料和“三废”等，进行以消毒、灭菌、杀虫、保鲜、交联聚合、改性、降解和无害化处理等为目的的处理。辐射加工由于其具有穿透力强、无污染残留、高效节能等特点，已经逐渐渗透到国民经济的多个领域，被誉为“绿色”加工技术。用于辐射加工的辐照装置，主要包括γ辐照装置、电子加速器辐照装置和 X 射线辐照装置。

根据国际原子能机构的相关统计，全球 50 多个国家共有约 300 座γ辐照装置，总计装源约为 4 亿居里，此外还有工业辐照电子加速器超过 2 000 台，总功率超过 80 MW。工业辐照用钴源的产国主要有加拿大、俄罗斯、中国、阿根廷、印度等国。工业γ辐照装置的生产国主要有加拿大、中国、印度、匈牙利等。工业辐照加速器的主要生产国有美国、加拿大、比利时、俄罗斯、中国、日本、法国、瑞士等。

材料改进是辐射加工重要的应用之一。材料改进主要包括辐射聚合、辐射交联、辐射降解、辐射接枝和辐射固化等应用。电子或γ射线辐照可以改变聚合物如聚乙烯的各种性质。原来的材料是由很长的平行分子链构成的，辐射使这些链连起来。这种过程叫作交联。辐射过的聚乙烯具有较好的抗热性，是很好的电线绝缘包皮材料。经过辐射可以把适宜的聚合物结合到纤维基底上。用这种方法可以制造各种不吸尘土的织物。

为了提高电线电缆产品运行的可靠性和安全性，现代工业对电线电缆都提出了更高的要求，如耐温性、耐环境老化和耐开裂性等，这些都是常规电线电缆所满足不了的。而通过电线电缆绝缘层的交联改性，能大大提高电线电缆的工作温度、耐溶剂、耐环境老化、耐开裂等性能。辐射交联还可导致绝缘材料的电学性能的变化，并使机械性能提高。辐照交联电缆目前是辐射加工的重要领域，如光伏无卤阻燃电缆、飞机用 F40 辐照交联电缆、核电站用电缆、耐温 150 ℃的低烟无卤阻燃电缆等，这些都是常规化学法无法生产的。

目前，热缩材料制品在电力、电子、通信、电讯、交通、建筑、石油、化工、汽车、船舶、国防、军工、航空航天等部门都获得了广泛的应用，主要用于绝缘、防腐、防潮、密封、标识、电线电缆接续、分支、线束、终端、机械等。热缩材料的辐射加工产业已成国民经济发展必不可少的组成部分。热缩材料使用辐照技术早在 1960 年就由美国 Raychem 公司开发，已经经历半个世纪的技术和工艺发展，相对成熟，生产中多采用先成型后辐照的方法。

在轮胎辐照应用方面，美国和日本分别于 1957 年和 1977 年开始进行研究，目前日本子午线轮胎辐射预硫化技术的普及率达 90%以上，已有多家日本轮胎企业在中国的轮胎生产线上设立了低能电子加速器用于其轮胎的辐照硫化。我国从 2000 年开始，针对已有轮胎生产线进行技术改造，开展了轮胎辐射预硫化技术的试验研究，开发出嵌入式电子加速器用于轮胎辐射预硫化，推动了我国辐射预硫化技术的发展。

三、放射性同位素测井与γ射线探伤

（一）测井

煤田地质勘探和石油勘探中，放射性同位素测井法获得了广泛应用，它已成为勘探中必不可少的手段之一。我们知道，在煤系地层中主要为粉砂岩、砂岩、石灰岩等，它们的密度都比煤高，而不管是什么地方出产的煤，其密度变化差不多。当γ射线辐射到轻物质上时，被吸收很少，而反射回来的比较多；当γ线辐射到重物质上时，吸收的多，反射回来的较少。根据γ射线的这些特性，即可区分密度和质量不同的煤和其他岩石。勘探时先用钻机钻孔，然后放入钴－60 γ射线源和探测器，探测器与放射源隔开以避免γ射线的直接射入，探测器只探测散射γ射线，根据测量的散射γ射线的多少，就可以确定煤层的位置。应用这种方法与其他测井方法相结合，还可以准确地测量煤层的厚度。

石油工业部门，则广泛采用中子测井技术来勘探石油和天然气，其原理与放射性同位素γ射线勘探煤类似，只不过将γ射线源换成中子源，利用脉冲中子的中子寿命或中子—γ测井，此方法可以推算地层石油储量以及划分油水界面，利用脉冲中子寿命测井，可以判断岩层中矿化水与油层的分布；还有一种称为中子感生γ能谱测井，用这种方法可以测定地层中碳/氧比，从而可区分油层和非油层。中子测井技术还可以来勘探硼、铜、银、锰、钨、汞和稀土元素等矿藏。

（二）γ射线探伤

利用γ射线能够对一些工业设备，特别是大型设备（包括飞机、轮船、卫星、火箭、宇宙飞船等）的损伤、裂缝等缺陷进行探测，是目前无损检验技术的主要手段之一。利用γ射线的探伤仪具有设备简单、操作方便和直观性强的优点，尤其对某些大型铸件、锻件和焊缝的探伤更为合适。γ射线探伤仪主要由控制器、探测器系统和动力容器三部分组成。控制器包括电源、电子学控制系统、电锁及计时器等。动力容器包括显示器，继电器、动力马达、贮丝瓶及防护设备等，探测器系统包括放射源、探测器等。平时放射源在防护容器内。工作时，放射源可自动控制进入工作位置，以尽量减少操作者所受到的辐照。

一般γ射线探伤仪采用钴－60 和铱－192 较多。当被探测的钢材厚度大于 50 毫米时，常采用钴－60 作放射源，当钢材厚度在 10～50 毫米之间时，采用铱－192 较多。当钢材厚度小于 10 毫米或其他轻金属材料（例如铝等），一般使用铥－170 为宜。若钢材厚度达 400～500 毫米时，只能使用加速器为射线源了。在γ射线探伤技术中，正确地选用射线源对于提高灵敏度、清晰度和减少照射时间是很重要的。

目前世界上应用γ射线探伤技术的国家日益增多，应用范围也不断扩大。据估计，大约 40%的 X 射线探伤已为γ射线探伤取代。

第二节　核技术在农业上的应用

核技术在农业方面的应用主要是核素示踪技术和核辐射应用，就是说，利用核素、核辐射与生物，探索核素、核辐射的特性，以及与物质相互作用而产生的物理效应、化学效应和生物效应，揭示农业领域中的科学现象，解决农业生产中的技术问题。所以核科学技术的发展，为核技术在农业上的应用提供了物质、技术基础。核技术在农业中的应用是核科学技术的重要组成部分，又是核科学技术的延续和发展逐步形成了核农学这一新兴学科。核农学的特点是以核物理和放射化学为研究手段，以生命物质、生命活动及生命环境为研究对象，主要包括：植物辐射诱变育种、农产品辐照加工、农业核素示踪、放射生物学及昆虫辐射不育等研究方向。

核辐射诱变育种方向：主要是利用射线处理植物种子或其他器官（组织），诱导其本身的遗传物质发生变异，使其性状发生改变，从而选择有益突变、创制新种质、培育新品种。辐射诱变育种具有打破不良基因连锁、创新基因性状、增加变异频率、缩短育种周期和提升育种效果等技术优势。

农产品辐照加工方向：主要是利用 γ 射线、X 射线或电子束等电离辐射处理农产品，以达到抑制发芽、延缓成熟、杀虫、灭菌消毒和降解有害物质等保鲜储藏效果，从而保持营养品质及风味，延长货架期，提高农产品的食用安全性。该技术是联合国粮农组织、国际原子能机构和世界卫生组织大力推广的农产品安全保障技术，具有安全、绿色、高效、低碳、环保等优点，无需加热、不破坏包装，能够解决在保鲜贮藏领域中常规技术解决不了的技术难题。

农业核素示踪方向：主要是利用同位素示踪剂，研究被追踪物质在植物或动物体内及周围环境中的迁移、转化、运输、吸收和代谢规律。由于示踪技术能够从微观领域揭示物质的吸收、代谢和转化规律，广泛应用于营养生理、土壤化学、植物保护、动物生态环境保护等学科和领域基础与应用研究。为小麦、玉米等主要农作物高产、高效、优质和节水栽培中科学施肥、灌溉、病虫害防治以及动物健康生产等提供科学依据和技术支撑。

放射生物学方向：主要是研究核辐射对生物特性的影响、作用规律和机制，包括放射生物学的基本概念、射线对生物体作用的原初反应及其继发反应的物理、化学和生物学方面的改变。放射生物学的研究为辐射防护、辐射诱变、昆虫辐射不育以及农产品的辐照保藏保鲜等提供了理论基础。

昆虫辐射不育方向：主要是利用一定剂量的射线照射昆虫，在保持其交配及生存能力的条件下，杀伤其生殖系统，使其丧失繁殖能力，然后释放到自然环境中，使其与野生昆虫交配后不能产生后代，以降低虫口密度，达到防治害虫的目的。

一、示踪技术的应用

利用放射性同位素示踪技术，可以研究农作物的新陈代谢，根、茎、叶、果实等各个部分在新陈代谢中的作用。如怎样在土壤中施肥？什么时间施肥效果最好？光合作用的机制？农药残留和全用药标准等问题。示踪剂法在农业中应用的原理就是把化合物中的非放射性原子用同一元素的放射性原子所取代，例如把有机化合物中的 ^{12}C 原子用 ^{14}C 原子取代等。由此即可在化学、生物反应或迁移过程中跟踪这些放射性核素的行迹。

农业生产中，应用同位素示踪技术就是从肥料、土壤、作物三者的关系来使作物处于最好状态以求实现作物丰产。同位素示踪对土壤有效养分的测定十分有用，是最简便、灵敏度高的测定方法。氮素进入土壤后，在土壤中可经历一系列物理、化学和生物学的变化，土壤氮素的转化是自然界大循环中的一个部分。因此，用同位素示踪法测定氮肥（不限氮肥）利用率是提高肥料利用率研究的重要手段。如应用 ^{15}N 示踪法研究氮肥损失发生的时间、氮肥损失的途径以及土壤氮素的转化，从而获得氮肥在土壤中的损失状况和提高利用率的途径；示踪技术在生物固氮研究中同样应用十分广泛。^{15}N 或 ^{13}N 示踪技术在过去 50 多年里，主要用来确证发生了固氮和研究固氮过程中的氮代谢。在确证固氮时，其基本方法是固氮生物在有 ^{15}N 和 ^{13}N 的系统中生长一定时期后，取样分析，如果在它们的产物或衍生物中，用质谱计测到有 ^{15}N 存在，或用放射性计数器测到有 ^{13}N 的存在，则说明该生物能进行固氮。

农作物中的磷是通过根从含有磷酸盐的土壤中吸收得来的。但磷的肥效如何，各种实验结果很不一致。将含有放射性磷的磷酸盐溶液施入土壤中，观察农作物的生长过程，从不同的时间和部位取样，根据各个不同部位放射性磷的变化，可以观察磷是怎样被农作物根部吸收，怎样沿着茎部上升，经过叶脉而散布于叶和果实中的。最后可以给出一幅磷吸收的图像，即农作物中哪些部位放射性磷较多，而且可以计算时间对农作物各部位吸收磷的数量多少的影响。利用这种方法对西红柿、烟等农作物进行了研究，发现西红柿中的磷大部分集中在种子中；而有病烟叶的磷含量比正常烟叶高。还有一个比较成功的例子是对农作物根部和叶子的研究，发现农作物的叶子和根部一样重要，它不仅是碳酸气——碳的源泉，而且还能吸收矿物盐，帮助根部供给农作物以氮、磷和其他所需元素。这一发现改变了人们的传统看法：只在根部施肥的唯一方法，并为农作物不只在根部施肥提供了依据。利用新的施肥方法，已使棉花的产量提高了 10%～20%，土豆的产量提高了 7%，豆角的产量提高了 17%。

在光合作用的研究中，利用氧－18 作为水组分中的示踪元素，发现在光合作用过程中氧是从水分解出来的，而不是像过去人们想象的那样来自二氧化碳。这时释放出来的氢与二氧化碳分子中的碳相结合，进一步生成碳水化合物。用碳－14 作为示踪元素发现，根部也可从土壤中吸收二氧化碳，并把它输送给农作物的绿色部分。可是过去人们还以为碳只能从空气中进入农作物中。这些结果可以让人们修改过去传统的施肥方法，而以另一种新方式去向土壤施加（使之富集二氧化碳的）无机和有机肥料。

了解杀虫剂在植物表面停留情况和在果实和土壤中聚集情况，以及过量残留农药的排除，对害虫的效果等问题都是很重要的。目前，科学家借助于标记化合物制剂成功地找到了治疗效果最好，使用毒性最小的施药方法，为防治害虫、改进施药技术和防止农药污染提供了依据。

在畜牧业中，利用放射性同位素示踪技术可以研究农畜饲养中的各种问题。如农畜和禽类体内营养及代谢过程、家畜种群的遗传改变等，这对农畜的合理饲养和发展具有重要的意义。例如，在农畜的饲料中，蛋白质占有重要的地位。对于反刍类哺乳动物（如牛、羊等）来说，若缺少 20%～25%的蛋白质，即可导致产品歉收 20%以上，而其成本将增加 50%。放射性同位素示踪技术可用于研究反刍类哺乳动物饲料的吸收及消化过程，如测定胃中微生物生命活动而生成各种酸的分泌速度、微生物合成蛋白质的缺氮情况、吸收蛋白质所需要的条件，以及确定在各种条件下饲料中要添加些什么等问题。

利用示踪技术还可以研究牛奶在奶牛体内的形成过程。发现奶脂主要是由低分子脂肪酸合成的，而脂肪酸是依靠奶牛肠胃中微生物的活动形成的。奶脂中的其他成分（例如磷脂）是在肝中合成的，而牛奶的主要蛋白质则来自葡萄糖本身形成的氨基酸。这个结果不利用示踪技术是很难获得的。当然以上列举的例子不是放射同位素示踪技术的全部应用，况且这种技术的应用范围还在不断地扩大。这几个例子对于理解放射性同位素示踪技术本身的特性具有一定的帮助。

二、辐射技术的应用

（一）害虫辐射不育

20 世纪 50 年代初发展起来的、利用核辐射使害虫不育的昆虫核辐射不育技术（SIT 技术），是利用核辐射处理使害虫的遗传物质发生变化，降低该种害虫本身的潜在生殖能力，属于遗传防治。它是利用害虫延续种族的本能来达到消灭该种群本身。

核辐射不育法是将需要防治的害虫的某一虫态用一定剂量的电离射线照射，从生物学原理讲，由于受照射害虫的体细胞基本上不受损伤，而其生殖细胞的染色体被诱发产生断裂、易位，造成不对称组合，形成带显性致死突变的配子，使与正常虫交配后所形成的合子致死。这些显性致死突变不是基因点突变，而是染色体断裂，导致后来核分裂反常。最终都使形成的合子致死。所以，经一定辐照剂量处理的害虫既能保持正常的生命活动和寻找配偶的能力，又能使它交配后产的卵不能孵化，丧失生殖能力，不能繁衍后代。

当然在辐照处理中还有许多技术性生物学问题，不在这里细述。不过，通常的做法是用人工大量饲养某种害虫，然后用射线辐照处理使其不育，在该害虫为害地区大量释放，凡是与辐射不育个体交尾的自然种群害虫都丧失了繁殖后代的能力。经过若干代的释放后，自然种群的数量减少，以致这一地区的该种害虫最后被完全消灭。

大量释放有效的辐射不育虫是不育技术的基础。但养虫工厂都有相应的生产能力，大量生产辐射不育虫是有限度的，有时在经济上也是不可行的。因此科学家提出利用昆虫辐射不育技术防治害虫的四种情况：（1）当已建立的害虫种群在正常的再发生循环的某些时期处于低的虫口水平或者扩散和分布受到限制时使用；（2）在新的区域用于消除刚入侵的害虫种群；（3）防止害虫在新的区域建立种群；（4）对已建立的害虫种群首先用其他方法降低虫口，然后释放不育虫以治理此种害虫。例如，如果首先使用化学杀虫剂以减低虫口数量，然后接连多次释放不育个体，而且释放数量只需单独应用不育方法的 1/10，就可使该虫种灭绝，还可提早一代完成。所以利用昆虫辐射不育技术防治害虫的突出特点是大面积地彻底消灭害虫，一劳永逸地解决问题。这就避免了以前害虫防治发展过程中占重要地位的一般化学防治带来的害虫对化学杀虫剂产生抗性，残毒对生态平衡造成的有害影响，对天敌的杀害导致害虫的可增猖獗、次要害虫上升为主要害虫等一系列弊端。环境污染也是全球的关键难题，化学杀虫剂又是重要的污染源，尽可能少用化学杀虫剂，这是人类保护自己生存条件的重要举措。所以，利用昆虫辐射不育技术消灭重要害虫是引起全世界重视的重要原因。

从经济效益角度看，一般人认为利用昆虫辐射不育技术非常费钱费事，其投入要比一般喷施杀虫剂的花费大出很多。这种说法不能算错，因为大量饲养虫就需要许多人力、设备和物资，如饲料、辐照源等。释放不育虫时还需要飞机、地面工作人员等，又是不可缺少的程序。但是如果仔细算一笔账，彻底消灭害虫所带来的经济收益是无法估算的。例如，美国在库拉萦岛和佛罗里达州两处利用该技术消灭了螺旋蝇，虽然花费了上千万美元，但这笔费用只等于在未消灭螺旋蝇虫害时3～5年所遭受的损失的费用，可是以后一劳永逸地不必再对螺旋蝇进行防治了。这也说明昆虫辐射不育消灭害虫的经济效益实是可观的。

（二）生物刺激生长

核辐射在地球上是无处不在的，它们来自地球本身、太阳和其他外层空间。生物一直是在具有一定剂量的核辐射和其他辐射环境中生存。生物从胚胎产生、幼体形成、成体发育、后代繁殖直到生命死亡的全过程，一刻也没有离开过具有核辐射的环境。因此，核辐射便成了生物生长发育不可缺少的条件之一。有人把原生物放入铅屏蔽室内，由于减少了环境中的核辐射，其生长发育受到明显抑制，在铅室内放入相当于本底剂量的γ射线源，其生长又恢复了正常。

生物每年受到的辐射剂量当量为2×10^{-4}～6×10^{-4} Sv。不同地区、不同环境是有差异的，会对生物产生不同的影响。生物生长发育受到多种因素制约，由环境辐射因素造成的差异虽不易被察觉，但这是客观存在的。探讨这种影响，改变辐照环境，提供最佳辐照条件，能刺激生物生长发育，提高农业生产的产量、质量和效益。

试验表明，直接或间接致电离辐射，以很低的剂量，一次或多次照射生物细胞、组织、器官或机体后，不但不会改变遗传基础，影响后代，而且这一物理因子犹如激素那样会刺激其生长发育，能对当代的生命力、形态和生理生化等产生有益的影响。这种作用称为低剂量刺激效应。例如，用适宜的低剂量核辐射照射播种前的作物种子，能提早打破休眠，提高种子发芽率，促进生长发育，拔芽增生，改善品质，增强抗病性和生命力，增强绿色体和籽粒的产量。此外，有时还能发生有益的形态学变化。又如用适当的低剂量辐照养殖动物的受精卵、胚胎、幼体或仔体，能加速新陈代谢，促进生长发育，增强免疫功能，减少死亡率，缩短育成时间，提高产品产量和质量。

这种低剂量电离辐射刺激效应的研究在国外已有近百年的历史，在独联体、加拿大、匈牙利等国已得到了较大面积的应用。辐照播前种子可使谷物和粮用豆作物增产10%～20%，蔬菜增产20%～30%，马铃薯增产15%～20%。独联体已建成多种类型的流动式辐照装置，有关报道称大型辐照车上装有3 500 Ci的^{137}Cs的γ射线源，并备有电动传送系统，每小时可处理种子750～1 000 kg。我国在这方面亦已开始推广应用，例如，用镭–铍中子源辐照柞蚕卵，刺激增产显著。电离辐照淡水鱼卵和仔鱼，得到类似结果。中子辐照对虾增产技术，平均增产15%。低剂量γ射线辐照种蛋，提高了孵化期间种蛋抗性，提高孵化率6.86%，健雏率5.52%，提高当代母鸡产蛋量8.03%。

种植业采用低剂量辐照增产技术一般采用γ射线，照射播种前的发种。种子一般不需要做特别处理，但需保证辐照时机恰当，剂量适宜、准确、均匀。为此要求：（1）监测仪器经常校准；（2）辐照播前种子，最好用传送带使之均匀通过辐照场。若用容器包装进行辐照，容器体积不可太大，并在辐照剂量达到一半时要将容器翻转，使种子受辐照均匀；（3）辐照后的种子，应在几天之内播种完毕，若存放过久，可能会影响效果；（4）因辐照后的种子发芽率提高，可适当减少播种种子的数量；（5）因幼苗长势好，发育快，对水和肥的要求有所增加，相应管理亦应跟上，增产才有保障。

低剂量辐照刺激生长技术应用于农作物，除能促进种子萌发和出芽，特别是对某些发芽困难，出芽率低的种子，经过辐照处理，可以解除休眠状态，提高发芽率，加速出苗，提高出苗整齐度等。

另外，还可刺激农作物生长，提高产量。辐照不仅可使作物生长速度加快，而且能提高绿色体及籽粒、果实和块茎的产量。例如：苏联虽将荞麦播种在γ射线辐照的田里，让其受低剂量辐照 2 个月，累计照射 8.6～1 100 mGy，结果在 41 mGy 和 204 mGy 剂量区内，作物绿色体产量比辐照前增加很多。也有人用 2.9 Gy 的γ射线辐照黄瓜种子，增产 10%～15%。用 4.8～5.9 Gy γ射线照射水稻，增产 5.8%～10.7%。而照射小麦，增产 12.8%～14%。

核辐射刺激柞蚕和桑蚕增产具有更大的效果，这项技术具有增产、抗病、提高蚕丝质量的效果，据统计一般增产都在 10%以上。在我国辽宁、河南、陕西、甘肃、黑龙江、吉林、山东等省都有一定规模的应用，特别受到蚕农的欢迎。

低剂量辐照刺激生物生长技术在水产养殖业中也得到了应用，并且取得很大成功，这个技术不但能提高生物产品的产量，而且还能提高生物产品的质量。例如，在鱼虾养殖方面，有测试表明，受辐照的虾比未辐照的虾，可食部分增加 6.7%，蛋白质增加 1.3%。各种无机盐，如钙、磷、铜、硒含量都有不同程度的增加。

养殖业采用辐照技术一般采用中子源辐照动物的幼体，它们也都有一套详细且严格的操作规程，以保证受照动物的增产。

第三节　核技术在医学上的应用

核医学是核技术与医学及相关学科结合的产物，是一门交叉学科和边缘学科。核医学是将核素（包括放射性核素和稳定核素）标记的示踪剂用于医学和生物（体内、体外）医疗（主要包括诊断、治疗）和研究用途的学科，其发展可追溯到 20 世纪初。在放射现象发现不久的 1901 年，法国医师当洛和布洛赫将镭盐放置在皮肤表面以治疗皮肤的结核损伤，开创了核素治疗人类疾病的先河；1920 年，匈牙利放射化学家赫维西用 ^{201}Pb 研究了铅在植物中的运动，发现了新陈代谢周转率，并用 ^{214}Bi 研究了铋在兔子体内的代谢，可谓同位素示踪法的早期生物医学应用。1925 年，美国临床核医学家布卢姆加特将 ^{214}Bi 从肘静脉注射，研究侧肢体出现放射性的时间，从而得到健康人与病人的血流速度差异。1934 年，约里奥·居里夫妇发现人工放射性后，赫维西用 ^{32}P 研究了磷在鼠中的代谢行为。1937 年，美国物理学家劳伦斯兄弟建成回旋加速器，可制备出毫居级的 ^{32}P，并将其用于治疗白血病。1938 年，美国化学家利文古德和西博格发现 ^{131}I，并很快将其用来治疗甲状腺癌。1939 年，美国加州大学伯克州校区的汉密尔顿/索利和埃文斯对放射性碘的体内代谢行为进行了体外模拟研究。1941 年，佩谢尔首次用 ^{89}Sr 治疗前列腺转移骨癌。20 世纪 40 年代反应堆的建立为核医学提供了更多可供选择的放射性核素；闪烁探测器、扫描仪及射线自显影技术相继发明，^{3}H、^{14}C、^{32}P、^{125}I 及 ^{131}I 等核素标记化合物被广泛用于生命科学的研究。在众多的放射性核素中，以 ^{131}I 在医学中的应用最为广泛。^{131}I–玫瑰红用于肝胆显像，^{131}I–邻碘马尿酸用于检查肾功能，Na–^{131}I 用于甲状腺疾病的治疗。20 世纪 60 年代，美国科学家贝尔森和耶洛发明放射免疫分析，放射免疫分析药盒很快被商品化并得到广泛应用。与此同时，$^{99}Mo-^{99m}Tc$ 发生器的开发和利用使得远离反应堆和加速器的医院能够方便使用 ^{99m}Tc 标记的放射性药物进行临床诊断。20 世纪下半叶，电子学技术、计算机技术和图像重建技术的飞速发展，给核医学的发展提供了强大的技术支撑力量，γ照相机、发射计算机断层成像的发明和不断完善，使得核医学进入了一个快速发展的时期。

随着计算机技术的发展，人类发展了将 CT、MRI 与 ECT 图像融合的技术，可以将各种影像技术获得的信息加以综合，精确确定病灶的大小范围及其与周围组织的关系，从而得到更具生理意义的功能参数图，使得核医学在疾病的临床诊断方面具有独特优势。进入新世纪，核医学的发展仍然有赖于影像技术、放射性核素、放射性药物及分子生物学等相关技术的发展。

核医学包括诊断和治疗两个部分，诊断分为体内检查和体外检查，而体内检查又分为放射性核素显像与非显像检查。

一、放射性核素诊断

器官的诊断检查包括功能检查和定位检查（如肿瘤）。这里利用的是健康器官和有病器官对放射性标记的放射性药物的不同摄取和排除效应。由于施用的少量物质一般不影响新陈代谢，因而有可能在表现出形态变化以前在分子水平上把握住病变。通常把放射性药物注射入病人血管，在一定时间之后测定受检器官发射出的γ射线。根据发出射线的空间分布，通过计算机做出有关器官的彩色闪烁图。

这个过程有两种方法：SPECT 法（以单粒子发射计算机断层照相）和 PET 法（正电子发射断层照相）。

SPECT 是γ照相机与电子计算机技术相结合发展起来的一种核医学诊断设备，用于获得人体内放射性核素的三维立体分布图像。SPECT 与γ照相机的平面图像相比具有明显优越性，克服了平面显像对器官、组织重叠造成的掩盖小病灶的缺点，提高了对深部病灶的分辨率和定位准确性。

几乎所有人类的器官和骨髓都可以用合适的放射性核素进行诊断。如用 ^{131}I 标记的马尿酸进行肾功能检查，通过记录从肾发出的辐射随时间的变化过程可以判断肾的功能。与之类似的是换气检查：病人吸入加有少量短寿命 ^{81m}Kr（半衰期为 13 s）的空气，从记录到的辐射可以知道肺叶的工作能力，还可以为肿瘤等定位。

SPECT 显像用的放射性核素最好只发射单能γ射线，不发射带电粒子，因为后者对于显像不仅没有贡献，反而会对病人增加不必要的内照射。γ射线能量最好在 100～300 keV 间，能量太低，从发射点穿出体外的吸收损失增加。能量过高，要求的准直器厚度增加。

PET 与其他核医学成像技术一样，也是利用示踪原理来显示体内的生物代谢活动。但是 PET 有两个不同于其他核医学成像技术的重要特点：首先，它所用的放射性示踪剂是用发射正电子的核素所标记的；PET 常用的正电子核素有 ^{18}F、^{11}C、^{15}O、^{13}N 等，是组成人体元素的同位素或类似元素。这些核素置换示踪剂分子中的同位素不会改变其原有的生物学特性和功能，因而能更客观准确地显示体内的生物代谢信息。其次，它采用的是符合探测技术。用符合探测替代准直器，使原本相互制约的灵敏度和空间分辨率都得到较大提高。

PET 也是反映病变的基因、分子、代谢及功能状态的显像设备。它利用正电子核素标记人体代谢物作为显像剂，通过病灶对显像剂的摄取来反映其代谢变化，从而为临床提供疾病的生物代谢信息，是当今生命科学、医学影像技术发展的新里程碑。PET 利用正电子发射体的核素标记一些生理需要的化合物或代谢底物如葡萄糖、脂肪酸、氨基酸、水等，将其引入体内后，应用正电子扫描机扫描而获得体内化学影像。因其能显示脏器或组织的代谢活性及受体的功能与分布，PET 受到临床广泛的重视，也被称为“活体生化显像”。PET 的出现使得医学影像技术达到了一个崭新的水平，使无创伤性地、动态地、定量评价活体组织或器官在生理状态下及疾病过程中细胞代谢活动的生理、生化改变及获得分子水平信息成为可能，这是目前其他任何方法都无法实现的。PET 还可以用来揭示药物在血浆中的浓度与它在脑中局部浓集之间的关系。这表明，除了医疗诊断外，PET 还可用来评价药物和毒素，PET 在发达国家广泛应用于临床，已成为肿瘤、冠心病和脑部疾病这三大威胁人类生命疾病诊断和指导治疗的最有效手段。目前，最常用的 PET 显像剂为 ^{18}F－FDG（^{18}F 标记的一种葡萄糖的类似物—氟化脱氧葡萄糖）。

PET 显像用的放射性核素最好只发射β^+粒子，不发射γ射线，因为后者会增加偶然符合计数，降低信噪比。核素的半衰期最好在 10 s～80 h，半衰期太短很难甚至无法将其标记到运载分子上；半衰期太长，显像以后残留在体内的放射性活度太高，给病人造成额外的照射，这就限制了显像用的放射性药物的总活度。较短半衰期的核素可以注入较大的量，在短时间内集到足够的数据后，很快衰变掉，有利于得到高质量的图像。

二、放射治疗

放射治疗是利用各种放射性核素产生的射线（如 X 线、γ线、电子束等）治疗恶性肿瘤的一种局部治疗技术。放射治疗的目标是努力提高放射治疗增益比，即最大限度地将辐射剂量集中到病变区内，杀灭肿瘤细胞而使周围正常组织和器官少受或免受不必要的照射。放射性核素治疗是建立在放射物理学、放射生物学、放疗技术学和临床肿瘤学基础之上的。这些能够产生放射线的物质或设施包括放射性同位素（如 ^{60}Co、^{192}Ir、^{137}Cs 等可产生γ射线，^{252}Cf 可产生中子束），浅部、深部 X 线机（可产生 X 射线），加速器（可产生 X 线、电子束、质子束、中子束、介子束、重粒子束）等。放射治疗始于 19 世纪末，已有一百多年的历史，现已成为治疗恶性肿瘤的三大方法（放疗、药疗（化疗）、手术）之一。20 世纪 40 年代前，由于设备简陋、性能低下，对放射线作用机理缺乏认识，放射治疗效果未能充分显示。20 世纪 50 年代以后，接触 X 线治疗机、浅层 X 线治疗机、深部 X 线治疗机、^{60}Co 远距离治疗机、各类医用电子加速器、后装近距离治疗机的快速发展，超高压治疗机的使用，辅助工具的改进和经验的积累，使得放射治疗的效果得到显著提高，放射治疗几乎可用于所有的癌症治疗。据统计我国约有 70%以上的癌症患者需接受放射治疗，美国有 50%以上。

在癌的放射治疗中，有目的地把高能量给予肿瘤使之破坏，周围的健康组织只允许接受尽可能低的剂量。现在通常是用γ辐射（^{60}Co 的γ辐射或加速器的韧致辐射）或高能电子（由电子加速器发出）。这些放射源不能避免对周围组织造成比较高的辐射剂量。如果用中子或π介子，周围的辐射剂量可以降低。π介子治疗法只能在有足够功率的加速器附近进行，因而不便推广，而且只有某几种癌能用它处理。

一种处于外辐照和内辐照之间的辐照方式被称为中子俘获肿瘤治疗法。在这种方法中，向病人提供一种无毒的硼化合物（含富集的 ^{10}B），这种化合物能被恶性肿瘤富集，因而在该处的浓度比血液和周围组织中的浓度高。用热中子照射时，由 $^{10}B(n, \alpha)^{7}Li$ 反应生成的高能α粒子和 ^{7}Li 核遇到细胞核把细胞杀死。慢中子本身对身体实际上不造成损伤，因为它被构成细胞的各种原子俘获的概率很低，中子的生物学效应取决于它与氢原子的作用。

与其他放射治疗法相比，中子俘获治疗法的优点在于中子辐射只在要破坏的含硼点上起作用。硼分裂后的产物射程很短，破坏只限于富集了硼的细胞处。重要的是要找到在恶性肿瘤中富集的硼化合物。目前硼化合物中子俘获治疗法在治疗神经纤维瘤与治疗恶性的黑变病这两个领域里得到了应用。很多研究反应堆和加速器都可用作这种现代方法的中子源。用这种方法有可能处置深部的肿瘤，当然需要较高能量的中子才能深入组织内部到达肿瘤。

用于放射治疗的核素应满足下列条件：发射α、β、俄歇电子，或仅伴随发射少量弱γ射线；半衰期为数小时至数十天；衰变产物为稳定核素；可获得高比活度的放射性制剂。

α粒子的传能线密度高，约为β粒子的 1 000 倍。能量为 4～8 MeV 的α粒子在组织中的射程约为 25～60 um，与细胞的直径相当。因此，α粒子用于体内放射性核素治疗肿瘤的能量聚积最集中。β粒子在组织中具有一定的射程，例如 1 MeV 的β射线在组织中的最大射程约为 4 mm，约为 100 个细胞的直径的和，如果药物分子能选择性地进入肿瘤细胞，其发射的β粒子足以将该肿瘤细胞杀死。

近年来，精确放射治疗技术迅猛发展，各种立体定向放射外科技术（X刀、γ刀、三维适形放射治疗（3D–CRT）、调强适形放射治疗（IMRT）等）正逐步取代既往的传统放射治疗技术。能够解决放射治疗过程中器官运动、解剖和肿瘤体积变化问题的四维适形放射治疗技术（如呼吸门控）也正在发展之中。同时，中子和质子治疗也已经在世界上少数国家开展，目前我国已经购进了质子加速器并用于治疗。生物适形放射治疗技术也在摸索中发展。

第四节　核技术在环境中的应用

核技术不仅在工业、农业、医学等方面应用广泛，在环境科学及环境保护领域中也得到了较快的发展。我国已开展了利用核技术对废气、废水、固体废物处理等研究，如利用电子束去除 SO_2/HO_x 等。另外，利用核技术进行环境样品元素的定性定量分析，具有众多常规非核技术无可替代的特点，例如高灵敏度、准确度和精密度、高分辨率（包括空间分辨率和能量分辨率）、非破坏性、多元素测定能力等，已广泛应用于环境领域。在环境科学及环境保护领域中采用的核分析技术主要有核素示踪技术、核素活化分析、辐射分解技术与同位素测量技术等。例如，放射性示踪方法广泛地应用于环境条件的研究，以及环境中大气扩散行为的研究、^{3}H 在地层结构分析中的应用、地下水动力学研究和地面水位变化分析等。核技术在环境中的应用归纳起来大致可以分为两大类：辐射技术和核分析技术。在环境方面，辐照技术主要用于环境废物的处理，核分析技术用于环境样品的分析探测。

一、示踪技术的应用

正如前面所指出的，同位素示踪法是利用放射性核素（或稳定性核素）作为示踪剂对研究对象进行标记的微量分析方法。同位素示踪所利用的放射性核素（或稳定性核素）及它们的化合物，与自然界存在的相应普通元素及其化合物之间的化学性质和生物学性质是相同的，只是具有不同的核物理性质。因此，就可以用同位素作为一种标记制成含有同位素的标记化合物（如标记食物，药物和代谢物质等）代替相应的非标记化合物。利用放射性同位素不断地放出特征射线的核物理性质，就可以用核探测器随时追踪位置、数量及其转变等。稳定性同位素虽然不释放射线，但可以利用它与普通相应同位素的质量之差，通过质谱仪，气相层析仪，核磁共振等质量分析仪器来测定。放射性同位素和稳定性同位素都可作为示踪剂，但是稳定性同位素作为示踪剂灵敏度较低，可获得的种类少，价格较昂贵，其应用范围受到限制，而用放射性同位素作为示踪剂不仅灵敏度高，而且具有测量方法简便易行、能准确地定量、准确地定位等特点。

对于环境工程、农业环境保护和环境化学来说，同位素示踪技术具有突出的优点。将标记化合物或示踪剂加入所研究的体系中，借助于对同位素的测定技术，即可发现这种物质随同类物质进行的运动和变化规律。由于同位素的特殊辐射性能，采用同位素示踪技术测量样品，往往无需分离即可达到极高的测定灵敏度和准确度，该法早已被广泛应用于研究污染物在土壤、地表水、地下水中的迁移行为。另外，对于污染物在生物链中转移规律的研究、污染物处理的机理研究中，经常应用示踪技术，利用示踪方法对关键核素的迁移与转化所开展的研究，已经在核废物的处理、处置中占有极重要的地位。

利用测定样品中示踪同位素在不同条件下的含量差别，可以推断环境基质在自然界中曾经发生的过程。例如，利用同位素作为准确的时标，通过海水中的铀系不平衡研究，可以推断与预测一系列的海洋环境的变迁过程。在环境水文地质范畴中，利用 ^{14}C、氚以及若干稳定性同位素示踪技术，对地表水和地下水的研究，早已积累了系统的经验。在农业环境保护中应用放射性核素示踪技术，也有较长的历史。例如，利用标记技术能够全方位跟踪农药和化学污染物在生态系统中的施加、吸收、降解、转移与积累等过程。由于示踪技术能够揭示原子、分子运动规律以及其他方法难以发现的现象，在高科技领域里发挥了重要的作用。例如，在环境化学领域里，可以用来识别反应的中间产物，在研究生物机体的新陈代谢过程时，示踪方法不仅能定量地测定代谢物质的转移与变化规律，而且可以确定代谢物质在各个器官中的定量分布，是生态研究极为有力的武器。由于用人工方式可以得到具有极高放射性比活度的示踪剂，因而大大提高了放射性测定的灵敏度与精确度。这个特点使得示踪技术在环境领域中仍在继续扩大它的应用范围。

（一）放射性同位素示踪剂法

放射性示踪技术在研究地下水流向、监测水库、大坝裂隙、河水中沉积物运动速度及迁移等方面独具特色。

在大环境研究中的同位素测年技术，更是其他方法无法替代的。由于放射性强度是时间的函数。人们可以简单地利用的半衰期作为地下水龄的唯一依据。例如，人们通过对石河子地区地下水与其来源新疆阿尔泰山的雪水中含量测定结果指出，由阿尔泰山雪水转化为石河子地区的地下水，要花去近两千年的时间。这就为估计该地区的地下水的可利用量限度及预测超量使用地下水的后果提出了有效控制与管理的重要依据。同样，应用同位素分析技术对我国青海湖的成因进行研究的结果得出结论：青海湖的水在相当长的时间内不会干涸。这个结论对于青海湖地区的发展，无疑起到十分重要的作用。对某些应用核能的地区或核设施附近地区来说，若干放射性核素在环境中的浓度直接反映环境质量。例如，氡在环境中的迁移问题就一直为各国环境学者所重视。

放射性核素示踪技术具有灵敏度高、方法简便、不受环境和化学因素影响等优点，在各种学科的研究中得到广泛的应用。在地球科学和环境科学的示踪研究中通常采用自然界中存在的放射性核素。例如，利用 ^{14}C 研究全球各大洋的洋流循环模式，利用 ^{10}B 示踪火山岩浆的来源从而验证板块俯冲理论，利用 ^{36}Cl 示踪地下水的渗透率等。利用 ^{129}I 示踪核泄漏已成为当前进行核查的重要手段。化学、生物与医学的示踪研究则多采用放射性核素标记化合物的方法，最常用的有 ^{3}H、^{14}C、^{32}P、^{125}I、^{131}I 等标记的化合物。利用示踪技术还可以研究微量元素在农作物中的分布、迁移和转化规律，化肥和农药的损失和在土壤中的残留，以及水土流失、草场退化等农业生态环境问题。统计表明，应用示踪研究施肥技术可提高氮肥利用率 10%～20%。

（二）稳定同位素示踪剂法

20 世纪 80 年代以后，由于在环境管理、环境质量评价、环境影响评价与污染趋势预测等方面的研究发展，往往需要能真实反映客观情况的数学模型。在提出模型之后，还要求对其可靠性进行验证。而氚、^{14}C、^{18}O 等环境同位素测量技术在准确度与精确度方面的提高，对模型的验证提供了极大的方便。稳定同位素测定技术，还进一步开拓了核测量技术在环境科学中的应用范围。

利用氢氧同位素可以研究水分的循环。地球上的水分通过蒸发、凝聚、降落、渗透和径流形成水分的循环。水分子的某些热力学性质与组成它的氢、氧原子的质量有关，因而在水分循环过程中会产生同位素分馏。由于存在着 3 种稳定性的氧同位素和两种稳定性的氢同位素，所以普通的水分子存在 9 种不同的同位素组合，这些不同同位素水分子的蒸汽压与分子的质量成反比，因而分子量小的水分子比分子量大水分子的蒸汽压要高得多。这样蒸发的液体水生成的水蒸气富集分子量小的 H 和 ^{16}O，残余水富集分子量大的 D 和 ^{18}O。在水分循环过程中导致了氢、氧稳定性同位素的分馏。因此可用水中氢、氧同位素含量的高低研究水分的循环。

稳定性同位素是天然存在于生物体内的不具有放射性的一类同位素。碳元素和氮元素分别有两种中子数不同的稳定性同位素，即 ^{13}C 和 ^{12}C 以及 ^{14}N 和 ^{15}N，其中重同位素（如 ^{13}C 和 ^{15}N）在生物体内的含量非常低。这样根据不同来源的硝酸盐中的 ^{15}N 同位素比的差别，可以有效地判断该种污染物是来自化肥，还是来自城市污水或土壤中的矿物质。同样，由于深层水与地表水中 ^{18}O 的同位素丰度不同，根据水中 ^{18}O 的测定就可以确定二者的年龄和其中的补给关系等。通常情况下测定稳定性同位素的绝对含量无太大意义，而是将其与国际标准比对后进行比较研究，也就是比较稳定同位素的丰度。稳定同位素丰度表示为样品中两种含量最多同位素比率与国际标准中响应比率之间的比值，用符号 Q 表示。由于样品与标准参照物之间比率差异较小，所以稳定同位素丰度表示为样品与标准之间偏差的千分数。一般用 Q^3C 和 Q^5N 来分别表示某种物质中碳元素和氮元素这两种稳定性同位素的丰度。

同位素在质量上的微小差别引起它们的物理化学性质（如在气相中的传导速率、键能强度等）上有细小差别，因此物质反应前后存在同位素组成上的不同。这一特性在 20 世纪 70 年代初被成功地引入了生物学等多个研究领域，如光合作用途径的研究、光能利用率、环境污染、植物水分利用率、矿质代谢、气候效应和生物量变化等。

另外，分子同位素示踪技术，亦称单体化合物同位素分析，因其特征性和稳定性正日益成为重要且有效的环境示踪剂。利用稳定同位素示踪可以追踪环境中石油类污染的来源及其在环境中的演化。不同原油及制品的化学成分存在一定的差异，通过化学组成和生物标志物特征区分环境中的原油类污染，即所谓“化学指纹”技术。正构烷烃、多环芳烃以及类异戊二烯类等都是常用的化学指纹。有学者曾用总石油烃、正构烷烃、苯系物以及多环芳烃等化学指纹技术分别研究了巴西和黑海的石油类污染。然而，化学组成易挥发、淋滤和生物降解等，因而“化学指纹”的应用有一定的局限性。而同位素指纹因其特征性和相对稳定性也被广泛应用于环境示踪研究。例如，国外学者利用原油的总碳同位素判别了发生在阿拉斯加前后间隔 25 年的两次原油泄漏事件；利用同位素指纹技术追踪了发生在美国阿拉斯加的著名原油泄漏残余；通过分析原油残留物和被污染的鸟类羽毛上的原油分子同位素组成，分析了 Erika 原油泄漏事件对法国大西洋沿岸的环境影响，等等。而中国科学院广州地球化学研究所利用化学与稳定同位素指纹示踪追踪发生在广东省的两次小型重油泄漏事件，找到了污染源。这些都是示踪技术的成功应用。

二、辐射技术的应用

辐射技术是利用射线与物质间的作用，电离和激发产生的活化原子与活化分子，使之与物质发生一系列物理、化学与生物学变化，导致物质的降解、聚合、交联并发生改性。辐射技术为采用常规方法难以处理的某些污染物提供了新的净化途径。在环境保护方面，辐射技术的主要用途是利用电离辐射照射使环境污染物质发生变化，从而达到治理和回用的目的。例如：由有害物变为无害物或有用物、杀死细菌和病原体、加速难降解物质的降解速率等。辐射处理广泛适用于废气、废水和团体废物的处理，正在成为环类保护的重要手段之一。

辐照技术的主要特点是：

（1）消毒效果好，对有害微生物彻底杀灭。

（2）可避免二次污染。辐照过程绝大多数在常温下进行，无需添加其他化学试剂或催化剂就可以实现一些化学污染物的无害化物理降解，一般不会造成环境的二次污染。因为用于照射的 γ 射线、X 射线以及电子束的能量均低于产生核反应的阈能，所以不会产生任何核反应，也就不会产生感生放射性物质而造成放射性污染。

（3）可以解决用普通方式难以解决的问题。由于辐照反应与通常的化学反应的机制截然不同，所以应用辐射技术去处理用普通技术难以解决的问题，往往可以得到满意的结果。例如，对于高聚物的处理、聚四氟乙烯的回收利用、燃油和煤燃烧废气中氮氧化物去除等。

（4）使用安全可靠。辐照技术的实施方法十分简单，无需进行任何手工操作。现代的科学技术水平已经可以完全保证工作人员的安全。除必要的防护屏以外，通常还装设照射源与人员入口的自动联锁系统。当入口开启时，放射源自动降到水池深处。当环境中的放射性背景值超过允许水平时，辐射源将立即关闭，剂量监督与报警系统会自动发出信号，让人员离开现场。

（5）适应性强、应用范围广。由于放射源的强度和能量不受任何外界条件的影响，所以照射对于外界条件也没有任何特殊要求。照射工艺所需要控制的参数主要就是利用时间和距离、方位来控制照射剂量，十分简单。

辐照技术的最大缺点是照射源的价格较为昂贵。为保证人员的绝对安全，要求设备具有一定的自动化程度，基建投资额也比一般设施高。

辐射处理大多采用γ射线或电子束。γ射线主要来自于反应堆或反应堆产生的放射性核素，电子束来自于电子加速器。

反应堆产生的放射性核素可以用于环境废物的辐照处理。工业上最常用的放射性核素是 ^{60}Co 和 ^{137}Cs。^{60}Co 源的半衰期为 5.26 a，每次衰变，放射出能量为 1.17 MeV 和 1.33 MeV 两种γ射线。但 ^{137}CS 的半衰期为 30 a，使用中不需频繁的换源。反应堆也可以作为在线照射源，将被照射物放在堆冷却池中进行在线照射，照射点的剂量水平已知时，可利用控制照射时间来确定被照物接受的剂量水平。

（一）废水处理

水污染是当今全世界非常关注的一个严重问题，随着生产活动的逐渐多样化，废水中的污染物质的组分也越来越复杂，对这些污染物的允许排放标准也趋于严格化。仅使用活化污泥等传统的水处理方法已经不可能彻底解决所有废水的净化，迫切地需要开发一种经济、简便、有效并可以处理多种组分污染物的污水处理技术。辐射技术是一项有潜力的水处理技术，有广泛的应用前景。

反应堆产生的放射性核素可以用于生活污水和工业废水的处理，通常以放射源的形式应用，如 ^{60}Co 源、^{137}Cs 源。其基本原理是水分子在辐射作用下会生成一系列具有很强活性的辐射解体产物，如 OH、H、H_2O_2 等自由基。这些产物与废（污）水中的有机物发生反应可以使它们分解或改性。采用放射源辐射处理法可以明显消除城市污水中的 TOC（总有机碳）、BOD（生物需氧量）、COD（化学需氧量），并灭活污水中的病原体。对于含有偶氮染料和惠醌染料的废水，通过辐照可以使之完全脱色，TOC 去除率可达到 80%～90%，COD 去除率达到 65%～80%。含有木质素的废水在充氧条件下用γ射线辐照，很容易被降解。据研究报道，采用放射源也可以有效地处理洗涤剂、有机汞农药、增塑剂、亚硝胺类、氯酚类等有害有机物质。将放射源辐照技术与普通废水处理技术（如凝聚法、活性炭吸附法、臭氧活性污泥法等）联用，具有协同效应，可提高处理效果。在与活性炭法联用时，在炭吸附了有机物后，借助γ射线辐照，可使活性炭再生，实现循环利用。

苏联曾建成一座放射源辐照处理试验厂，用于抗菌素工厂的废水处理，其废水日处理量达到 15 000 m^3，经处理的废水各项指标皆优于常规处理法。匈牙利、加拿大、日本等国都建有类似的试验工厂。世界工业发达国家在开发污泥辐射处理技术方面，也取得了积极的进展。其中以德国慕尼黑的试验工厂建立最早，至今已成功运行了几十年，据报道废水日处理能力为 150 m^3，处理费约 4.4 马克/m^3，经辐射处理的污泥可作为肥料。

（二）固体废物处理

固体废物是指在生产建设、日常生活和其他活动中产生的污染环境的固态、半固态废弃物质。固体废物包括生活垃圾、工业固体废弃物、农业废弃物。我国固体废物的产生量逐渐增加，生态环境部指出，2018 年，200 个大中城市一般工业固体废物生产量达到了 15.5 亿吨。招商银行研究院此前分析指出，2018 到 2020 年，我国一般工业固体废物产量将分别达到 27.3 亿吨、28.7 亿吨与 30 亿吨。

1. 生活和工业垃圾的处理

俄罗斯物理动力研究所曾精心设计出一种利用快中子反应堆处理生活和工业垃圾的新技术。该技术是通过在核反应堆中加砌一个烧垃圾的炉子来实现。向炉子中定期装入生活和工业垃圾，垃圾掉入吹氧的渣缸中燃烧气化。为了保持炉内高温，在炉中不断加入少量的动力煤。当炉温达到 1 500 ℃左右时，所有的垃圾都会被气化，其中含有矿物质的部分在渣中熔化，而金属物在熔化后便沉入底部。然后，将沉入底部的金属，定期铸成铸件并运出去加工；从炉里清出来的炉渣用于加工建筑材料；炉中高达 1 750 ℃的气体，经由抽气机抽出加以冷却后用于化工生产。而炉子及炉内气体，采用液体钠来冷却。这种液体钠在垃圾反应堆外壳的双层墙壁之间进行循环。同时高达 500 ℃高温的液体钠还可为蒸汽发生器供热，所形成的蒸汽用以转动汽轮发电机，冷凝后的热水又流入锅炉房。这样，就可以从垃圾处理中得到金属、建筑材料、化工产品、电力和热力。根据试验，一套这种快中子反应堆装置，一年可处理生活和工业垃圾 2×10^4 t，发电功率为 5 kW，自给有余。

2. 废塑料的处理

在固体废物的处理处置中，废塑料由于其难降解始终是一个棘手的问题。例如聚四氟乙烯（PTFE）。由于用生化法无法分解，机械破碎困难，兼之在高温处理时产生大量有毒的氟化物，造成难于处理的局面。

日本曾利用γ射线辐照与加热联用方法，再以机械破碎后，得到分子量不同的聚四氟乙烯蜡状粉末，可作为优良的润滑剂和添加剂。氯化聚乙烯在使用时会放出百倍的氯乙烯，因而被某些国家禁止使用。但经一定剂量γ射线照射后，不产生氯乙烯，从而扩大了使用面。

废塑料也可以采用辐射方法诱发使其降解，在 20 世纪五六十年代就完成了辐射诱发塑料降解的早期研究。与橡胶类似，塑料大分子一般是由 C—C 键的断裂而分解的，辐射诱发降解获得了气态、液态和固态的小分子产物，它们可用作适当合成物的原材料。

目前我国每年大约有上千吨的废旧 PTFE 有待回收利用。PTFE 价格昂贵，化学性质极其稳定，在环境中几十年都不会降解，给环境带来不利的影响，所以回收利用废旧 PTFE 具有重要的经济价值和环保意义。γ射线和电子束可用于 PTFE 的降解，通过用γ射线辐照，得到辐射降解 $G=12.8$（G 值为辐照降解领域常用参数，其意义为每吸收 100 eV 能量发生改变的分子数），而用电子束辐照，得到 $G=41.2$。为了得到所要求的分子大小的产品份额，在辐照期间，可通过所使用的剂量、剂量率和温度来控制辐射诱发过程。各种非降解产物都具有广泛的应用。以全氟烯烃为例，辐照后可以转化为具有特殊性能的氟化表面活性剂，也可以氧化为特殊用途所需的全氟羧酸。作为副产品出现的全氟烷烃，可以用作高质盐的绝缘材料、溶剂和润滑剂。并且这些转化物都可以用作合成的原料。

（三）污泥的处理

污泥是废水处理过程不可避免的副产物，最普通的废水处理步骤是隔筛过滤、初级沉淀生物处理、二级沉淀和杀菌等。在生物处理前后的沉淀过程都会产生污水污泥。污泥中含有大量的能量与生物价值，是优良的农田肥料和土壤改良剂。但由于含有大量病原体而不能直接利用。早在 1979 年，美国环境保护局（EPA）就发布 CFR257 法规，要求控制污泥中的病原体。后来，该局又在补充环境影响报告中提出，下水系统的污泥是有用的资源。堆肥化、巴氏消毒或化学处理等常规的方法处理效果均不十分理想，难于实现工业化。辐射技术可以克服常用处理方法的缺点，是目前国际上普遍认为很有前途的污泥处理方法。γ放射源和电子束辐照均可用于污泥的处理。

辐射处理污泥的优点是：①能杀死污泥中的病菌和病毒，消毒效果比热处理可靠；②不破坏污泥中的有机氮化物，不会减少污泥的肥力和产生难闻的臭味（巴氏热处理法中氮损失较多，污泥的肥力下降）；③能防止污泥中的杂草种子发芽，但不会影响正常种子的发芽；④处理温度较低（25～30 ℃），减少对工厂设备的腐蚀；⑤辐照后的污泥具有良好的脱水性能，可去化学絮凝剂和一些相应的设备。污泥经辐照灭菌后，可作为肥料直接在农田使用。

世界工业发达国家在开发污泥辐射处理技术方面取得了积极的进展，德国于 1973 年在慕尼黑建造了世界上第一座污泥辐照处理实验工厂，该工厂应用 ^{60}Co 作为辐射源，后来又补充安装了 ^{137}Cs 辐射源。该工厂采用瞬时的强γ辐射杀死污泥中的病菌，经辐射处理污泥仍有原来的养分，可作为肥料，其性能远优于用堆肥和巴氏消毒法处理过的污泥，并为该领域的研究提供了宝贵的经验。美国、印度、澳大利亚等国也建立了污泥辐照装置，但是大多数装置只运行了 2～4 年，没有再出现全规模污泥辐照装置。

（四）其他

纤维素是城市废物与农业废物的主要成分，日本曾用辐照法处理木屑、废纸、稻草等，通过糖化与发酵得到酒精。美国则采用对这类纤维素用加酸后辐照处理的方法得到葡萄糖，其回收率高达 56%。腐败的食物在经辐照处理后可作为动物的饲料。

三、加速器在环境中的应用

各种低能加速器在国民经济的各个领域广泛应用，在工业上用于活化分析、大型加速器的离子注入机、辐照改性和无损检验等。在农业上用于品种改良、消灭病害和食品保鲜等。在医疗上用于治疗癌症、辐照消毒和生产短寿命同位素等。在国防上，高脉冲功率加速器可用作 X 射线模拟源等。在环境保护方面，用加速器产生的强束流对燃煤烟气进行脱硫、脱氮处理。

高能电子加速器可产生 1～10 MeV 能量的高能电子，高能电子有一定的穿透力。电子束通过稀薄分散流体时，部分反射回流体中进行照射，增加被照体的剂量水平。当不使用加速器时可立即关闭。利用加速器产生的电子束进行辐照处理正成为环境保护的重要手段之一，电子束的工艺技术广泛适用于废气、废水和固体废弃物的辐照处理。

电子加速器产生的高能电子束照射可使一些物质产生物理、化学和生物学效应，并能有效地杀灭病菌、病毒和害虫。这一技术已被广泛应用于工业生产中的材料改性、新材料制作、环境保护、加工生产、医疗卫生用品灭菌消毒和食品灭菌保鲜等。它同钴源辐照一样，具有常温、无损伤、无残毒、环保、低能耗、运行操作简便、自动化程度高、适宜于大规模工业化生产等特点。高能电子束照射与钴源（辐射效率大约 20%）相比，其最大优点是辐照束流集中定向，能源利用充分，辐照效率高达 80%以上，不产生放射性废物。随着钴源售价的飞涨、废源处理费用的上升，电子加速器辐照装置具有明显的经济优势。用能量为 10 MeV 的高功率电子加速器建设高能电子辐照中心，在发展辐照加工产业的同时，开展辐照工艺和辐照新领域的研究，具有明显的社会经济效益和不可估量的潜在价值。

（一）废气处理

加速器在废气处理方面的应用主要是用于有害烟气的处理。大气中的 SO_2 与 NO_x 是主要的污染物，这些污染物主要来自烟囱排放烟气。通常的烟气脱硫脱硝技术主要有固相吸附与再生技术、湿法同时脱硫脱硝技术、吸收剂喷射法等，绝大多数会遇到成本过高或装置复杂的困难，例如以石灰喷雾法脱硫，用酸、碱吸收或催化还原法去除 NO_x 等。高能辐射化学法是一类新型烟气脱硫脱硝技术，主要分为电子束照射法（EBA）和脉冲电晕法（PPCP）两种。其中电子束照射法是目前发展较好的一种方法。应用电子束照射的方法，既可除去烟气中的 SO_2 与 NO_x，有助于净化大气，防止酸雨的形成，又可得到硝胶和硫胶等副产品，用作肥料。还能够降低运行难度和费用，而且由于在干燥条件下使用，几乎不产生二次废水。

20 世纪 90 年代俄罗斯科学院西伯利亚分院的核物理研究所制造的加速器供应波兰和日本，用以净化烟雾。波兰的劣质煤在燃烧时产生大盘有毒的硫和氮的氧化物。在烟雾被辐射时，所有氧化物都变成固体沉淀物，可用作肥料。在日本，也已利用俄罗斯生产的加速器，净化烧垃圾时所产生的烟雾，避免了烟雾对环境的污染。

1. 电子束辐照法脱硫脱硝

（1）电子束辐照法的优点

从 1972 年以来，日本开始广泛地进行电子束辐照去除烟道气中的 SO_2 与 NO_x 的基础研究和半工业实验。经过多年的研究开发，已从小试、中试和工业示范逐步走向工业化。日本、德国、意大利、波兰、美国等国已经开始的基础研究和半工业、工业实验表明，电子束辐照技术具有以下优点：能同时脱硫脱硝，并可达到 90%以上的脱硫率和 80%以上的脱硝率；由于电子束法脱硫脱硝是一种干法处理技术，不产生废水废渣；无需催化剂；系统简单，操作方便，过程易于控制；对于不同含硫量的烟气和烟气量的变化有较好的适应性和负荷跟踪性，反应生成可利用的副产品，副产品为硫铵和硝铵混合物，可用作化肥，脱硫脱硝成本比传统方法更经济。可能有的缺点包括电子束剂量需求高，电能需求大，运行费用高，辐照后气溶胶要过滤等。

另外，电子束辐照方法能有效净化其他工业废气，如易挥发的有机物、汽车尾气、有毒的气体及焚烧炉的废气等。当然，电子束处理污染废气的技术涉及许多不同的物理化学机制，如能盘吸收、气相反应、颗粒形成、气固相的相互影响等。

（2）电子束辐照法的反应机理

利用阴极发射并经电场加速形成 500～800 keV 的高能电子束，这些电子束辐照烟气时产生辐射化学反应，生成 OH、O 和 HO_2 等自由基，这些自由基可以和 SO_2 与 NO_x 发生氧化反应并生成 H_2SO_4 和 HNO_3，辐照前在烟道气中预先加入化学计量的氨，所生成的雾状 H_2SO_4 和 HNO_3 与通入反应器中的 NH_3 相互作用，生成$(NH_4)SO_4$ 和 NH_4NO_3 等副产品，这些副产品通过静电沉降等方法收集起来，直接用作化肥。烟气经电子束照射后，主要反应过程如下：

（a）自由基生成

燃煤烟气一般由 N_2、O_2、水蒸气、CO_2 等主要成分及 SO_2 与 NO_x 等成分组成。当用电子束照射时，电子束能量大部分被氮、氧、水蒸气吸收，生成大量的反应性极强的各种自由基。

（b）SO_2 与 NO_x 的氧化

SO_2 与 NO_x 被自由基等活性物种氧化，生成硫酸和硝酸。

（c）硫酸铵和硝酸铵的生成

硫酸和硝酸与事先注入的氨进行中和反应，生成硫酸铵和硝酸铵气溶胶粉体微粒。若尚有未反应的 SO_2 及 NH_3，则在微粒表面继续进行热化学反应生成硫酸铵。

（3）电子束辐照法的处理流程

实验装置由烟气参数调节系统、加速器辐照处理系统、氨投加装置、副产物收集装置、监测控制系统五个主要部分组成。电子束辐照烟气脱硫脱硝工业化试验装置工艺流程由烟气冷却、加氨、电子束照射和副产品收集等环节构成。锅炉排出的约 130 ℃的烟气，经静电除尘后进入冷却塔。在冷却塔中，通过喷射冷却水，使烟气降到适于脱硫脱硝的温度（65 ℃）。烟气露点通常为 50 ℃，所以冷却水在塔内完全被气化，一般不会产生需进一步处理的废水。降温增湿后的烟气送至反应器，然后根据 SO_2 与 NO_x 浓度及所设定的脱除率，向反应器中注入化学计量的氨气。烟气在反应器中被电子束照射，使 SO_2 与 NO_x 氧化，生成硫酸和硝酸，并与注入的氨中和，生成硫铵和硝铵。辐照后的烟气被送入副产物收集器，用干式静电除尘器捕集回收烟气中的硫酸铵和硝酸铵。净化后的烟气由引风机升压从烟囱排入大气。

2. 脉冲电晕等离子体法

脉冲电晕等离子体法（PPCP）的基本原理与 EBA 相似，都是利用高能电子使烟气中的 H_2O、O_2 等气体分子被激活、电离或裂解而产生强氧化性的自由基，对 SO_2 与 NO_x 进行等离子体催化氧化，分别生成 SO_2 与 NO_x 或相应的酸。在有添加剂的情况下，生成相应的盐而沉降。二者的差异在于高能电子的来源不同，EBA 法是通过阴极电子发射和外电场加速得；而 PPCP 法则是电晕放电自身产生的，它利用上升前沿陡、窄脉冲的高压电源（上升时间 10～100 ns，拖尾时间 100～500 ns，峰值电压 100～200 kV，频率 20～200 Hz）与电源负载—电晕电极系统（电晕反应器）组合，在电晕与电晕反应器电极的气隙间产生流光电晕等离子体，从而对 SO_2 与 NO_x 进行氧化去除。PPCP 法的优势在于可同时除尘。研究表明，烟气中的粉尘有利于 PPCP 法脱硫脱氮效率的提高。因此，PPCP 法集三种污染物脱除于一体，且能耗和成本比 EBA 法低，从而成为有吸引力的烟气治理方法。

（二）废水处理

电子束辐射能处理水与废水，辐照作用使水中产生活性物质，如 OH 基可气化和分解水中任何有机污染物。在有一定的经济效益条件下，决定废水处理规模。选择合适的电子束辐照装置，确保处理废水的流速达到均匀接受足够剂量。考虑的因素包括辐射的能量分布、在水中的穿透能力、辐射与水相互作用体积的几何形状，以及通常说考虑辐射注量的厚度等。早在苏联时期科学家就曾做过大规模试验，用加速器来改善生态环境。如在沃罗涅日市，净化被橡胶制品生产废料所污染的地下水，经过 10 年的努力，方圆 30 km 的地下水终于得到净化。

通过辐照还可以有效地杀死水中的微生物。氯灭菌处理二次污水的方法可以杀死微生物，但是会产生有毒的含氯有机物，例如三氯代甲院。电子束辐照也有效地使噬菌体失去活性，用比较小的剂量（如 0.25～1 kGy）进行辐照，对普通细菌（如大肠杆菌、沙门氏菌等）90%的剂量可将它们杀死，用 10 Gy 剂量则所有的细菌都被消灭掉。用电子束辐照代替氯灭菌处理二次污水，既不会产生有毒的含氯有机物，又能进行有效的灭菌。灭菌效果取决于辐照区域内水层的厚度、水的属性以及不同类型的病菌对辐射的敏感度的影响。电子束辐照的杀菌效率还依赖于电子在水中的穿透能力。在流动系统中，由于液体的强烈混合，受照细菌的存活曲线，比稳定条件下的那些辐照更有效。在杀灭微生物的同时，液体废物所通常具有的棕褐色也消失了，水变得没有臭味。

由于合成表面活性物质的生产及其在工业和生活中的应用规模不断扩大，使污水净化问题日趋复杂，且相应地加剧了水库的污染。这些物质主要是用来生产性能大大优于含酯肥皂的洗涤剂。在工业企业的排水沟中也还有一些可在工艺生产过程中使用的物质。表面活性物质的特点是在与碱溶液和盐溶液进行化学作用时的高稳定性，缓慢的生物化学氧化及高的发泡性能。虽然用活性炭或离子交换树脂对水做加工处理可以获得要求的效果，但是在经济上是不大合算的。辐射对表面活性物质的作用可以使其发生断裂–分解成较轻的、相对较易排除的物质。和生物净化不同，辐射净化是对所有化合物发生作用。在有氧存在时，和它们发生氧化作用。在射线和臭氧同时作用下，净化的效率明显提高。这可解释为是 HO_2 游离基转化成 OH 游离基的缘故，而后者对大多数有机化合物来说是强的氧化剂。

污水、污泥含有可利用的有机物和无机物，可用作农肥或作为营养物添加在饲料里。除了要辐照降解破坏污水中有毒的合成物外，还需要做特殊的处理，来杀死病变的微生物。一般的消毒法是将污水在约 70 ℃下加热几十分钟。与此同时也在研究用 30 kGy 辐射剂量处理污水的效率。从杀菌效果来看，上述两种方法都差不多。对辐射处理过的污水沉积物的研究表明，这些沉积物实际上与以污水热处理法得到的肥料十分相似。各种原始水样在沉积时形成的淤泥的体积比运到消毒工厂的污水体积要小 1 到 2 个数量级，因此需要非常低的辐射功率。从应用前景看，污水的辐射消毒可能成为一种非常便宜的方法，因为这个方法还可以同时清除聚合物杂质。

电子束辐照技术净化污水的另一种途径是利用电子束辐照技术再生用过的活性炭。由于活性炭具有很强的吸附力，所以可利用它来消除废水中的污染物质。但是用当前流行的方法中，再生用过的活性炭费用很高。由于用过的活性炭表面附着有机物，电子束辐照技术则可以有效地再生活性炭。在氮气环境下，活性炭吸附能力恢复率最高，辐照后活性炭几乎没有损失。在辐照过程中，活性炭的温度越高，电子束的电流越大，活性炭吸附能力恢复率也就越高。通过比较再生的活性炭和新的活性炭在十二烷基硫酸钠的水溶液中的等温吸附曲线，分析碳的再生程度发现两者的等温吸附曲线几乎是相同的。

（三）固体废物处理

电子束辐照在处理的固体废物可以分为两大类：

①需要辐照消毒的废物，如城市污水污泥、生物医学废物，来自国际空港和海港的垃圾等。

②辐照处理再生的废橡胶和塑料。

1. 污泥的处理

污泥是含有大量病原体的可用资源，经辐照灭菌后，可作为肥料直接在农田使用。污泥的辐照处理除了用γ射线外，还可以用电子束进行处理。在日本，处置污泥是一个棘手的难题。在内地和沿海地区大约有 60%的污泥需要处置。日本原子能研究所已开始研究一个有效地处理污泥的工艺：电子束灭菌便制成堆肥。传统的制造堆肥方法必须利用堆肥时产生的热量对污泥进行灭菌。在传统的方法中，堆肥的制造是靠微生物，但堆肥产生的热量既能灭菌又对微生物构成杀伤，而且还需要很长时间才能制成。在日本原子能研究所高崎辐射化学研究中心研究的工艺中，是先灭菌，后堆肥，而且还可以选择最佳的制造堆肥的条件来获得更好的效果。堆肥的制成率受温度影响大，最佳的温度是 40～50 ℃。最佳的 pH 是 7～8。为了使需氧菌发酵、需要在直径大约为 5 mm 的粒状污泥中补充氧。用辐照方法制造堆肥，排放二氧化碳时间只需 2～3 天，而用传统方法则需要 10 天以上。为杀死致病的细菌发酵温度需在 65 ℃以上。在新工艺中，灭菌和制造堆肥是分开的，因此可以选择最佳的制造堆肥的条件，使制造周期缩到最短。

2. 生物医学废物的处理

来自医院、研究和诊断实验室等的废物，被看作是潜在的污染源。因此，存在着对公众健康的危害。这一类也包含解剖的废物，动物的组织和机体部分。据科研人员人估算，医院废物中大约 85%是不传染疾病的废物，其余的被看作是生物医学废物。医院大部分或全部都按生物医学废物处理其废物。

在北美，不允许未经适当处理（比如燃烧）而把生物医学废物处置在填埋场。但是，医院废物可能还有大约 20%的塑料（比如聚乙烯、聚丙烯、聚氯乙烯等）。如果燃烧，会产生有毒气体产物，这些有毒气体必须被去除。另外，为了防止在处理这些废物时传播传染病的危险，可通过辐照对生物医学废物进行消毒。

3. 港口垃圾的处理

国际空港和海港的垃圾（如食品碎屑、塑料、纤维素等）可能存在动物滤过性病毒（如口蹄疫、猪的传染性水疱病、非洲猪热病等）潜在传染病原体。因此，在大多数国家里，有专门处理这种国际废物的规章。在加拿大，对上述废物加热到大约 100 ℃以上，至少 30 min，或者进行焚化以达到消毒杀菌的目的。根据规定，用于储存和运输废物的容器，在重复使用之前，应该进行清洗和消毒。国际废物消毒的一种可能替代方法是采用辐照

（γ射线或电子束）。辐照装置可以设在空港区并能自动和连续地工作。这种概念设计是可靠而经济的，能满足清洁环境的现代要求。当然，生物医学废物和来自国际空港与海港的垃圾，两者的辐照消毒如果合适的话，可以由一个辐照设施来处理。

4. 橡胶和塑料的处理

丁基橡胶是制造汽车内胎的原料。从安全角度出发，通常轮胎的使用年限很短，每年报废的轮胎数量巨大。采用辐射手段，回收旧轮胎的橡胶是一种成熟的方法。再生材料获得有价值的加工特性，而且由此增加制造新轮胎的组分，可以改进它们的耐用性。在辐照剂量达到 70 kGy 时可以明显增强原始橡胶树脂和回收橡胶混合物的可塑性质，而拉伸等其他物理性质在这个剂量下只是稍微减弱。商业产品中的橡胶树脂 25%是基于被回收利用的橡胶。回收橡胶的过程包括：先把旧轮胎切割成小碎片，然后再用高能电子束或γ射线辐照，使大分子网络结构分解，同时也会有交联过程的发生。这些过程使橡胶的力学性质发生变化。因此，用较少的能量对原料进行研磨，破碎的纤维分离后，原料便可与其他组分混合用于生产新轮胎。整个回收利用过程相当环保，几乎没有污染。应该指出某些进一步的辐照效应也已被观察到，例如随着剂量的增大，模量值、硬度和支架的质量也产生和增加了，但其抗腐蚀性却降低了。

5. 其他

加速器在环保方面还有其他的应用，如强流连续束质子加速器可用于核废料处理、核燃料生产和以洁净的方式产生核能。用加速器产生的强束流轰击核废料，可以将其中的长寿命放射性元素转变为有用的或短寿命的元素。利用加速器产生的 1 GeV，数十毫安级的强流质子束驱动次临界核反应堆，可以安全、洁净的发电，而用加速器产生的束流和靶物质进行核反应则是一种生产核燃料的有效方式。

第五节　核军事技术

一、核按钮与核武器

（一）核按钮

1991 年 12 月 25 日，戈尔巴乔夫宣布辞去苏联总统的职务，并于当晚将控制核武器发射的核按钮交给了俄罗斯当选总统叶利钦，苏联宣布解体。这条新闻当天晚上就传遍了五大洲，受到全世界的关注。

核按钮到底是干什么的？为什么能与戈尔巴乔夫辞职这样重要的新闻相提并论？并能引起全世界人们的重视？在回答这些问题之前，我们先回顾一下 1945 年美国在日本广岛和长崎扔下原子弹时的可怕情景，名为小男孩和胖子的原子弹分别扔在广岛、长崎，造成了两个城市的巨大伤亡，也直接促使了日本的投降。这种毁灭性的武器自从它一问世，就给人类留下了一个可怕的深刻印象，而且至今令人记忆犹新。

核按钮，是一种特殊的通信工具，敌方无法干扰或切断它的信号。操纵员只有在总统的命令下才能启用核按钮，可用于下达核武器攻击的命令。戈尔巴乔夫交给叶利钦的核按钮，设置于 20 世纪 70 年代。它的外形类似于一只公文包式密码箱（黑匣子），箱内安装有各种电子板、控制系统和按钮，里面放有苏联全国核武器网的发射指令和密码。由于核武器（包括原子弹、氢弹、中子弹等）的威力之大，对人类能造成毁灭性的打击，再加之苏联是一个核大国，其核力量与美国不相上下，因此对如此庞大的核武器网就应严格控制。这是一个非常复杂的技术问题。为了安全起见，苏联建立了一整套控制系统，实行双重核按钮保险制度。只有总统才能下达发射命令，在下达命令之前，总统身边的技术人员协助总统译出存放在黑匣子中的密码，同时，作为苏联军方首脑的国防部长在接到总统下达发射核武器的指令后，也打开自己的黑匣子，译出另一密码，总统和国防部长的密码和指令必须在同一约定的时间送到国防部指挥中心，再经计算机识别这两组密码和指令是否真实，然后混合计算成为一组新的密码和指令，再通过计算机网络下达到各个发射基地。各个发射基地接到密码后立刻与自己计算机系统保存的密码核对，只有当完全一致时，才能将闭锁的核武器发射装置启动。

美国的核按钮最早由第 34 任美国总统艾森豪威尔时期初见雏形，至第 35 任美国总统肯尼迪经历古巴导弹危机后，对于美国核武器不在其全权掌管下他感到担忧，尤其担心美国军队可能于未经由其批准的情况下擅自使用核武器攻击苏联。故此，肯尼迪下令设计一个可以确保拥有绝对安全水平的核按钮手提箱系统。从此，只有美国总统才有权力下达使用核武器的命令。

英国核按钮的控制由以英国首相为首的内阁成员组成，当决定启动核武器进行反击时，由首相组成的战时班子成员做出决定，再由首相通过第 17 区中的首相核按钮密室，发出核打击指令。游弋在大西洋中的战略核潜艇接到密码命令后，即可发动攻击。

法国的核按钮藏在一个叫“朱庇特”的小房间里（法国核力量指挥系统的代号）。“朱庇特”位于巴黎爱丽舍宫地下室里，一旦遇到紧急状况，决定发动核打击时，总统就会打开这个核按钮，随即向核导弹部队下达命令。根据法国的法令，如果总统遭遇不测，或因其他原因不能亲自到场时，总理、国防部长有权按照顺序开启核按钮，代总统下达核打击指令。

（二）由核按钮控制的核武器

我们知道，核武器的种类很多，但基本上可以分成两大类，即爆炸性核武器和放射性战剂两种。一般爆炸性核武器均可由核按钮（黑匣子）控制。爆炸性核武器可分为许多种类。按构造原理可分为原子弹、氢弹、中子弹三种（严格起来，中子弹也属于氢弹的范畴）。放射性战剂是利用核反应堆的裂变产物和放射性同位素制成的。它可以装在特制的弹体内单独使用，也可以同军用毒剂混合后使用。总之，凡是利用核能（包括裂变和聚变）起到各种杀伤破坏作用的武器都称为核武器。根据核武器使用的运载工具的不同，又可分为核炸弹、原子炮弹、核鱼雷、核地雷、导弹核武器等。

1. 原子弹

原子弹又称为裂变弹，其形状同普通的重磅炸弹差不多，但构造上却完全不同（见图 3－5－1）。其主要组成部分是核装料（核燃料），引爆装置，

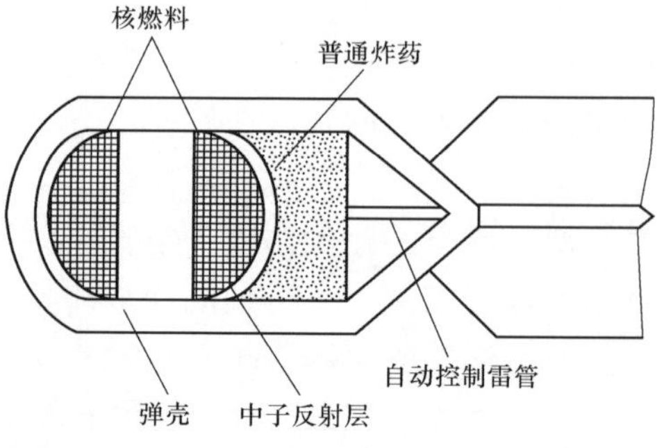

图 3－5－1　原子弹原理示意图

中子反射层，中子源和弹壳。核装料是分成小块的高浓度裂变物质铀-235、铀-233、钚-239。每一小块的重量都不能超过临界质量（使裂变物质在特定条件下自持链式反应所需的最少裂变物质的数量）。引爆装置是由普通的炸药和雷管组成。引爆时先点燃雷管，利用炸药爆炸产生的压力，迅速将小块的裂变物质挤压在一起，合成一个等于或大于临界质量的整体。中子源（图中已省略）的作用是使达到临界质量的铀或钚裂变物质在一定的时间内被中子作用而开始链式反应，即铀核或钚核受到中子轰击后会分裂成两块，同时放出两三个次级中子和一定的能量，然后这两三个次级中子又引起了其余铀或钚核的分裂。如果让裂变反应继续下去就构成了链式反应。中子反射层的作用是使跑出反应区域的中子能重新返回。这样形成的无法控制的链式反应产生的巨大能量会冲破坚固的弹壳迸发出来而产生爆炸，这就是原子弹的基本原理。原子弹根据其构造的不同，又可分为“枪型”原子弹、内爆型原子弹和加强型原子弹三种。

2. 氢弹

氢弹又称为聚变弹，是利用氢元素原子核聚变反应（又称为热核反应）产生的巨大能量起到杀伤破坏作用的一种核武器。氢弹的装料可以使用氘和氚，也可以使用氘化锂。氢弹是利用原子弹为引爆装置。当原子弹爆炸时，会产生几百万摄氏度的高温，促使热核装料（氘、氚、锂）急剧聚变，放出巨大能量。

在世界第一颗原子弹爆炸成功以前，一些科学家就曾预言：原子弹爆炸的高温可用以做热核反应的引爆。1952 年美国成功进行了热核试验，即氢弹试验，其威力大于投放到日本长崎原子弹威力的 750 倍，圆柱状云层高达 27 km，直径达 45 km，威力之强致使仪器都无法精确测量，超出了科学家们的预料。1957 年，美国原子能委员会出版的一本小册子《核子武器的效果》一书是这样描述氢弹的：“其威力相当于黄色炸药 1 000 t 到 2 500 t 的力量，足以使周围 48 km 内的人遭受到二级烧伤，放射尘可布满几百公里的地方。”可见其杀伤威力比原子弹大得多。

图 3-5-2 是氢弹的构造原理图。氢弹以原子弹为引爆装置，其四周装有热核燃料，一旦原子弹爆炸就能产生几百万摄氏度的高温，促使核聚变反应连续不断地进行下去，这就是氢弹爆炸的基本原理。

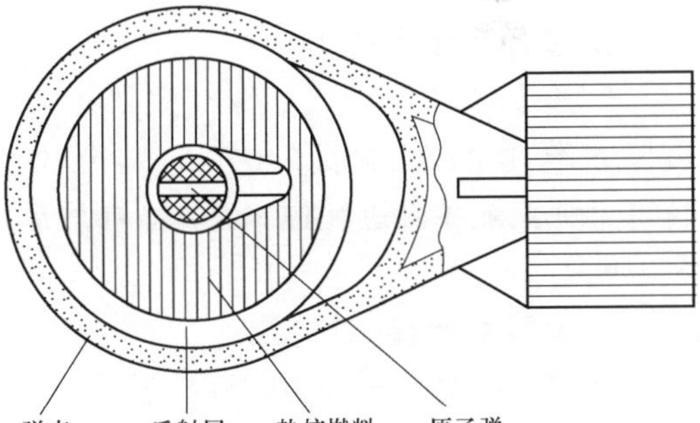

图 3-5-2　氢弹构造原理图

我们已知道氢弹的燃料可使用氘和氚，也可以使用氘化锂。由于氘和氚在常温下呈气体状态，只有在低温液化（零下 200 ℃）或高压情况下，才能密集起来。因此直接使用氘和氚作为氢弹的装料有很大的困难。美国在 1952 年制成的世界第一颗氢弹就是采用低温液化将氘和氚混合物保持在液态，所以当时这颗氢弹非常笨重，达到 65 t，且价格又昂贵（附加了低温装置），由于投掷困难而没有实战作用。

具有实战作用的氢弹是采用氘化锂。由于氢弹的引爆依靠的是原子弹爆炸时产生的大量中子，这些中子轰击锂核，生成氚，氚就能和氘在高温下进行核聚变反应，释放巨大能量而引起爆炸。相比之下，氘化锂的成本比氚低得多，且又是一种稳定的固态化合物，因而便于保存和运输，且又不需要庞大的低温设备，所以装这种燃料的氢弹体积和重量均可大大缩小，成为一种有实战意义的热核武器。

氢弹根据其构造原理的不同，又可分为湿式氢弹、干式氢弹、干净氢弹和肮脏氢弹四种。

3. 三相弹

三相弹又称为氢铀弹。在其释放的能量中，裂变能量和聚变能量大致各占一半，或者更多些。这种氢弹在装料外层还包上一层 ^{238}U。在原子弹引爆后，产生高温并释放大量中子，这些中子和氘化锂中的 ^{6}Li 起核反应生成氚，氚再和氘起热核反应，又释放大量高能中子，高能中子又与外层 ^{238}U 起核反应，使铀核裂变，释放出更大的能量。这种先裂变，后聚变，再裂变方式的核武器，就是所谓的三相弹。这种三相弹，由于有大量的 ^{238}U 参加核反应，提高了爆炸威力，但爆炸后放射性裂变物质的污染严重。

4. 钴弹

钴弹就是在原子弹或氢弹的外壳上再增加一层 ^{59}Co 同位素，爆炸时产生的中子流会使 ^{59}Co 变成 ^{60}Co 放射性同位素，造成更严重的污染。

5. 中子弹

中子弹其实就是所谓干净的氢弹。它主要利用核反应所产生的大量中子来杀伤生物，使冲击波的作用大为减弱，而不破坏建筑和军事设备。例如，要消灭大面积的坦克车队，一般依靠重磅炸弹或核武器（原子弹或氢弹），这种情况会将坦克损坏，但对驾驶员可能不一定全部杀伤，因坦克防护装甲很厚（如 100 mm 厚的钢板可将 γ 射线减少 90%，但对中子只能减少 30%左右）。如果使用 1 000 t 当量的中子弹，将会使爆炸中心周围 2.5 km^2 内的所有坦克中人员失去战斗力，而坦克却完好无损。若按每 50 m 有一辆坦克计算，则会有 500 辆完好的坦克成为战利品。

6. 多弹头核武器

多弹头是一种新式导弹核武器，它可以在导弹头部放置数枚核弹头，这些核弹头可以对准几个攻击目标，也可以对准几个不同的攻击目标，这大大提高了杀伤能力，而且每个弹头配备推进和控制系统，释放后能做机动飞行，因此对于反导核武器具有更大的突破能力。

7. 反导核武器

反导核武器是一种防御性核武器。它主要破坏核弹头中的电子系统。它分为高空拦截和低空拦截两种类型。高空拦截型主要利用核爆产生的 X 射线作为破坏手段；低空拦截主要利用核爆炸产生的中子、火球、冲击波作为破坏手段。

二、原子弹的杀伤力

原子弹爆炸的杀伤可分为四种：灼热、冲击波、贯穿辐射和放射性污染（见图 3－5－3）。

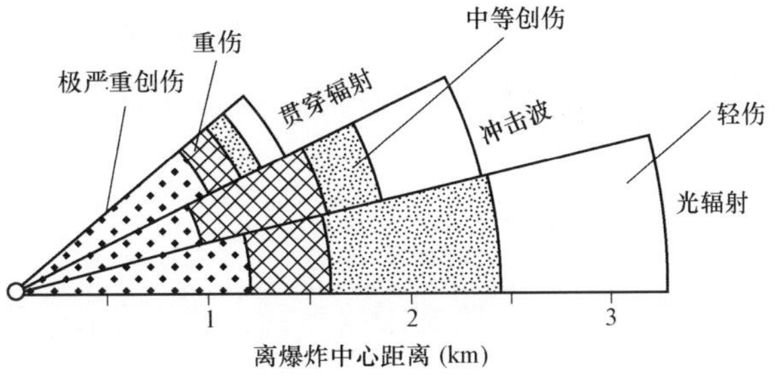

图 3-5-3 TNT 当量为 2 万吨的原子弹在空中爆炸时对设有防护人员的杀伤半径

灼热又称为光辐射，是由核爆炸时强烈的热辐射形成的。在原子弹爆炸的火球中心，能产生高达数百万摄氏度的温度，虽然它的作用时间只有几秒钟，但造成的危害是十分巨大的。此外，因为灼热还能引起燃烧，在近距离可以使金属熔化，所以灼热燃烧能破坏建筑物，能灼伤动物和人体暴露部分，如照射到眼睛还能使人失明。灼伤的程度取决于离爆炸中心的距离及作用时间，日本广岛和长崎两地受害居民中 20%～30%的伤亡都死于灼热和火焚。

冲击波也是原子弹爆炸的主要杀伤因素，它与一般爆炸的冲击波一样，能够杀伤没有防护的人员及破坏建筑物，而且这种杀伤和破坏是冲击波直接造成的。

贯穿辐射是由于原子弹爆炸时放出的中子、裂变碎片和γ射线等具有很大的穿透力而造成的。这是原子弹爆炸特有的一种杀伤因素，它能对动物和人体进行辐射而造成危害，但随着离爆炸中心的距离增大，照射剂量会大大减小。贯穿辐射与灼热和冲击波造成的危害不同，它是既看不到又感觉不到的直接杀伤因素，它不仅对动物和人体产生直接损害作用，使机体受射线照射而患病，而且还会因辐射造成遗传损伤，由辐照引起癌症等。受射线照射而患病是逐步发展恶化的，其程度与所接受的剂量有关。当照射剂量较大时，后果将很严重甚至会导致很快死亡。

放射性污染是由于爆炸时产生的放射性碎片及未来得及反应的部分原子装药随着烟云和空气流动而下降的结果。这些放射性物质降到地面后会继续进行衰变而放出射线。如落在人体皮肤、口鼻眼的黏膜上，若不及时清除，就会引起溃疡和炎症，如果剂量较大，就可能患射线病。日本广岛和长崎两地受害居民中因此而死伤的超过受害者总人数的 15%。

三、核潜艇

为了克服常规潜艇的航行一段时间后就必须浮出水面利用发动机充电的缺点，人们研制了核潜艇。核潜艇与常规潜艇的最大不同就在于将其动力源改为核动力反应堆。由于反应堆运行不需要来自水面的空气，所以核潜艇能在水下长期航行，而不受携带燃料的限制。其在水下航行的时间，仅限于人们长期在水下生活的耐力和其他给养的储备，如食品、武器弹药、舱室空气调节等。

由于核潜艇有以上的优点，若再配备先进的通信、观察、导航、空气调节、导弹核武器等高技术装备，核潜艇就成为现代海军中的一种主力战舰。据 2020 年 2 月的相关报道：

美国（70 艘）、俄罗斯（40 艘）、英国（11 艘）、法国（10 艘）与印度（2 艘）等国家共有一百多艘核潜艇。俄罗斯大多数核潜艇采用双堆方式，而美国、法国等国家的核潜艇均采用单堆方式。

核潜艇按照任务与武器装备的不同，可分为：攻击型核潜艇，它是一种以鱼雷为主要武器的核潜艇，用于攻击敌方的水面舰船和水下潜艇；弹道导弹核潜艇，以弹道导弹为主要武器，也装备有自卫用的鱼雷，用于攻击战略目标；巡航导弹核潜艇，以巡航导弹为主要武器，用于实施战役、战术攻击。

弹道核潜艇又被称为战略导弹核潜艇，是一种以发射弹道导弹为主要作战任务的大型潜艇。也有把装备射程较远、带核弹头的巡航导弹的核潜艇归类为战略核潜艇。美国、英国、法国、苏联、中国都建造了一定数量的弹道导弹潜艇，以及装备这些潜艇的核导弹。迄今，世界上仅有美、俄、英、法、中五国拥有战略导弹核潜艇。战略核潜艇具有非常重要的威慑力。在空基、陆基和海基的弹道导弹三位一体核打击中，海基核力量中的核潜艇无疑是生存能力最好的，在陆基弹道导弹和空基战略轰炸机等核武器投射力量遭受到敌方毁灭性的核打击之后，核潜艇将是进行二次核反击的重要杀手锏。例如，一艘导弹核潜艇能将 16 枚氢弹（当量为 1 600 万吨）发射到几千千米以外甚至世界上任何地方的目标进行核打击，而且又不像陆地导弹基地那样容易被发现摧毁。战略核潜艇为了更加隐蔽则更多的是在水下发射弹道导弹，水下发射的弹道导弹也称为潜射弹道导弹。弹道导弹核潜艇发射导弹的作业深度通常在水面下 50 m 的深度。以鱼雷为武器的攻击型核潜艇，它不用于在战略上实施二次核打击，但是具有优良的机动性能、较高的航行速度和较大的潜水深度，它是一般核潜艇的“杀手”，主要用来搜索、攻击对方的核潜艇。

目前美国军方最先进的在役核潜艇当属第四代的俄亥俄级战略核潜艇，它采用泪滴形设计布局，拥有 24 管巡航导弹发射筒，能够发射“三叉戟”洲际弹道导弹和战斧巡航导弹，而每一枚“三叉戟”洲际导弹能够搭载 12 枚核弹头，射程可达 11 000 km。而目前俄罗斯最先进的核潜艇则是北风之神级战略核潜艇，部署数量已经达到 4 艘，据说比俄亥俄级先进。它采用水滴型设计布局，拥有 16 个巡航导弹发射筒，可以发射 RSM56 弹道导弹，最大射程为 8 000 km 左右。为了加强抗干扰能力，还加装了防护套。此外，它的最大潜行速度达到 29 节，可以说是俄罗斯海军部队的王牌武器。

近期，美国防务新闻网站报道称，美国海军与通用动力电力舰艇公司签订了一项价值 94.7 亿美元的合同，准备建造第二艘哥伦比亚级战略核潜艇“威斯康星号”，而第一艘“哥伦比亚号”已经完成建造并进入测试阶段，有望在 2027 年左右进入现役。这只是 12 艘哥伦比亚级核潜艇的前 2 艘，后续同级艇将在 20 年内陆续完成下水和服役。公开资料显示，哥伦比亚级属于第五代战略核潜艇，排水量达到 2 万多吨。

隐身技术一直是美国核潜艇的强项，目前，世界上“高寂静”（几乎无任何声响）潜艇的竞赛仍在继续。哥伦比亚级战略核潜艇在静音性方面比俄亥俄级也有质的提升，有望把噪声降至海洋背景噪声之下，躲过任何声呐设备的探测，很有可能成为未来最安静、最不容易被发现的核潜艇。

2020 年前，俄海军有在役 3 个级别共 11 艘战略核潜艇，包括 1 艘“台风”级、1 艘“德尔塔Ⅲ”级、6 艘“德尔塔Ⅳ”级以及 3 艘“北风之神”级核潜艇。“台风”级战略核潜艇是世界上最大的战略核潜艇，主要用作实验平台，曾对新型的“布拉瓦”弹道导弹进行过测试。“德尔塔Ⅲ”级战略核潜艇全部隶属于太平洋舰队，且均已老化，目前仅有艘在服役，携带16枚“黄貂鱼”弹道导弹。“德尔塔Ⅳ”级战略核潜艇是目前俄海军潜艇部队的主力，全部隶属于北方舰队。升级后的“德尔塔Ⅳ”级潜艇可携带16枚“轻舟”弹道导弹。“北方之神”级则是目前俄罗斯最新一级的战略核潜艇，未来将逐步取代“德尔塔Ⅲ”级和“德尔塔Ⅳ”级战略核潜艇。俄海军订购了8艘该级潜艇，目前服役4艘，其中，第四艘k－549“弗拉基米尔大公”号于2020年6月12日交付海军北方舰队，还有4艘在建。俄罗斯国防部官网发布消息称，该核潜艇是955型“北风之神”级的改进型，型号为955A，属俄罗斯的第四代核潜艇。每艘“北方之神”级战略核潜艇可携带16枚“布拉瓦”弹道导弹。另外，俄海军现共有28艘攻击核潜艇，包括6艘巡航导弹核潜艇和8艘多用途核潜艇。其中，巡航导弹核潜艇包括“奥斯卡Ⅱ”级和“亚森”级；多用途核潜艇包括“维克托”/“胜利”级、“塞拉”级和“阿库拉”级。目前，“奥斯卡Ⅱ”级和“阿库拉”级是俄海军攻击核潜艇的主要力量。“亚森”级是俄罗斯最新型的攻击核潜艇，属于俄罗斯第四代核潜艇，已经交付1艘，还有8艘在建，具有安静、深潜、打击能力强、自动化程度高等特点，及参与解决各种地区性危机的能力。“亚森”级核潜艇可携带“俱乐部”“红宝石”“花岗岩”和“石榴石”等多类型导弹。但需说明的是，俄海军拥有的大部分潜艇的年限均超过25年。

2020年7月20日，“亚森－M”项目855M型的两艘核动力潜艇“沃罗涅日”和“符拉迪沃斯托克”在北德文斯克北方机械制造厂进行了龙骨铺设，计划于2027年至2028年年初加入俄罗斯海军舰队的作战序列，将配备高超音速武器。

英国海军第一艘核动力潜艇是1963年4月17日服役的“无畏”号核动力攻击潜艇。英国发展了二代弹道导弹核动力潜艇和四代核动力攻击潜艇，分别是决心级、前卫级，无畏级、勇敢级，敏捷级，特拉法尔加级。

法国则是先发展弹道导弹核动力潜艇，再发展核动力攻击潜艇。法国海军第一艘核动力潜艇是1967年3月下水，1971年服役的“可畏”号核动力弹道导弹潜艇。法国发展了二代弹道导弹核动力潜艇和一代核动力攻击潜艇，它们分别是可畏级（随着“可畏”号于1991年退役后，此级艇改称不屈级）、凯旋级，红宝石级。

四、核动力航空母舰

核动力航空母舰，简称核航母，是以核反应堆为动力装置的航空母舰。它是一种以舰载机为主要作战武器的大型水面舰艇。依靠核动力航空母舰，一个国家可以在远离其国土的地方、不依靠当地机场的情况下对别国施加军事压力和进行作战。目前世界上真正拥有航母的国家仅有8个，依次为美国、中国、俄罗斯、英国、法国、印度、意大利和泰国。不过很多时候将两栖登陆舰也归入了准航母的行列，这样拥有航母的国家就更多一些。即便如此，世界上只有美国和法国海军拥有核动力航空母舰，其中美国现役核航母11艘、法国1艘。

自从美国建成核潜艇后，美海军认识到核动力优越性后，决定研制核动力航母。1961年11月，世界上第一艘核动力航母“企业”号建成服役。美国的“企业”号航母上装备核动力装置，使航空母舰具有更大的机动性和惊人的续航力，更换一次核燃料可连续航行10年。而且，它可以高速地驶往世界上任何一个海域。“企业”号核动力航母的问世，使航空母舰的发展进入新纪元。

美国在“企业”号核动力航空母舰的基础上又发展了“尼米兹”级核动力航空母舰，这是继“企业”号核航母之后，为美国第二代核动力航空母舰。它的首制舰是“尼米兹”号，于1975年5月建成、服役。它的标准排水量72 916 t，舰长332.9 m，宽40.8 m，舰上装有2座核反应堆和4台蒸汽轮机，航速30节以上，装填一次核燃料可持续使用13年，航程可达到100万海里。舰上可搭载90架各种类型战机，最大舰载机数量超过一百架。美国“尼米兹”级核动力航空母舰，舷号自CVN－68至CVN－77，共计建造十艘。从20世纪60年代开始设计建造，直到21世纪初，尼米兹级一直是美国海上力量和全球战略的支柱。

美国最先进的第三代“福特级”核动力航空母舰是在尼米兹级核动力航空母舰发展起来的。第一艘“福特级”福特号核动力航母2005年8月11日开始建造，2013年11月9日正式下水，2017年7月22日服役，是美国乃至全球最大的航母。美国计划在2058年之前建造10艘“福特级”航母，以取代“尼米兹级”。

除美国外，目前世界上只有法国有一艘核动力航母“戴高乐”号，采用双反应堆布置。

思考题

1. 什么叫核素示踪技术？请简要叙述。
2. 什么叫辐射加工？它有哪些重要应用？
3. 放射性同位素测井的原理是什么？
4. 简要说明示踪剂法在农业中应用的原理。
5. 放射性同位素示踪技术在农业上有哪些重要应用？
6. 辐射技术害虫辐射不育、生物刺激生长有怎样的应用？
7. 什么是SPECT法（以单粒子发射计算机断层照相）和PET法（正电子发射断层照相），有哪些重要应用？
8. 利用核技术进行环境样品元素的定性定量分析，比常规非核技术有哪些的优点？
9. 简要说明辐射技术的主要特点，它在环境科学及环境保护领域中有哪些应用？
10. 根据核武器使用的运载工具的不同，又可分为几类？
11. 什么是原子弹、氢弹？它们主要区别是什么？
12. 什么叫三相弹、中子弹？
13. 原子弹爆炸的杀伤可分为几种？请简要描述。

第四章

核武器技术

第一节 概 述

核武器，是指利用重原子核的链式裂变反应和（或）轻原子核的自持聚变反应，瞬间释放巨大能量而产生爆炸，对目标实施大规模杀伤破坏作用的武器。1939 年发现原子核裂变现象时，正值第二次世界大战爆发的特殊历史时刻，这一新的核科学成就立即被用于军事目的，很快成功研制了威力巨大的原子弹。原子弹爆炸之后不久，美国又开发轻核聚变能制造了氢弹，同样首先服务于军事目的。到 20 世纪 60 年代，美俄成功试验了中子弹等特殊性能核武器，以适应不同的战场环境和作战目的。

一、核武器的发展阶段

核武器的发展经历了三个大的阶段。第一阶段是突破原子弹设计原理，利用铀–235 或钚–239 等重原子核的裂变反应瞬间释放巨大能量的核武器；第二阶段是突破氢弹的设计原理，利用氢的同位素氘、氚等轻原子核的聚变反应瞬间释放巨大能量的核武器；第三阶段是特殊性能核武器，将核武器的杀伤破坏效应根据作战需要加以增强或减弱，已经研制成功的特殊性能核武器中，最具代表性的是中子弹。在核武器发展的三个阶段中，后一代核武器的研制都是以前一代为基础的，既显示了原子能科学技术水平的发展和提升，也满足了核武器用于战场的企图和要求。

二、核武器的威力与杀伤破坏效应

核武器的威力是指核爆炸时释放出的总能量。核武器的威力，一般用梯恩梯（TNT）当量作为度量。TNT 当量是用释放相同能量的 TNT 炸药的质量来表示核爆炸能量的一种计量。核武器的威力是核武器的重要战术技术指标之一，它以吨、千吨、万吨或百万吨 TNT 当量计。核武器威力指标是根据作战需求设置的，并要求与导弹命中精度等指标相匹配。随着导弹命中精度及生存、突防能力的提高，核弹头也随之向中、小威力方向发展。比威力是衡量核武器水平的重要标志之一，它是威力与核弹头重量之比。在核武器的发展初期，核弹头的比威力较低，如美国 1945 年投在日本广岛的原子弹，其比威力仅为 37 t TNT/kg。从氢弹研制成功起，其比威力获得大幅度提高。如 20 世纪 60 年代中期，美国民兵Ⅱ导弹弹头MK－11的比威力约达1 500 t TNT/kg。

闪光是核武器爆炸首先观测到的现象，当核装置内核反应过程结束时产生的温度高达数百万摄氏度、压力达上千万个大气压的高温高压气团，同时发射X射线。气团向外迅猛膨胀，加热周围的空气，使被加热的空气成为高温高压气团的外层，这个又膨胀又发光的气团就是“比一千个太阳还要亮”的火球。火球加热外层空气的过程逐渐变慢，但是仍然有相当大的一部分光辐射向外发射，造成人员烧伤和物体烧毁，这就是核爆炸的主要杀伤破坏效应的光辐射，也称热辐射。

火球发展变慢，但高压气团仍迅速向四周膨胀，压缩空气形成以超音速的速度向外传播的冲击波。当冲击波遇到地面时遭到反射，使地面发生变形，或者形成弹坑口；同时反射后的冲击波以爆心投影点为球心的球面向外传播，直到逐渐减弱成声波为止。冲击波是核爆炸主要的杀伤破坏效应。

火球熄灭后成烟云，它和由冲击波地面反射后生成的尘柱相衔接，形成稳定的高大蘑菇状烟云，而后随高空风向下风方向飘移扩散，数天后才会在地球表面逐渐消失。与炸药爆炸相比，核爆炸独有的特点是“核辐射”。核反应过程中向外放出α粒子、β粒子、中子和γ射线，但能穿出弹体和空气到达一定距离，造成伤害人员的只有中子和γ射线，这一部分辐射只是在爆炸后一段时间内起作用，通常称为早期核辐射。

不论是原子弹还是氢弹爆炸后都要剩余一部分裂变材料，它和裂变所产生的碎片都能向外发射β粒子和γ射线，这部分核辐射称为剩余辐射。一旦遭到放射性沾染，同样可以伤害人畜，这是核爆炸产生的第四种杀伤破坏因素——放射性沾染。它与前三者有区别，前三者都是爆炸后短时间内起杀伤破坏作用，称为瞬时杀伤破坏效应，而放射性沾染将在长时间内对被沾染的区域起作用。

核爆炸效应中的核电磁脉冲，不会对人员和动物造成伤害，但对指挥、通信、计算机和信息系统可能造成破坏和干扰。核电磁脉冲伴随核爆炸γ射线产生，但影响范围却远大于γ射线的作用范围。

核爆炸是通过冲击波、光辐射、早期核辐射、核电磁脉冲和放射性沾染等效应对人体和物体起杀伤和破坏作用的。前四者只在爆炸后短时间内起作用，后者能持续几十天甚至更长时间。在大气层核爆炸情况下，裂变武器的爆炸能量中，冲击波约占50%，光辐射约占35%，早期核辐射约占5%，放射性沾染的剩余核辐射约占10%，核电磁脉冲仅占0.1%左右；对于主要为聚变反应的核武器，剩余核辐射所占的比例略小。

核爆炸的杀伤和破坏程度同爆炸威力有关。威力在百万吨以上大威力的空中爆炸，起毁伤作用的主要是光辐射和冲击波。威力在万吨的低威力空中爆炸，则以早期核辐射的杀伤范围最大，冲击波次之，光辐射最小。空中爆炸一般只能摧毁较脆弱的目标，地面爆炸才能摧毁坚固的目标，如地下工事、导弹发射井等。触地爆炸形成弹坑，可破坏约两倍于弹坑范围内的地下工事，摧毁爆点附近的地面硬目标，但对脆弱目标的破坏范围则比空爆小得多。

三、核武器的发展简史

1938年，奥托·哈恩实验证实并公布了铀核的裂变反应。费米设想，铀裂变过程中有中子发射，那么就可能实现裂变的链式反应，并释放巨大能量，费米的设想引起了巨大反响。在二战时期，许多物理学家关注着原了核裂变链式反应过程及其潜在军事潜力。原本抱着和平主义立场的著名物理学家爱因斯坦，出于对希特勒摧毁文明的憎恨与担忧，致信美国总统罗斯福，提请他注意核物理的最新发展，指明核裂变所提供的一种危险的军事潜力，并警告他，德国可能正在开发这种潜力，美国政府必须迅速采取行动，防止德国首先掌握原子弹。他的谏言为罗斯福总统所接受，下决心投入大量人力物力，建造核反应堆和研制原子弹。经过一系列研究策划之后，一个代号为“曼哈顿工程”的计划开始实施。

“曼哈顿工程”上马时，有关原子弹研制的许多科学问题还不清楚。当时美国的许多科学家及一些著名大学也放下了正常工作，加入到原子武器的研制工程。“曼哈顿工程”是在几支并行力量的参与下进行的，主要力量在美国，英国、加拿大和法国合作，进行了有关核武器的理论与实验的全面研究，并取得了迅速进展，解决了一系列关键问题，并于在 1945 年 7 月 16 日凌晨在新墨西哥州的阿拉莫戈多进行了世界上第一次核试验，成功试爆一颗以钚–239 为原料的原子弹。

1945 年 8 月 6 日，美国在日本广岛上空投下了代号为“小男孩”、以高富集度铀–235 为燃料的原子弹，其威力相当于 1.5 万吨 TNT 炸药，造成了城市中巨大的人员伤亡，引起了世界的震动。美国于 8 月 9 日在日本长崎投下代号为“胖子”钚原子弹。人类对核能的利用，就这样首先在爆炸原子弹上得到了实现，这给人们留下了并不美好的第一印象。在成功研制原子弹后，1952 年 11 月 1 日，美国成功试验了名为“迈克”的氢弹试验装置，1954 年 3 月 1 日，美国成功试验了第一个用氘化锂作聚变燃料的氢弹，1963 年美国又首先成功试验了中子弹。

苏联在 1949 年爆炸了第一颗原子弹，英国和法国分别于 1952 年和 1960 年各自试验了一颗原子弹，美苏两国随即展开一场前所未有的核军备竞赛。核武器成为大国发展战略的重点，成为世界力量平衡的砝码，成为政治、外交、军事斗争的工具，成为决定世界战争与和平的重要因素。

朝鲜战争、台湾海峡事件、金门事件中受到核威胁的经历，都促使我国下决心要建立本国战略力量。毛泽东主席对核武器与核战争问题作了辩证的分析，他指出“大国新世界大战的可能性是有的，只是因为多了几颗原子弹，大家都不敢下手”，还强调“原子弹，你有了，我有了，可能谁也不用，这样核战争就打不起来，和平也就更有把握了”。正是为了打破超级大国的核威胁、核讹诈和核垄断，防止核战争和保卫世界和平，也为了我国自身的生存、安全与发展，我国于 1955 年毅然决定建立核工业研制核武器。经过多年艰苦努力，我国于 1964 年 10 月 16 日成功地爆炸了第一颗原子弹，成为世界上第五个拥有原子弹的国家，并于 1967 年 6 月 17 日成功地进行了氢弹试验。

在此后的各节中，本书将分别讨论不同类型的武器，包括原子弹、氢弹、中子弹等，以及有明显放射性损伤的非核武器——贫铀弹，简要介绍核武器的基本原理、基本结构、工作过程。

第二节 裂变核武器——原子弹

一、原子弹的基本原理

原子弹是裂变武器的通称，是利用铀、钚等重原子核链式裂变反应，瞬时释放出巨大能量的核武器。原子弹是习惯的说法，核武器物理专业按照核反应的性质来命名时，称之为裂变弹比较严谨。

依靠裂变反应释放能量是原子弹与常规武器的本质区别，原子弹爆炸释放能量的来源是原子核裂变反应，平均每个裂变反应释放能量是 MeV 量级，平均每个化学反应是 eV 量级，1 kg 铀完全燃烧释放的能量相当于 2 万吨 TNT，原子弹爆炸释放的能量远远大于化学炸药爆炸；瞬时放能是原子弹与核反应堆的显著区别，原子弹与核反应堆的共同点是依靠裂变反应释放能量，核反应堆是通过可控的裂变持续释放能量用于发电、提供动力等，原子弹通过裂变反应瞬时释放出巨大能量而产生爆炸效应。

原子弹主要是利用铀－235 或钚－239 等易裂变物质为燃料进行裂变链式反应制成的核武器，实现原子弹的爆炸本质上是实现自持的链式裂变反应，即启动链式裂变反应并能自持进行。如何实现自持的链式裂变反应是制造原子弹的核心问题，自发裂变、光子诱发的裂变反应截面极小，应用于核反应堆和核武器的是中子诱发的裂变反应，自持的链式裂变反应要求核材料系统达到超临界状态，保证链式裂变反应启动后能持续进行；作为大规模杀伤武器需要链式裂变反应启动时反应规模较大，原子弹应在恰当的时机提供足够数量的点火中子。

核武器中的核材料在起爆时应达到超临界状态，但核材料平时应处于次临界状态。所以要原子弹起爆时核材料应从次临界状态转换到超临界状态，设计者需考虑影响核材料系统的临界状态，通过改变这些影响因素来实现起爆时核材料临界状态的转变。

当核材料达到超临界状态，原子弹应在恰当的时机提供点火中子。宇宙射线、核材料自发裂变等来源会提供极少量的游散中子，但要使原子弹在链式反应之初参与反应的核材料有较大的规模，需要足够数量的点火中子，所以原子弹需要设计专门的组件适时提供额外的中子。

经过以上的分析，原子弹实现的路径已经比较清晰，应当重点解决的问题是临界状态转换和点火中子的来源。原子弹实现的基本思路包括以下几个要点：

（1）起爆前使裂变材料保持在次临界状态，并尽量是深度次临界状态；

（2）引爆时使裂变材料迅速达到高超临界。当系统处在最佳中子点火状态（一般为最高超临界度）时，适时注入足够数量的中子，引发链式裂变反应。

（3）在系统从次临界到高超临界这段过渡时间里，应当尽量减少中子进入的可能性。当系统处在从临界到高超临界的这段时间里，只要有中子注入，就有可能形成增殖裂变链，在系统还没有达到最佳状态的时候就开始放能，使系统膨胀，大大影响武器的效率，这种情况称为过早点火。游散中子可能会影响核材料系统正常的链式裂变反应，所以设计上要一方面尽量减少游散中子来源，另一方面尽量缩短过渡时间，降低游散中子启动裂变反应的概率。

（4）尽量延长系统保持的时间，使系统在解体前尽可能多的裂变材料发生裂变。因为链式裂变启动后，系统内中子的数量是按指数规律增长的，且系统相邻两代中子间的间隔时间极短。整个核爆炸的过程最终能释放多少能量，主要是取决于最后几代的中子增殖，而且是最后的极小的一段时间。所以，只要能尽量延长系统保持的时间，就能极大促进裂变效率的提高。

二、原子弹的基本结构与工作过程

前面重点讨论了原子弹实现的思路，总的来讲原子弹的实现重点都是在解决临界状态的迅速转换和适时提供点火中子的问题。点火中子问题解决的关键在于找到合适的可以产生中子的核反应。实现临界状态的迅速转换的核心在于找到影响核材料临界状态的主要因素。

从早期原子弹设计的经验来看，点火中子的产生在两者中是相对通用的，而临界状态转换方式可以对原子弹的结构设计产生重大影响。对于给定的核材料种类，核材料系统临界状态的主要因素：核材料的纯度，核武器用的核材料对于纯度有很高的要求，无论是铀−235 还是钚−239，武器用的核材料纯度都要求在 90%以上；核材料的质量，在其他条件相同的情况下，增大核材料的质量可以减少中子漏失的比例，有利于使核材料达到超临界状态；核材料的密度，密度对核材料系统临界状态有很大的影响，理论分析和实验数据都表明临界质量和核材料密度的平方成反比，密度如果能增加一倍，临界质量将减少到原来的 1/4；核材料的形状：减小系统的面积体积比可以减少中子的泄漏率，在所有形状中，球是面积体积比最小的，因此是对达到超临界状态最有利的；中子反射层，中子反射层的主要作用是减少中子的漏失。这相当于增加核材料系统的中子数目，对于核材料系统的临界状态也是有显著影响的。

在已有的核武器设计中，实现临界状态的转换重点是改变核材料的质量和核材料的密度，改变核材料的质量和核材料的密度这两条思路，正代表了原子弹的两种基本类型——枪式原子弹和内爆式原子弹。

（一）枪式原子弹

原子弹的细致结构至今仍是保密的，但它的基本结构已逐渐显露，尤其是美国最早生产的两种类型原子弹。其中的“小男孩”原子弹是最早的枪式原子弹。

枪式原子弹通过拼合核材料使其由次临界状态转换到超临界状态，核材料平时分开放置，各自处于次临界状态，引爆时通过炸药推动等手段使两块或者多块核材料迅速拼合在一起整体达到超临界状态，如图 4−2−1 所示。

枪式原子弹的基本结构主要包括：

（1）核材料：主要是铀−235 材料，包括炮弹铀块和铀靶，在起爆前两块裂变材料（铀−235）分开放置，各自处于次临界态。枪式原子弹主要用铀−235 材料的原因是：钚材料中的钚−240，自发裂变率远远超过其他同位素，导致钚材料游散中子多，钚的这一特点使其不能用在合拢时间相当长的枪式原子弹中。

（2）雷管和炸药：雷管引爆炸药，依靠炸药的推力，使两块核材料迅速拼合在一起，整个系统于是处于超临界态。炸药爆炸推动炮弹铀块，就像枪炮发射子弹一样，将炮弹铀块射向铀靶。

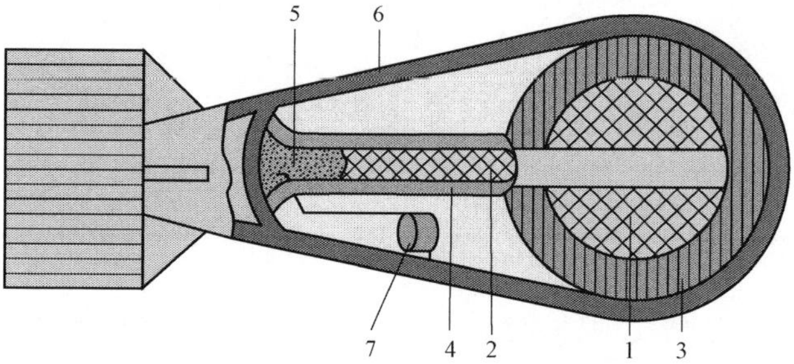

图 4–2–1 “枪式”原子弹原理示意图

1—半球形裂变装料；2—圆柱形装料；3—中子反射层；4—导向槽；5—烈性炸药；6—原子弹外壳；7—雷管

（3）中子源：钋–铍中子源。钋–210 是α粒子的强发射体，自发衰变产生铅–206 和α粒子。

$$^{210}Po \rightarrow ^{206}Pb + ^{4}He$$

α粒子轰击铍–9 产生中子，但反应的概率小，为保证瞬时点火，对中子源中的钋的量有相应的要求。

$$^{9}Be + \alpha \rightarrow ^{8}Be + n + ^{4}He$$

钋、铍在原子弹引爆前分开放置在炮弹铀块和铀靶上，当合拢时，钋与铍混合放出点火中子。

（4）其他部件，如中子反射层、惰层等，起到辅助的作用，在系统从次临界到高超临界的过程中，尽量减少中子进入的可能性；链式反应发生后尽量延长系统维持的时间，使系统在解体前有尽可能多的裂变材料发生裂变，保证核武器功能的实现。

枪式原子弹爆炸过程：首先雷管引爆炸药，炸药爆炸推动炮弹铀块经导向槽射向铀靶，核材料拼合达到超临界状态。此时引爆前分开放置在炮弹铀块和铀靶上钋和铍混合在一起，钋–210 释放的α粒子轰击铍–9 产生中子，点火中子启动链式裂变反应。随着大量原子核裂变、巨大能量的释放，系统解体直至不再释放能量。这是枪式原子弹爆炸的基本过程。

枪式原子弹的优点是：技术简单，发射炮弹技术是早就掌握的，几乎没有技术难点，“小男孩”原子弹在投入实战之前没有进行过实弹试验；直径可做得很小，原子炮弹由于受炮筒直径的限制，常用枪法制造。

枪式原子弹的缺点是：对核材料未加压缩，需要用大量裂变材料，“小男孩”原子弹共用了 64 kg 高浓缩铀；枪式原子弹核材料利用效率低，即实际上发生裂变的裂变材料质量与裂变材料装量之比很低，“小男孩”原子弹仅为 1.3%；拼合时间长，过早点火问题严重。

过早点火是指裂变武器因中子先于预定时间点火引起链式裂变反应，使核爆威力降低的现象。枪式原子弹更容易发生过早点火的原因在于两块核材料还未完全拼合时，核材料系统就可能达到了超临界状态。以小男孩为例，在靶块与“炮弹”相距 25 cm 时就达到临界，拼合速度 300 m/s，总拼合时间约为 1.35 ms，如果在游散中子的作用下启动链式反应，爆炸威力将大大下降。

此外，枪式原子弹的另一个问题是平时的安全性，在正常情况下，核材料达到临界状态的并不困难，从这个角度来看，发生事故的可能性较大。

（二）内爆式原子弹

"内爆式"原子弹是把一块处于次临界状态的裂变装料放于原子弹中央，用化学炸药爆炸产生的内聚冲击波，压缩处于次临界状态的裂变装料，使其密度急剧升高。当密度升高到一定程度，即达到临界或超临界状态，此时中子源释放中子，触发链式裂变反应进而产生核爆炸。"内爆式"原子弹的原理和结构示意在图 4-2-2 中给出。与枪式原子弹相比，内爆式原子弹核材料的裂变效率更高且性能更为优越，但技术上难度大。美国进行的第一次核试验和随后在日本长崎投下的原子弹都属内爆式原子弹。

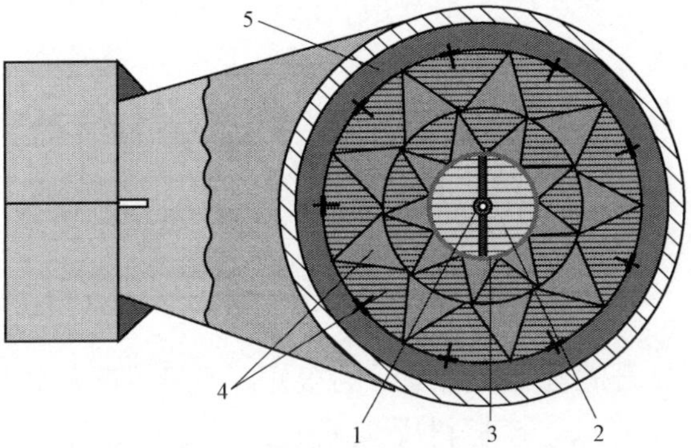

图 4-2-2 内爆原子弹式原理示意图

1—中子源；2—两块半球形裂变装料；3—中子反射层；4—两层楔形炸药；5—雷管

内爆式原子弹和枪式原子弹本质上的区别在于核材料实现超临界状态的方式不同。核材料系统的临界状态与密度密切相关，内爆式原子弹通过压缩核材料使其达到超临界状态。

内爆式原子弹的炸药爆炸与普通的炸弹爆炸有显著的区别：普通的炸弹主要通过炸药爆炸的冲击波或冲击波驱动破片造成杀伤破坏，炸药通常在破片的内部；内爆式原子弹，高能炸药爆炸的目的是压缩核材料，使其密度上升达到超临界状态，高能炸药爆炸产生的冲击波需要向内挤压核材料，所以高能炸药在核材料的外部。

内爆式原子弹的主要部件包括：

（1）核材料：主要是钚-239 材料，内爆式原子弹的裂变材料并未分开放置，但整个核材料系统处于次临界状态；内爆式原子弹主要选用钚材料的原因是钚-239 相比铀-235，在中子的轰击下发生裂变反应的概率更高，而且平均每次裂变反应释放的中子也更多。

（2）内爆系统：精密设计的炸药系统，起爆时通过球面聚心爆轰波压缩核材料使整个系统处于超临界态。这个精密设计的炸药系统在内爆式原子弹中十分关键，其产生的波形的好坏将直接影响内爆压缩的好坏，因此将影响武器的效率，甚至影响成败。

（3）中子源：早期的内爆式原子弹点火使用钋-铍中子源，钋-铍中子源的钋和铍在爆炸前无法分开放置，设计时在钋和铍中间加了一层薄膜，主要应用α粒子射程短的特点。

（4）其他部件：如中子反射层、惰层，起到辅助的作用在系统从次临界到高超临界这段过渡时间里，尽量减少中子进入的可能性；链式反应发生后尽量延长系统保持在一起的时间，使系统在解体前有尽可能多的裂变材料发生裂变，保证核武器功能的实现。

内爆式原子弹的爆炸过程主要分为四个阶段：

（1）内爆压缩。当引爆控制系统将雷管点火后，先引爆传爆药柱，随着爆轰波的向前传播，波形逐步调整为球面聚心爆轰波，强烈压缩核材料系统，使其从次临界态迅速过渡到高超临界态。

（2）中子点火。当冲击波到达球心时，裂变芯的密度压缩到了 2 倍以上，裂变系统接近最大超临界状态，钋–铍中子源钋和铍之间的金箔熔化，钋和铍接触中子源开始工作，适时注入足够数量的中子，引发链式裂变反应。

（3）指数增殖。链式裂变反应的指数增长规律，随着中子的增殖，系统释放核能，使系统温度、压力急剧增高，系统 90%以上的能量在这个阶段释放。

（4）系统解体。随着大量原子核裂变、巨大能量的释放，系统解体反应停止，这个过程中也有少量能量释放。从内爆压缩到系统解体，整个过程在几十微秒之内完成。

相对于枪式原子弹，内爆式原子弹的缺点主要有：技术要求高，必须研制有效的内爆系统与中子源，内爆系统的些许偏差就可能影响武器的效率，甚至影响成败；加工、装配的精度要求高，否则会影响内爆对称性进而影响压缩密度与武器效率。

内爆式原子弹也有显著的优势：内爆时间很短，一般情况从临界到最大超临界时间为 2～3 μs，过早点火的概率降低。核材料用量减少且裂变效率高，“胖子”原子弹仅消耗了 6.2 kg 高浓缩钚，裂变效率也达到 13%，使效率比枪法设计高 1 个量级；安全性更好，内爆式原子弹的安全性体现在核材料达到超临界状态的难度极大提高，核临界或者核爆炸的可能性将大大降低。

第三节　聚变核武器——氢弹

一、氢弹的基本原理

原子弹存在的固有缺点，主要体现在：（1）辐射污染持续影响。原子弹依靠裂变反应向外释放能量，未反应的裂变材料及裂变反应的产物，对爆炸中心周围大范围内的环境会产生持续的影响。（2）临界条件制约威力。原子弹的威力由于裂变材料临界条件的限制，通常只能做到几千吨到几十万吨 TNT 当量。（3）裂变材料大量消耗。原子弹依靠裂变反应释放能量，这会消耗大量的裂变材料。

相对于原子弹，氢弹比较便宜，比较干净，威力不受临界质量限制。但氢弹的设计、制造难度极大。于敏院士有这样的表述：核武器的专业研究可以用“登堂易入室难”来概括，“登堂”的原子核裂变理论难度不高，技术和模型已广为人知，而“入室”的热核聚变氢弹在原理和实现上相当困难。

氢弹是利用氘、氚等轻原子核的聚变反应瞬间释放出巨大能量的核武器。聚变反应的发生难度极大，热中子可以诱发裂变反应，但能量太低的轻原子核发生聚变反应几乎不可能。原子核带正电，在接近到原子核半径尺度的过程中会受到强烈的库仑斥力作用，经过初步计算，氘、氚原子核接近的库仑势垒约为 0.8 MeV。要克服库仑势垒，考虑量子效应以及粒子的速率分布，温度也要达到数百万开（K）。要使大量聚变材料发生聚变反应，必须达到高温、高密度条件，目前只能依靠原子弹爆炸产生的巨大能量来实现。所以氢弹必然包含初级和次级两个部分：初级是为创造热核反应所需的条件而设计的起爆装置，即核裂变的链式反应装置，裂变爆炸释放能量使核聚变材料获得高温、高密度条件；次级是热核聚变装料，在高温、高密条件下发生热核反应，释放出大量能量和中子，这是氢弹释放能量的主体部分。

二、氢弹的基本结构与工作过程

（一）氢弹结构模型的探索

美国开始探索氢弹是循着两条思路进行的。一条是如何用较大量裂变材料点燃少量热核材料；另一条是如何用较少量的裂变材料点燃大量热核材料。最早考虑作热核材料的是液氘（可能含一定比例的氚），因为氘核的库仑斥力较小，而液氘的初始密度较大。

第一条 思路促成了 1951 年 5 月 9 日温室行动中的“乔治”试验和同年 5 月 25 日的“项目”试验。“乔治”试验是将一个氘氚小囊放在一个威力很大的裂变装置的外面，试验威力 22.5 万吨，聚变威力很小，这是第一次用裂变能引发热核聚变反应，为评价两级氢弹设计提供了有用的数据。而“项目”试验是第一次助爆型裂变装置试验，放在铀-235 裂变材料芯中的氘氚混合物，使裂变威力比未助爆时翻了一番。试验威力为 4.55 万吨 TNT 当量，聚变威力可忽略。这一新发明后来用在大部分、也许是全部战略武器的初级设计中。

另一条路，即用少量裂变材料点燃大量聚变材料的探索并不顺利。最早提出的设计是由泰勒提出的“经典超级”模型，它的基本思想是用原子弹爆炸放出的中子来点燃液氘的核爆轰。理论计算认为氘氚与氘氘反应是可以进行下去的，即一旦氘氚或氘氘的热核聚变反应被裂变能量点燃，其余部分聚变燃料就能依靠这部分聚变燃料放出的能量继续燃烧下去。

但经过计算机的计算确认经典超级型是行不通的，因为能量的损失要比产生的快。聚变反应的截面很小，所以要保证自持聚变反应发生，需要轻核具有较高的能量，还要保证轻核的数密度较大，碰撞的次数足够多。在早期英国人劳森提出的自持聚变反应发生的判据：$nT\tau \geqslant C$，其中 n 是聚变粒子的密度，T 是聚变粒子的温度，τ 是把聚变粒子约束在一起的时间，就是说明了这个问题，并且，至今还没有被打破。

乌拉姆在完成经典超级的计算后，开始思考如何提高原子弹的效率。当时铀-235 与钚的供应仍稀少而昂贵，枪法原子弹中没有压缩、装料多、利用效率低，内爆法将裂变材料压缩了一下，就使用量减少，利用效率提高，但炸药的能量毕竟有限，所以内爆所能达到的压缩度也是有限的。1950 年 12 月，乌拉姆想出了一个使内爆压缩度成量级提高的办法，他称之为“流体力学透镜”，用裂变爆炸的冲击波作为压缩内爆系统的动力。为此就要分级，利用原子弹释放的能量来压缩另一个完全分开的弹。

当泰勒知道乌拉姆的想法后就提出用初级的热辐射流更有希望。因为泰勒十分熟悉“乔治”试验装置的设计，所以他从乌拉姆最早提出的两级构形设计，自然而然地提出了一个用辐射能压缩的平行设计方案。1951 年 3 月 9 日乌拉姆与泰勒一起提出了一个联合报告“关于异催化爆轰：流体力学透镜与辐射反射镜”，报告总结了设计热核武器的新概念：用裂变初级的辐射能压缩热核次级。

1951 年 4 月 4 日又提出了一份泰勒署名的报告，报告提出在热核燃料里面加上一个易裂变材料部件，其作用是将以后的热核材料点火。吸取此前的经验教训，泰勒和乌拉姆提出了用原子弹作为初级，爆炸产生的辐射流去压缩发生聚变反应的次级的方案。设计氢弹的这一原理被称为泰勒—乌拉姆原理或者分级辐射原理。其基本的思想主要包括三点：（1）级与级分开：一个完全分开的裂变爆炸级和一个热核材料部件级，它们的中心在分开的点上。（2）辐射耦合：第一级产生的热辐射从通道传输去点燃第二级。（3）压缩：为了达到最大威力，热核燃料部件在点火前先被内爆压缩。泰勒–乌拉姆构型是经过了试爆检验的构型。1951 年 9 月，美国决定全规模试验用这一原理研制的热核装置，代号迈克，试验日期定在 1952 年 11 月 1 日，试验装置用液氘作为热核燃料。

（二）氢弹的基本结构

根据分级辐射模型的设计思想，氢弹的主要部件有：

（1）裂变初级。一个纯裂变或助爆裂变的放能部件，简单说就是一枚原子弹，爆炸产生能量为聚变反应创造条件。

（2）聚变次级。一个与初级分开放置的、含氘氚等聚变材料（一般也含裂变材料）的热核武器主要放能部件。次级一般由推进层/惰层、聚变燃料和裂变芯组成。

（3）辐射屏蔽壳。包在初级与次级外面的，用热辐射穿不透的重材料制作的外壳。其作用是把初级放出的热辐射包围在里面。

（4）辐射通道。在辐射屏蔽壳与次级推进层之间是辐射通道，初级放出的热辐射通过辐射通道到达次级。

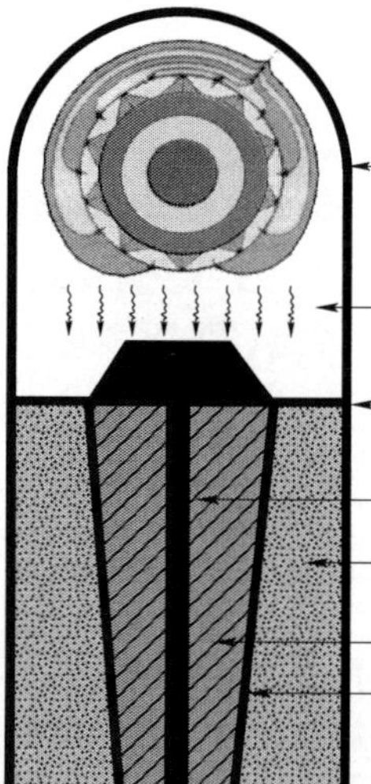

图 4–3–1　氢弹原理示意图

（三）氢弹的工作过程

氢弹爆炸的过程是从作为初级的原子弹爆炸开始的：

（1）初级爆炸。作为初级的原子弹通常是一个内爆式原子弹，爆炸过程主要分为内爆压缩、中子点火、指数增殖几个阶段。

（2）辐射传输。辐射屏蔽壳是用高原子序数的材料制造的，X 射线在这种材料中的传播距离很短，从初级来的热辐射只在其中传播几微米就被吸收了。X 射线的能量在极薄的一层中沉积，将这一层物质加热至高温，变成等离子体。这层高温等离子体又重新发射出热辐射，使远离初级的其余部分辐射通道加热。初级的辐射能经由辐射通道向氢弹次级传输。

（3）辐射内爆压缩。初级与次级间的铀屏蔽体是为了防止初级爆轰波的影响和避免聚变燃料的过早加热。施加在次级推进层/惰层上的压力使次级发生内爆压缩。

（4）聚变点火。高效率的压缩可以使聚变燃料的温度上升到几百万度。但这时热核反应率仍不够高，要达到自持聚变反应条件，温度和压力还要更高。在聚变燃料的中心放置裂变材料芯是帮助达到自持点火条件的一个可行的方法。当辐射内爆冲击波压缩裂变芯后，裂变材料达到了超临界状态。裂变产生的能量主要通过热波传给聚变燃料，使压缩过的聚变燃料点火、燃烧。需要说明的是：为了延缓系统解体，通常在次级聚变燃料外面包围一层贫化铀或天然铀合金，可以起到三方面的作用：内爆压缩过程在起推进层的作用；燃烧过程中起箍束聚变燃料，延缓其飞散，加深燃耗的惰层作用；作为辐射容器又起着防止燃烧过程中热的漏失的作用；除此以外，聚变反应在放出能量的同时还放出高能的中子，高能中子能引起铀－238 的裂变。在由天然铀制成的推进层/惰层中，中子将进一步引起铀－238 核的裂变，形成放能的三个阶段：裂变－聚变－裂变，这样设计的氢弹又叫三相弹。

（5）系统解体。聚变燃料一旦被点火，在内爆压缩后的高密度聚变燃料中，热核反应迅猛发展。在高度压缩的聚变燃料中随着聚变能的大量释放，形成极高的温度和压力，开始只是在聚变燃料区，以后随着热波传入惰层，惰层物质被压缩与向外加速。终于使燃料密度迅速下降，热核反应渐趋熄火，系统解体。

（四）聚变材料的改进

1952 年 11 月 1 日，美国进行了世界上首次氢弹原理试验，试验装置以液态氘氚为聚变材料，爆炸威力约为 1 000 万吨 TNT 当量，但该装置连同液态氘氚冷却系统质量约为 65 吨，不能作为武器使用。

要研制能应用于实战的氢弹，应解决的就是聚变材料的问题。氘氚只有在零下 253 ℃才呈液态，若直接采用氘氚材料作为聚变装料，则必须将它们装在笨重的冷藏容器中。最佳的聚变材料除能提供足够的聚变能且聚变反应相对容易实现之外，应当是固态、易贮存、半衰期长不用频繁更换的，且制造成本尽量低。

氘的锂金属化合物是绝佳选择，氘化锂是固态、易于贮存的，而且氘和锂都是稳定核素。氘－锂的反应截面大，氘－锂在高温高压条件下可以完成中子的循环：

$$\begin{array}{c} T+D\rightarrow {}^{4}He+n+17.6\ MeV \\ \uparrow \qquad\qquad\qquad \downarrow \\ 4.8\ MeV+T+{}^{4}He\leftarrow {}^{6}Li+n \end{array}$$

氘－锂反应会释放中子，中子轰击锂－6 又能造氚。两个反应都是放能的，氚－中子循环一次，消耗 1 个氘核和 1 个锂－6 核，放出约 22.4 MeV 的能量。随循环次数的增加，氘化锂－6 的燃耗逐渐加深速度越快，在系统飞散前进行更多次数的循环，放出更多的能量。

美国于 1954 年 3 月 1 日试验了第一个用氘化锂做聚变燃料的泰勒－拉姆原理的氢弹。苏联于 1955 年 11 月 22 日进行了氢弹试验，试验中使用了氘化锂作为聚变材料。正是后续的氢弹设计中采用了氘化锂作为聚变燃料，因而质量和体积相对较小，便于用飞机或导弹投送。

氢弹相对于原子弹有显著的特点：（1）比较便宜。氢弹主要以聚变材料为燃料，同样质量的聚变材料不但放能比裂变材料多 3 倍以上，生产成本也比裂变材料低。（2）比较干净。聚变产物中，氦－4 是稳定核，所生成的氚虽是放射性的，但因为易于燃烧，所剩无几。所以尽量减少氢弹次级中裂变能量的份额，就能制成比较“干净”的核武器。（3）威力不受临界质量限制。裂变武器的威力受到临界质量的限制，氢弹的威力原则上没有限制。（4）可制成特殊性能的核武器。通过改变氢弹次级的设计就可以增强或削弱其某种杀伤破坏因素，使核武器更好地满足各种作战需要。

第四节　特殊类型核武器

原子弹和氢弹是核武器的两种基本类型，原子弹和氢弹爆炸是通过冲击波、光辐射、早期核辐射、核电磁脉冲和放射性沾染等效应对人体和物体起杀伤和破坏作用的，不能满足不同战场环境对于武器效能有不同的需求，这对于核武器的作战使用有较大的制约。

特殊性能核武器设计的初衷就在于此。特殊性能核武器是将杀伤破坏效应根据作战需要加以增强或减弱的核武器。对于特殊性能核武器的理解，有两点需要注意：第一，特殊性能核武器是对杀伤破坏效应的增强或减弱，到目前为止，核武器的杀伤破坏效应复杂，其中任何一种效应都还不能完全消除。第二，特殊性能核武器在本质上是特殊性能的氢弹，所以特殊性能核武器的基本结构和氢弹是一样的，只是在设计细节上有区别。

特殊性能核武器发展到现在已经不只是某一个单一的类型，而是一个大的家庭。核武器的杀伤破坏效应主要包括光辐射、冲击波、早期核辐射、核电磁脉冲和放射性沾染，理论上可以对每种杀伤破坏效应增强或减弱，以适应不同的作战使用需求，但一方面是需求，一方面是实现难度的考虑，特殊性能核武器的家族主要包括：中子弹：以高能中子为主要杀伤因素，相对减弱冲击波和光辐射效应的一种特殊性能的小型氢弹；冲击波弹：降低剩余辐射效应，以冲击波为主要杀伤破坏因素的一种特殊性能氢弹；核电磁脉冲弹：一种增强电磁脉冲效应的特殊性能氢弹，一般在大气层以上爆炸，用于干扰、毁伤敌方的电子、电气系统；增强 X 射线弹：一种以增强 X 射线破坏效应为特征的氢弹。

一、中子弹

中子弹是以高能中子为主要杀伤因素，相对减弱冲击波、光辐射效应的一种特殊性能的小型氢弹。提出中子弹概念的目的是企图制造一种战术核武器，使它重点对人员造成杀伤，对建筑物等的破坏程度尽可能小。中子弹的最显著特点是强核辐射低威力，爆炸释放大量的高能中子，可以穿透坦克、掩体和砖墙等，杀伤其中的人员而不损害其他设施。

（一）中子弹的基本原理

中子弹是特殊性能核武器，增加以中子辐射为主的早期核辐射，减弱冲击波、光辐射等效应。冲击波和光辐射从能量占比上是核武器爆炸的主要杀伤破坏效应，此外由于射线与物质相互作用，中子、γ射线在空气传播过程中射程有限，增大威力对增加早期核辐射的杀伤范围影响不大，综合考虑这些因素，中子弹应当是低威力的。

对于低威力的小型氢弹，主要通过两种方式增加中子辐射效应：一是在核爆炸过程中产生更多的中子；二是减少中子传输的过程中受到的阻挡，增强到达地面时对人员造成杀伤的早期核辐射。这是中子弹的初步实现思路，从中子弹的特性可以看出设计中子弹的三个基本要求：①为了增强核辐射效应，要求核爆放出的中子数量多，能量高；②要解决好中子穿透问题；③中子弹应当是低威力的，初级的威力也应当尽可能地低。

中子弹本质上是低当量小型氢弹，基本结构和氢弹的结构相同，但为了实现上述的要求，具体结构上应作出相应的调整。

1. 增强中子辐射效应

增强中子辐射效应总的来说就是在核爆炸过程中产生更多的高能中子。核爆炸过程中子辐射的来源主要是两个方面：重核材料的裂变反应和轻核材料的聚变反应。

裂变反应和聚变反应都能释放出中子，但释放的数量和能量是有区别的。铀和钚的裂变反应平均每次裂变放出 200 MeV 左右的能量同时，放出 2.5～3 个中子，但每次裂变反应用掉一个中子，所以平均每次裂变反应净得 1.5～2 个中子。氘氚聚变反应有几条不同的反应道，平均一次聚变放出 17.6 MeV 能量的同时放出 1 个中子，中子的平均能量为 14.1 MeV。从裂变反应和聚变反应的对比来看，聚变反应不仅在释放相同能量的条件下产生的中子数是裂变反应的 6 倍，而且每个中子的能量平均要高出 7 倍。作为核武器的两个重要的能量来源，中子弹应充分利用聚变反应，而尽量减少裂变反应。

在大多数氢弹次级中，为了促进聚变点火，会在聚变燃料的中心放置裂变材料芯，当辐射内爆冲击波压缩裂变芯，裂变材料达到了超临界状态，在初级的裂变中子和次级聚变中子的作用下发生裂变反应进一步压缩聚变材料，以此来促进聚变反应。此外次级作为推进层和惰层的铀合金材料在聚变中子的轰击下也会发生裂变反应。这两个设计会显著提高核武器的裂变份额，对于增加中子辐射的能量占比是不利的，应当尽量避免。

2. 增加中子的穿透

中子弹的设计要解决好中子穿透的问题，不但要中子产生得多，而且要穿出弹壳的尽可能地多。作为壳体和中子反射层的铀不仅会吸收中子，而且会发生裂变反应，对于增加中子辐射不利。壳体可以采用其他高密度、高强度的金属材料，而中子弹的中子反射层由铍−9 替代。一是铍在受到聚变放出的高能中子轰击时，自身会释放出两个中子，自身会释放出两个高能中子；二是当铍和氘作用时还可以用来造氚，增加聚变的份额。

3. 尽量降低初级的威力

时至今日氢弹仍需要原子弹引爆，中子弹的聚变仍然需要裂变初级来引爆，一方面需要初级有足够大的威力，另一方面又需要初级的威力尽可能地小。在禁止核试验的条件下，要在初级威力够与不够的边缘尝试，这对于核武器研究人员来说提出了更大的挑战。

在中子弹的设计中综合考虑上述的措施，对于中子弹的效能发挥起到了显著作用。与其他类型核武器武器不同的是，中子弹大大增强了早期核辐射的毁伤效应。与标准的裂变弹相比，早期核辐射的能量占比达到 30%，同时 1 kt TNT 当量的中子弹早期核辐射效应影响范围甚至超过同样条件下 10 kt TNT 当量的裂变弹。

（二）中子弹的特点和功用

中子弹除了强辐射特性外，它的另一个显著特点是低威力。美国几种中子弹的威力、重量与尺寸正说明了这一点（表 4−4−1）。

表 4–4–1　美国几种中子弹的威力、重量与尺寸

核战斗部	威力	重量	长度	直径
“长矛”战术弹道导弹/W70—3	两种可调：1 略低于 1 kt；2 略大于 1 kt	211 kg	246 cm	56 cm
203 mm 大炮/W79–1	0.8 kt	约 98 kg	109 cm	20.3 cm
155 mm 大炮/W82–0	小于 2 kt	约 43.1 kg	86.4 cm	5.5 cm
备注	*由于氘–锂反应放出的 17.6 MeV 的能量中，氦–4 核的动能只有 3.5 MeV，如果按每 3.5 MeV 核动能放出一个中子计算，每千吨核动能释放出 7.5×10^{24} 个中子。但由于中子所携带的 14.1 MeV 的辐射能量中有一部分将通过它与弹体物质粒子的相互作用转化成物质动能（转而成为力学威力），所以每千吨力学威力释放的中子数应在 1.5×10^{24} 个与 7.5×10^{24} 个之间。1.5×10^{24} 个相当于全部辐射能转化为物质的动能。而 7.5×10^{24} 个相当于中子全部直接穿出弹壳。这两种都是理想的情况。			

中子弹能有效地杀伤敌方战斗人员，对附近建筑物等设施的连带破坏却很小。美国的试验数据表明，千吨级中子弹在目标上空适当高度爆炸时，可最大限度地杀伤人员而减小对建筑物的破坏。中子弹是一种战场上使用的杀人武器。当原子弹与中子弹的爆炸威力相等时，中子弹对人员的杀伤半径接近原子弹的两倍；但对建筑物破坏半径则小得多。当原子弹的威力比中子弹大十倍时，两者对人员的杀伤半径才几乎相同。

中子弹本是一种在战场上使用的战术武器。但在特定条件下，也可以起到战略的作用。过去北约国家的军事家认为，苏联的坦克是重大的威胁，在欧洲辽阔的大战场上，它的攻击力量难于抵抗。为了解决这个矛盾，从战略上考虑，只要发展一种可以制服坦克群行进的武器，就会抵消苏联在欧洲战场上的这种优势。美国正是从这个战略角度考虑才研制中子弹的。

二、冲击波弹

冲击波弹是另一种特殊类型的核武器，也叫作弱剩余放射弹。这是一种在核武器的诸毁伤因素中增大冲击波效应、使其成为主要杀伤破坏因素同时降低剩余放射性效应的特殊性能氢弹。冲击波弹的重点在于降低核武器的剩余放射性，剩余放射性指由核爆炸产生的放射性生成物造成的延续时间较长的放射性。核爆炸的剩余放射性的来源有：铀、钚等裂变核的裂变产物和未反应的核材料；核爆中子在弹体物质及周围环境中造成的感生放射性物质；残留的聚变材料氚。

当火球冷却时，放射性物质与火球内其他物质结成放射性微粒，形成放射性沉降物，造成放射性沾染。其中氚是氢的同位素，以气体状态存在，很少沉降至地面，其余放射性物质绝大部分存在于火球、烟云中。氚的半衰期较短，衰变释放β射线的能量也较低，穿透力不强，残留氚的影响远小于前两者。所以在此重点考虑削减前两种剩余放射性。

从剩余放射性的来源可以看出，设计冲击波弹的主要途径是：

（1）降低威力中的裂变威力份额，使武器尽可能“干净”。

由于目前还无法设计出纯聚变的氢弹初级，因此要尽可能降低初级的威力，同时在次级设计中用非裂变物质作惰层材料，不用裂变火花塞而用氘氚材料为聚变点火，这样把次级设计成纯聚变或接近纯聚变的。

（2）减少核爆中子在弹体材料中产生的感生放射性。

有人曾建议用金－197 作为外壳材料，金－197 俘获中子后成为金－198，金－198 的半衰期只有 2.7 天。有学者曾建议在支撑弹内组件的致密泡沫塑料中掺入中子吸收剂硼－10，硼－10 与中子的反应的热中子吸收截面高，而且反应产物是稳定核素，泡沫塑料中的轻材料则有利于中子的慢化。

$$^{10}B+n\rightarrow{}^{7}Li+{}^{4}He$$

另外，结构材料尽量采用俘获中子后不产生或少产生放射性产物的材料，如以塑料、钒和铅代替钢、铝和钨，使得核爆产生的钠－24、锰－54、锰－56、铁－59、钨－187 等放射性核素大大减少。

冲击波弹的研制成功使得作战使用时又多了一种能替代裂变弹或三相弹的选择。冲击波弹的威力比常规武器大得多，放射性沉降和热辐射的次生破坏又比普通氢弹小，因此它既可像普通氢弹那样摧毁坚固的军事目标，如形成大弹坑破坏飞机跑道或地下指挥所，或通过摧毁山口通道阻滞敌军行进，又因冲击波弹即使地面爆炸其放射性沉降也比同威力裂变武器低 1 个量级，而地面爆炸时大部分热辐射进入地下，非目标区域的热辐射次生破坏约减少一半，即使在目标上空爆炸也只产生少量放射性沉降物和很少的感生放射性，因此比较适合于战场上应用，爆后不久己方部队即可进入爆区。

另外，按照这种原理设计的核装置也比较适合于核爆炸的和平利用，如刺激石油和天然气生产，深层地质勘探，以及开挖运河和人工湖、建造水坝等。但必须指出，由于目前还不能制造出纯聚变氢弹来，所谓“干净”只是相对于其他类型的核武器而言，其放射性沉降也并非消除而只是“减少”而已。

第五节 放射性非核武器——贫铀弹

贫铀是从天然铀中提取了供核武器装料或供核反应堆燃料用铀－235 以后的贫料，其中 99%以上是铀－238，铀－235 含量一般为 0.2%～0.3%，放射性约为天然铀的 50%。因其主要成分是具有低放射性的铀－238，故称贫化铀，简称贫铀。贫铀也具有较强的放射性，保存和处理都存在较大的困难。贫铀的密度为 19.3 g/cm^3，是钢的 2.5 倍，是铅的 1.7 倍，与常规穿甲材料钨相当。但纯贫铀的硬度和强度都不高，必须添加其他成分，例如加入 0.75%的钛，制成贫铀合金，再经过热处理，强度可比纯铀高 3 倍，硬度可达到钢的 2.5 倍。

贫铀弹不是核武器，因为它不是利用可裂变核素的链式核裂变反应或轻核的聚变反应释放的巨大能量来达到战争的目的。贫铀弹是穿甲弹家族的一员。贫铀弹是指以贫铀为主要原料制成的导弹、炸弹、炮弹、子弹等。贫铀弹以高密度、高强度、高韧性的贫铀合金作弹芯，爆炸时产生高温化学反应，可以用来摧毁坚固建筑物和攻击坦克。贫铀弹主要是用来攻击装甲等坚固目标的，对人的杀伤只是一种附带杀伤。

一、贫铀弹的工作原理

金属铀及铀合金具有密度大、硬度高和韧性好等特点，铀元素的高密度特性使其成为制造穿甲弹的最佳材料，特别适合用作打击坚硬目标的弹头。穿甲弹在对付装甲目标时，要求其具有极高的动能，所以穿甲弹也被称作动能武器。质量越大的穿甲弹芯，以同样速度击中目标时的动能越大，穿甲威力也就越大。所有在常温下保持稳定状态的金属中，铀的密度最大，所以以其制成的弹芯质量最大。所以，急于为这种贫铀寻找出路的美国依照这个原理最先开发出了贫铀穿甲弹，使库存的大量贫铀派上了用场。

铀合金穿甲弹比同一类型钨合金穿甲弹的穿甲性能要高出 10%～15%。钨穿甲弹对钢装甲的穿甲效率如果想达到贫铀弹的水准，则需要比贫铀弹高出约 200 m/s 的打击速度。一般设计优良的穿甲弹飞离炮口后，每 1 000 m 约降低速度 50～60 m/s，所以铀穿甲弹出膛后在距炮口 3 000～4 000 m 处的穿甲效率与钨弹在炮口处的穿甲效率相当。

二、贫铀弹的特性

放射性的非核武器贫铀弹，有以下几个突出的特点：

（1）穿透能力极强。贫铀具有高密度、高强度等特点，使其成为制造动能穿甲武器的理想材料。因此，贫铀被广泛地用来制造穿甲弹和钻地弹，用于摧毁坚固目标。例如，在海湾战争中，美陆军和海军陆战队的艾布拉姆斯 M1A1 和 M60 坦克，以及美军 A－10 攻击机发射的贫轴穿甲弹，使伊拉克的大批装甲目标轻易地被击毁。即便是性能先进的 T－72 坦克，在贫铀穿甲弹的打击下，也显得十分脆弱。

（2）可燃性。贫铀弹爆炸后形成的贫铀微粒与空气接触或与装甲等坚硬的物质撞击时，会产生自燃，容易引燃遭袭车（船）内的燃油和引爆弹药。

（3）持续伤害性。由于贫铀具有一定的放射性，其衰变过程中，会放出α、β、γ射线，对人体构成放射性伤害。同时，贫铀也是一种重金属毒物，如果进入人体，它能影响人体的新陈代谢进程，尤其对肾脏的损伤较为严重。因此贫铀弹不仅在爆炸时其弹壳碎片能毁坏武器装备，杀伤人员，而且爆炸后的很长一段时间内，其碎片对环境和人员仍具有危害作用。

三、贫铀弹的危害

据报道，目前世界上已有 20 多个国家或地区拥有贫铀弹。美国是最早装备贫铀弹的国家。美国从 20 世纪 50 年代开始研制贫铀弹，60 年代进入大规模试验论证阶段，70 年代定型并开始装备部队。目前美国已经开发出各种口径的贫铀穿甲弹，随后英国、法国、以色列等国也开始研制贫铀弹并开始装备部队。

进入 20 世纪 90 年代，美国在海湾战争、波黑战争和科索沃战争中都使用了贫铀弹。在 1991 年的海湾战争中首次实战使用贫铀弹，美国及其盟国在海湾战争中投掷了 315 t 贫铀弹，共计使用了 94 万发。美军的 A－10 型攻击机使用这种“贫铀弹”，使伊拉克的坦克部队在短时间内遭到毁灭性的打击。现时大多数贫铀仍然留在原地，未被清除，也难以清除。其后，美国为首的北约组织在巴尔干故伎重演，1994—1995 年在波黑使用 10 800 枚贫铀弹，1999 年在南联盟投下 31 000 枚，有近 30 t 贫铀被遗留在狭小的科索沃战场，严重破坏了整个巴尔干地区的生态环境。

正当有人为贫铀弹在战争中的表现高声喝彩时，参战后的军人却莫名其妙地患上了一种怪病，出现了体质下降、免疫力降低、记忆力减退、肌肉萎缩、关节疼痛、头痛失眠、浑身无力及恶心呕吐等症状，并且祸及子女，生育的后代为怪胎和先天缺陷的概率数倍于常人。更有甚者，有人因此罹患多种不治之症，如白血病和各种癌症，有人患病不久就猝然病逝，当地居民则更是深受其害，可谓遗祸匪浅。

近年来，参加北约在波黑和科索沃地区维和行动的一些欧洲国家先后报道本国维和士兵因患癌症或白血病而死亡，或患上所谓“巴尔干综合症”的奇怪病症。媒体和公众指责死亡原因与北约大量使用贫铀炸弹造成的辐射污染有关。对于贫铀弹是否存在核辐射污染的问题，对贫铀弹的研制和使用问题，国际上始终存有争议。有专家指出，贫铀弹所谓的“贫”只是相对于原子弹而言，对人类和环境来说它仍是不折不扣的核武器。虽然它不像原子弹那样可以在数秒内将城市夷为平地，但其破坏性却不可低估。相关的争议始终不断，贫铀弹后遗症成为世界各国关注的焦点。

贫铀弹，对人体和环境究竟有多大危害，至今还缺乏系统研究。只要按照正常的储存和运送方法，在正常状态下未使用的贫铀弹一般是无害的。但是贫铀弹在被使用后，其严重危害性就会全部暴露出来。铀是一种毒性很强的放射性物质，既有放射性，又有化学毒性。由于贫铀弹中铀高度浓集，这就会造成被炸的局部地区铀浓度骤然升高。贫铀弹在爆炸过程中的高温高压作用下，会使铀形成高度分散的放射性微粒和气溶胶，在大气中飘逸，通过呼吸进入人体；它们也可以逐渐沉降至地表，进入水和土壤，通过作物和水产品等食物链进入人体，这样的危害就更大。因为贫铀的半衰期很长，达 45 亿年，作为贫铀主要成分的铀－238 释放α射线的能力很强，贫铀放射α粒子的能量高达 400 多万电子伏特，在体内射程很短，直接作用于细胞，可对 DNA 造成很大的损伤，引发白血病和其他癌症。通过呼吸进入人体的铀，可沉积于肺部，诱发肺癌；通过食物进入人体的铀，主要滞留于肾、肝和骨髓中，引起病变。

贫铀弹对人员的杀伤，主要有体内污染和通过弹片嵌入伤口的污染。贫铀弹爆炸后，18%～70%形成气溶胶，其中 50%以上是可吸入粒子，大部分在肺液中难溶。气溶胶造成包括空气、水、食物等的环境污染，人员吸入或食入贫铀气溶胶后，就会造成内脏组织的损伤；贫铀弹片嵌入伤口，或者普通伤口接触贫铀污染造成伤口污染，经吸入进入体内造成体内污染，并延迟伤口愈合时间。

联合国环境规划署证实，根据实验室初步分析结果，在科索沃地区找到的北约贫铀弹残片中的确含有微量铀－236。这说明贫铀弹中的贫铀是使用的反应堆乏燃料后处理过的贫铀。这进一步加深了人们对贫铀弹中含有钚元素的怀疑。我们知道，铀－236 这种物质在自然界中并不存在，只能来自核反应堆产生的乏燃料。由于核电厂“燃烧”铀的同时铀－238 会转换生成钚－239，虽然乏燃料处理过程中人们通过一系列化学手段将钚－239 从铀中分离出来，但是即便如此，乏燃料中仍不可避免含有微量的钚。用这样的贫铀制作贫铀弹，自然加深了人们对贫铀弹中含有钚的怀疑。

钚是一种有剧毒的元素，它的放射性比铀要强 20 万倍，化学毒性比铀强 100 万倍，即使是以毫克计算的微量钚也会危害人体健康，导致肺癌和骨癌等。这种贫铀弹爆炸后或贫铀弹击中并穿透装甲后，被高爆高温尘化了的钚颗粒也必然弥漫在空气中，可以飘浮到几千米以外。这些细微的钚颗粒若随呼吸进入体内，则更易使吸收者引起金属中毒，放射线也会对人体造成更大辐射伤害，造成人的体重下降、肠胃不适、患眼疾、血液病、肺病以及肾衰和癌症等，而且爆炸产生的钚粉尘和含钚颗粒更会对水源和土壤产生污染。辐射防护专家认为，“即使是小剂量的放射性元素颗粒也不是毫无害处的，它增加了受辐射细胞发生变异或死亡的危险。”

第六节　第四代核武器及其研究进展

核武器经过近 70 年的发展，先后经历了分别以原子弹、氢弹和特殊性能核武器为代表的三个发展阶段。这三个阶段的核武器有一个共同的特点，就是必须包含裂变初级。无论是剩余的裂变装料还是裂变反应的产物，都具有很强的放射性，而且半衰期长，对环境会产生持续的辐射污染，可以说只要裂变初级存在，“干净”的核武器就无法实现。但是到目前为止，聚变反应还需要裂变反应来启动，如果能用其他的高能量物质替代裂变材料启动聚变反应，就能实现干净的核武器，这就是第四代核武器。

一、第四代核武器的基本概念

从技术上说，所谓的第四代核武器是指以用效力很强的超高能量密度物质触发核聚变而制成的核爆炸装置。它是基于热核武器原理的，但其起爆和作用方式与传统热核武器有着本质的区别。传统的氢弹由原子弹引爆，但第四代核武器的聚变则由一些能源方式引爆，没有传统氢弹的放射性污染。

要取代裂变初级的地位首先要明确裂变初级发挥的作用，裂变初级在氢弹中发挥的作用总的来说就是为聚变反应创造条件，通过裂变反应释放的能量创造聚变反应所需要的高温高压条件，原因就在于裂变反应能释放出极大的能量。所以如果要采用其他材料来替代裂变初级，那么这种材料也一定是具有超高能量密度的物质，因此，这些超高能量密度物质的研究状况在一定程度上决定了当前第四代核武器的研究状况。

第四代核武器中压缩热核靶丸的驱动能源主要来自于基于核技术的超高能量密度物质，表 4–6–1 给出了几种典型超高能量密度含能材料的对比。

表 4–6–1　含能材料比能对比

材料名称	比能/（$kJ \cdot g^{-1}$）	与高能炸药相比较	技术成熟度
高能炸药	4～5	1:1	已成熟应用
金属氢	200～300	35～45:1	研究中
核同质异能素	10^6～10^7	约 10^6:1	研究中
^{235}U 裂变	8×10^7	约 2×10^7:1	已应用
D–T 聚变	约 3.2×10^8	约 8×10^7:1	已应用
质子与反质子湮没	约 1.8×10^{11}	约 4×10^8:1	研究中

从表 4–6–1 中可以看出，金属氢、核同质异能素、质子与反质子湮没等释放的比能远远超出常规炸药，在触发氘–氚聚变方面具备替代铀–235 裂变放能的潜力。因此，根据第四代核武器中所用含能材料的不同，第四代核武器主要包括反物质武器、金属氢武器

及核同质异能素武器等。

二、第四代核武器技术的研究进展

根据压缩热核靶丸的含能材料及实现点火方式的不同，第四代核武器主要包括反物质武器、金属氢武器及核同质异能素武器等。

（一）反物质武器

所谓的反物质武器是指利用反物质与物质接触时产生湮灭反应，释放巨大能量而制造的武器。1毫克正、反物质“湮灭”放出的能量是核裂变反应放能的275倍，普通炸药的100亿倍，可以实现一百万吨TNT当量氢弹点火。目前用反物质制作的核弹主要有两类：其一是利用正反物质的湮没特性制造的反物质炸弹；其二是利用微量的反物质来代替现有热核武器初级中的钚来触发氘-氚的核聚变，制造较大威力的氢弹，图4-6-1给出了利用微量反物质引发氘氚聚变的原理性爆炸装置示意图。

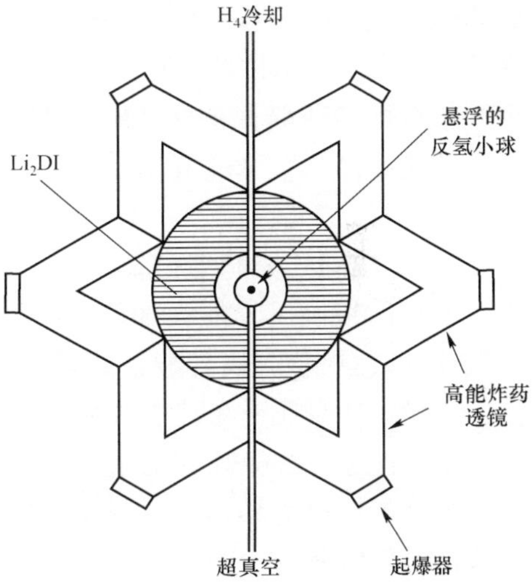

图4-6-1 反物质热核武器原理示意图

根据理论分析和实验研究，反物质运用于核武器中有以下两个方面的优势，其一是超高的能量密度；其二就是运用在核武器中不产生裂变碎片和辐射尘，可谓“干净”的核弹。反物质是目前最重要的也是研究最深入的第四代核武器的关键技术项目，也是研究进展最快的项目，主要是由于正、反物质湮灭过程没有任何更多的有待研究的基础理论问题。要将反物质应用于核武器研究中，主要考虑的是大量反物质的生产、储存以及经费等一些问题。

反物质武器研究发展的瓶颈主要在于反物质的生产和存储技术的突破，目前反物质的产量离武器的实际应用还存在数量级的差距且生产成本高昂，1克反物质的生产成本就达十亿美元以上，难以开展大规模的生产研究。因此，反物质能否用作武器系统，相关技术的发展及大型实验设施的建造以及如何降低制造成本是主要的影响因素。一旦制约反物质武器发展的两大关键技术——生产和存储，获得突破，反物质武器的出现就不再存在大的技术障碍，能够在较短的时间内形成武器。

（二）金属氢武器

所谓的金属氢武器是指利用金属固态氢中蕴含的能量瞬间释放而制造的爆炸性武器。金属氢是一种能量密度超高的含能材料，其爆炸威力相当于相同质量TNT炸药的25～85倍，是目前威力最强大的化学爆炸物，可以作为大规模杀伤性武器使用。在惯性约束核聚变中，若用固态金属氘-氚作燃料小球，由于其密度比其他形式的氘-氚混合物密度高，可以降低聚变点火的技术难度，提高聚变材料的利用率，可使未来的纯聚变弹实用化和小型化。

金属氢是目前能量密度最高的化学爆炸物，金属氢武器的研制关键在于金属氢的理论研究和制造技术。根据当前金属氢的发展现状和目前取得的成果，今后金属氢的研制过程中，理论上主要是不断采用新的方法，结合高压特性，继续探索固体氢的 3 个相结构，研究金属氢的稳定性和能量释放机理。在实验上主要是继续发展各种超高压技术和相关检测技术，达到金属氢转化的理论压力。各国科学家一致认为今后 5 年金属氢的研究方向是把压力范围提高到 300 GPa 以上，研究氢的结构和相变，包括分子金属相和原子金属相。同时，进行高压原位电阻率和磁化率的直接测量以证明真正获得了金属氢。目前，美国提出了一种利用金属飞片撞击或者用加速到超音速的气体射流撞击的方法，研制了可以压缩氢到 1 000 GPa 的一次性撞击压缩装置，但由于温度高达几千摄氏度，冲击波过后，氢重新成为气态。因此，设法降低动高压下的温度和提高静高压水平仍是金属氢制备领域有待攻克的关键技术。劳伦斯・利弗莫尔国家实验室从事超高压技术的科学家估计在未来 10 年，美国极有可能获取真正意义的、可实用的固态金属氢。因此，要得到金属氢，亟待解决的问题就是超高压技术的开发，如果超高压技术能够取得突破性的进展，那么得到金属氢也就指日可待。

（三）核同质异能素武器

所谓的核同质异能素武器是指利用激发态核素在转变为稳态时释放巨大能量而制成的爆炸性装置。核同质异能素武器不像原子弹或氢弹那样通过原子核的裂变或聚变而产生巨大能量，其原理是令某些放射性元素在极短的时间内迅速衰变，通过发出 γ 射线来瞬间释放全部能量，在很高的剂量下，γ 射线可以积聚在物质中且产生高温让物体爆炸，既可以用来强烈压缩氢核聚变材料从而实现核聚变反应，也可利用核同质异能素放出的 γ 射线制造伽马射线弹。

目前有关同质异能素的研究重点集中在两个方面：一是如何生产核同质异能素；二是如何让核同质异能素能量可控地释放。核同质异能素在军事上的应用在国外已进行了认真的讨论，认为核同质异能素在军事上的应用主要有三方面：一是研制 γ 射线弹，核同质异能素在衰变时可以释放高达近 10 MeV 的 γ 射线，可以直接对敌人造成杀伤；二是提供了开发 γ 射线激光器的途径，用来研制高能激光武器；三是可以用作燃料、超级炸药和生产武器。

尽管国际军事界普遍对美国秘密研发伽马弹表示关注，但对可以广泛用于军事目的的核同质异能素的探寻仍是一项相当艰巨的理论与实验工作，虽然 $^{178}Hf^{2m}$ 被认为是目前最有应用前景的核同质异能素，但 $^{178}Hf^{2m}$ 的可控释能问题仍未得到有效解决，也还没有发现其他适合于实际用途的同质异能素，当然也不排除某种具有实际应用意义的核同质异能素被偶然发现的可能性。但就目前而言，有关可供实际使用价值的核同质异能素的发现、大批量生产和如何控制能量激发这些关键难题都没有得到解决，其武器方面的研制尚处在理论阶段，可行性尚存在较大争议，美国国防部内一些技术专家也承认，由于核心技术难题的攻关仍未完成，要想实际部署伽马弹，最快也得在数十年后。但一旦找到合适的核同质异能素和可控其激发释放能量的方法，同质异能素武器的实际应用进程将大大加快。

三、第四代核武器对未来军事的影响

核武器从第一代到第四代的变化，表明核武器的前景有一个根本的改变：高当量、威

慑用的巨大核武器概念正转向高精度、战场用紧凑的核武器概念，即核武器实战应用更趋明显。第四代核武器采用了新型的核爆物和新的起爆机理，其出现将给未来的战场形态和军事政治格局带来革命性的变化，引起新的军事革命。

1. 模糊“核常”界限、核战争风险加剧

传统的核武器与常规武器威力悬殊，人们对核战争与常规战争的区别也有明确科学的界定，核常之间可称得上是泾渭分明。第四代核武器的威力在1～1 000吨TNT当量之间调节，使得核常武器能量级别之间的差距不再存在“断层”。第四代核武器既有可能在常规战争中浓墨重彩地亮相，扮演常规战争拉下帷幕的压轴武器；又有可能在核战争中顺理成章地登场，成为核战争拉开序幕的开场工具，加剧常规战争向核战争升级的风险。

2. 加大目标生存难度、变革战场形态，加速战争进程

第四代核武器与深钻地技术、导弹运载技术相结合使用可对战场上战役、战术级特殊目标造成毁灭性打击，实现其他武器难以达成的目的，使战场目标生存难度骤然加大。其使用的灵活性使得未来战场环境发生革命性变化，前后方界限被彻底模糊，防敌袭击遭受前所未有的挑战，再采用传统防护手段，战场目标将面临极大的生存难度。第四代核武器一旦参与战争，可迅速改变战争双方态势，加速战争进程。

3. 打破“以核制核”战略平衡、引发新一轮核军备竞赛

传统核武器由于具有足以摧毁人类的巨大威力和可对环境造成灾难性后果，使得核武器拥有国不敢在战争中贸然动用核武器，轻易发动战争，直接促成了各有核国家之间“以核制核”的战略平衡，维持了当前国际军事格局总体上的均衡。一旦当第四代核武器部署并投入实战，将使第四代核武器拥有国在未来发起战争上拥有更多的主动权，而其他国家为保生存只有动用传统核武器应对，传统的“以核制核”战略平衡机制将被打破。对军事优势地位的追求反过来会刺激这些国家不遗余力地发展新一代核武器或传统的核武器技术，核武器技术的扩散趋势将更加严峻，极可能引发新一轮核军备竞赛。

4. 赋予威慑理论新的内容、催生新的军事理论

第四代核武器的出现除赋予威慑理论以新的内容外，其对战争形态的改变将促进作战理论和作战样式的变革。正如坦克的发展促成了传统的阵地壕沟作战向大区域机动作战转变一样，第四代核武器的发展，无疑会促使现有核作战理论发生深刻变化，并对传统的防御、进攻作战理论和作战样式产生强烈冲击，对交战双方的攻防行动和手段产生深刻影响，促进新的作战理论和作战样式的产生与发展，从而催生一批新的作战思想和军事理论。

思考题

1. 请简要叙述核武器的发展阶段。
2. 核武器强大的威力与杀伤破坏效应在哪些方面表现出来的？
3. 请简要叙述原子弹的基本原理是什么？它有哪些缺点？
4. 枪式原子弹与内爆式原子弹有什么区别？各有哪些优缺点？
5. 请简要叙述氢弹的基本原理是什么？简要描述其工作过程？

6. 氢弹相对于原子弹有哪些显著的特点？

7. 请简要叙述中子弹的基本原理是什么？它有哪些特点？

8. 什么叫贫铀弹？其工作原理是什么？有什么突出的特点？

9. 简要叙述第四代核武器的基本概念与研究进展。你认为它对未来军事的影响如何？

第五章

核动力技术及其应用

第一节　反应堆技术

一、裂变反应堆

裂变反应堆通常由一个活性堆芯组成，在其中维持链式裂变反应，大部分裂变能也在其中产生。堆芯内含有核燃料，核燃料由易裂变核组成，通常还含有可裂变核。对于热中子反应堆，裂变反应主要由热中子诱发，则需要采用慢化剂将裂变反应产生的高能中子慢化为热中子。最好的慢化剂是那些由质量数低、中子散射截面大且不易俘获中子的元素所组成的物质，如普通水（含氢）、重水（含氘）、铍、氧化铍和碳（石墨）等。另外，堆芯周围还布置有中子反射层，它的作用是将许多已经逃出堆芯的中子散射回来，以减少中子的漏失，从而降低易裂变核素的临界质量。反射层可以使用与慢化剂相同的或其他的专门物质。在许多动力反应堆中用水作慢化剂和反射层（并且也用作冷却剂）。但在另一些反应堆中，裂变由高能中子引起，如快堆中，在这种情况下反射层必须避免含有慢化物质。

核反应堆堆芯中由于裂变反应而产生的裂变能就地转化为动能，然后经导热传出燃料元件并由适当的冷却剂循环流动带出。曾被用作冷却剂的有液态水、液态钠（或钠—钾合金）、某些有机化合物、空气、二氧化碳和氮等气体。如果要求将反应堆中释放的能量转化为电能，还需要将热从冷却剂传递给其他工质，以产生蒸汽或热气体，并用在常规的透平发电机系统中。蒸汽或其他工作介质的温度越高，输出动力的效率也越高。因此一般要求动力反应堆在安全可靠的条件下尽量提高运行温度。

从经济效益出发，反应堆的比功率即每单位质量（或体积）易裂变物质的释热率要尽量高。释热率正比于核裂变率，在一个给定的反应堆堆芯中，这种核裂变率是由中子密度即单位体积内的中子数决定的。只要改变堆芯内的中子密度，便可以实现对核反应堆的控制，包括启动、停堆以及在任何功率水平下的运行。这些过程一般都是通过控制棒的运动或调节含硼液体来实现。这些控制棒与液体内的材料很容易吸收中子，被称作中子毒物。引入核毒物，使得堆芯的反应性（或中子倍增能力）降低，从而使中子密度减小，反应堆的功率水平降低，反之亦然。

核反应堆根据引起主要裂变的中子的动能（或速度）分为不同类型的反应堆。裂变中释放的中子大部分是高能中子。如果裂变由高能的快中子产生，则这种反应堆称作快中子反应堆（快堆）。这种堆的燃料内必须包含有足够比例（约多于 15%）的易裂变核素，并应含有可转换物质。在快堆中，堆芯燃料和称为转换区的反射层中都含有可转换物质，它们通过中子俘获转化为易裂变核。快中子的俘获截面较小，所以如果逃逸引起的中子损失能够保持在最小值，则每次裂变将可能有一个以上的中子用来将堆芯和转换区中的可转换核转化为易裂变核。在这种情况下，由中子俘获产生的易裂变物质有可能多于所消耗的易裂变物质。这种类型的核反应堆称作增殖堆，以实现易裂变物质的增殖。所谓动力增殖堆，就是在生产动力的同时，可以生产多于它所消耗的易裂变物质。在以钚–239 为易裂变核素、铀–238 为可转换核素的快堆中，产生和消耗的是同一种易裂变核素。另一种类似的快堆是分别用铀–233 和钍–232 作易裂变核素和可转换核素，所产生和消耗的也是同一种易裂变核素；理论上，在一些不依赖于快中子裂变的反应堆中也可以实现铀–233 的增殖。利用消耗铀–235，由铀–238 生产更多数量的钚–239 的快中子反应堆也是一种增殖堆。铀–235 是唯一存在于自然界中的易裂变物质，它的储量很小。所以总有一天所有可用的铀–235 会消耗殆尽。到那时，剩下的铀–238 和钍–232 的进一步利用，将取决于应用钚–239 或铀–233 来维持裂变链。

热中子堆的慢化剂和冷却剂以及核燃料物质都可以有较多的选择余地，比快中子反应堆具有更大的灵活性。在大多数商用热中子反应堆中，或者用天然铀（含 0.7%铀–235）作燃料，重水或石墨为慢化剂，或者用含 2%～5%铀–235 的易裂变同位素铀作燃料，普通水为慢化剂。这样燃料中就含有相当比例的可转换物质铀–238（少数情况中是钍–232）。在反应堆运行过程中，一部分可转换核素转化为易裂变核素钚–239（或铀–233）。但是，由于热堆中的热中子同燃料与结构材料发生的非裂变反应中被俘获的概率较大，加上一部分中子因逃逸而损失，所以，每次裂变只有不到一个中子能用于将可转换核转化为易裂变核。这样在热中子反应堆的钚–239 数量通常少于为维持裂变链而消耗的铀–235 的数量。所以要设计一种以铀–235（或钚–239）为燃料的热中子增殖堆是困难的。但当铀–233 作易裂变物质时，情况有所不同，以铀–233 为易裂变核素，钍–232 为可转换核素的热中子增殖堆是可能的。

二、核反应堆类型简介

核反应堆类型很多，通常可以按以下的方式来分类。

1. 按用途分类

研究试验堆：用来研究中子特性，进而开展核物理、反应堆物理、热工水力、结构、运行与控制、辐射防护，以及生物学、材料特性等方面的试验研究、教学。

动力堆：利用核能产生的动力来推动舰船、进行发电与供热的反应堆，军用动力堆与民用动力堆。

生产堆：主要用于生产新的裂变材料铀–233、钚–239 和各种用途不同的同位素。

2. 按引起裂变的中子能量分类

热中子堆：裂变主要是由热中子引起的。堆内有大量轻物质作为慢化剂，用以使裂变中子慢化为热中子。

中能中子堆：裂变主要是由中能中子引起的。堆内只有少量慢化剂，不足以使裂变中子热化。

快中子堆：裂变主要是由快中子引起的。堆内没有慢化剂，快堆的突出优点是能够增殖核燃料。

3. 按慢化剂分类

轻水堆：用轻水（H_2O）作慢化剂，其中又分为压水堆和沸水堆两种。

重水堆：用重水（D_2O）作慢化剂。

石墨堆：用石墨（C）作慢化剂。

4. 按冷却剂分类

水冷堆：用轻水和重水作冷却剂。

气冷堆：用二氧化碳或氦作冷却剂。

液态金属冷却堆：用钠和钠钾合金作冷却剂，铅或铅–铋合金作冷却剂。

5. 按所用的燃料分类

以天然铀作燃料的堆：如天然铀重水堆，天然铀石墨堆。

以浓缩铀作燃料的堆：如低浓缩铀轻水堆，高浓缩铀快中子堆。

以钍作燃料的堆：如钍高温堆。

以钚作燃料的堆：如钚增殖堆。

6. 按燃料布置方式分类

均匀堆：核燃料均匀分布在堆芯中。

非均匀堆：将燃料做成“燃料元件”，再按一定的方式分布在堆芯中。综上所述，现将各类核反应堆的形式和结构材料列于表 5–1–1 中，用于比较。

表 5–1–1 核反应堆的形式和结构材料

核反应堆类型		燃料	慢化剂	冷却剂
轻水堆 LWR	压水堆 PWR	浓缩铀	轻水	轻水
	沸水堆 BWR	浓缩铀	轻水	轻水
石墨堆	气冷堆 CCR	天然铀	石墨	二氧化碳
	改进气冷堆 ACR	浓缩铀	石墨	二氧化碳
	高温气冷堆 HTCR	浓缩铀 钍	石墨	氦
	水冷堆 LWCR	天然铀 浓缩铀	石墨	轻水
重水堆 HWR	轻水冷却型	天然铀 浓缩铀 钚	重水	轻水
	重水冷却型	天然铀	重水	重水
快中子增殖堆 FBR		浓缩铀 钚	无	钠 钠钾合金

从堆型来看，在已建、在建和将建的核电站中，轻水堆约占 80%左右。轻水堆中，绝大部分是压水堆。其中压水堆的燃料元件通常为棒状。元件由低富集 UO_2 陶瓷燃料做成的芯块封装在金属锆合金包壳内而制成。铀的富集度一般为 3%～5%。水为慢化剂，水还兼作冷却剂，冷却水从堆芯流过时将热量导出堆外，使蒸汽发生器（二次侧）产生蒸汽，再由二回路把蒸汽导入汽轮机发电或直接做功。水的慢化性能以及导热性能都比较好，但对中子的吸收概率较大，所以轻水堆必须采用一定富集度的铀为燃料。为了把反应堆的出口水温提高到 300 ℃左右而不致沸腾，必须把压力提高到 14～16 MPa 左右，并需要有一个耐受高压的压力容器来放置堆芯，故这种堆称为加压水慢化冷却反应堆，简称压水堆（PWR）。

三、反应堆技术发展趋势

（一）发展历程

从20世纪50年代开始到现在，核动力反应堆技术发展经历了第一代到第三代的演变，而且，第四代核反应堆目前也在加速研究之中。第一代核反应堆的主要目的是为了验证核能发电的技术可行性与可靠性。其中主要以美国希平港核电厂、印第安角一号核电厂、德国奥利海姆核电厂、法国舒兹核电厂和日本美浜一号核电厂，以及美国“鹦鹉螺”号、“鳐鱼”号、“旗鱼”号、“萨果”号和“海龙”号核潜艇，苏联“列宁”号破冰船、美国“萨凡娜”号核商船等反应堆为代表。第二代核反应堆在第一代的基础上，实现了商业化、标准化、系列化和批量化，使核电厂的经济性与舰船动力性能有了较大地提高。从 20 世纪 60 年代后期，国际上陆续建成电功率在 30 MW 以上的压水堆、沸水堆和重水堆等核电机组，核电开始迈入商业应用时代，以及核动力舰船快速发展阶段，使核电在经济性上能够与传统发电手段相互竞争，舰船在续航力上得到很大的提高。20 世纪 70 年代，石油危机爆发促进了第二代核反应堆技术的发展。

第二代堆后期堆型与初期相比，在各个方面都有较大提升。部分核电国家仍在推进第二代堆的升级和延寿研究与计划，使其发挥更大的经济价值。第二代核电厂包含压水堆（PWR）、沸水堆（BWR）、重水堆（PHWR）和石墨水冷堆（RBMK）等不同类型，经过多年的发展相对成熟，在很长一段时期内无重大事故发生。但是，1986 年切尔诺贝利核事故的发生，使得国际社会对核电安全性又有了新认识，提出了更高的要求，对核电厂的安全性和经济性开始有了系统化的定量评估标准与规范。例如，美国于 20 世纪 90 年代推出“先进轻水堆用户要求”文件（即 URD 文件），欧洲给出“欧洲用户对轻水堆核电厂的要求”（即 EUR 文件），国际原子能机构制定了核安全法规（NUSS）系列等。

国际上，人们将满足 URD 或者 EUR 评价标准的核电厂称为第三代核电厂。第三代核电厂采用了非能动安全系统，利用重力、对流和扩散等原理，给核电厂反应堆配备了不需外动力源驱动的非能动安全系统。相对于第二代，其设备得到简化，事故发生的概率进一步降低，在安全性和经济性上都取得了较大突破。目前国内外代表性的第三代核电厂如表 5－1－2 所示。

表 5-1-2 第三代主流核电厂反应堆

名称	单位	堆型	功率/MW	技术
ABWR	通用电气	沸水堆	1 350	改进型沸水堆
AP600	西屋公司	压水堆	610	具有非能动安全系统
AP1000	西屋公司	压水堆	1 090	具有非能动安全系统
EPR	FramatomANP	压水堆	1 600	大功率和强化专设安全系统
SWR1000	FramatomANP	沸水堆	1 013	满足 EUR 要求
System80+	原 ABB-CE	压水堆	1 350	满足 NRC 文件要求
ESBWR	通用电气	沸水堆	1 380	无再循环泵，自然循环，非能动安全系统
GT-MHR	美、俄	高温气冷堆	288	使用武器钚作为核燃料，模块式反应堆
IRIS	西屋公司	压水堆	300	模块式，一体化反应堆
ACRI000	加拿大原子能	重水堆	1 200	结果简单，效率高，造价降低、引入非能动
CAP1400	国家电投	压水堆	1 400	基于 AP1000 技术国产化核电机组
华龙一号	中广核/中核	压水堆	1 000+	完全自主产权技术，同时满足 URD 和 EUR 要求

第三代堆虽然在安全性方面得到了提高，但其铀矿资源的利用率和燃料增殖方面相比第二代堆优势不明显，非能动系统也不能完全消除反应堆内的固有安全问题，理论上仍存在发生严重事故的可能。为此，人们为实现核能的可持续发展，兼顾反应堆固有安全特征，提出第四代堆概念并开展相关的研究工作，包括超高温气冷堆、气冷快堆、熔盐堆、钠冷快堆、铅冷快堆和超临界水堆在内的六种代表性的堆型。

目前，国内外新建核电反应堆开始转向第三代核电反应堆技术，甚至第四代反应堆技术。在新型核能技术发展初期，其升级换代必然导致设计与建造成本的提高，导致与其他能源形式相比没有竞争优势，新一代核电的经济性将面临较大的压力。根据目前正在开工建造的三代核电厂情况分析表明，其结构设计、设备制造、土建安装等技术要求和难度都有普遍提升，使得建造成本大幅提升。此外，其他形式能源的创新研究，使其经济性也有了很大的提高。例如，美国页岩气技术的出现，使得天然气发电成本下降；世界经济发展放缓，传统化石能源（煤炭、石油等）价格持续大幅下跌，火力发电成本也在逐步降低。风力和太阳能等清洁能源的大规模发展，对核能的发展提出更多的挑战。因此，新一代核电技术的发展将更加注重以下几个主要方面。

（1）追求更好的安全性

对核电厂发生堆芯熔化事故和大量放射性释放的概率分别由 10^{-4} 和 10^{-5}/堆年降低为 10^{-5} 和 10^{-6}/堆年（十万分之一到百万分之一），从核电机组的固有安全概念扩展为包括整个核燃料循环体系的自然安全概念。

（2）不断提高核电的经济性

面对火力、水力发电成本的逐步降低，以及风能、太阳能、地热和潮汐能等清洁能源的规模发展，必须研发更加经济的核能技术，降低其造价和发电成本。

（3）满足环境生态可持续发展

核能不排放污染环境的二氧化硫等废物和二氧化碳的优点，是常规能源所无法达到的。但是产生长寿命的放射性核素并不断地积累，必须加以妥善处理，以满足环境生态可持续发展要求。

（4）满足资源利用可持续发展的要求

目前作为核燃料的铀-235 资源也有一定使用年限，因此要研发铀-235 以外的核燃料，以及发展新的核电技术，如增殖堆，聚变堆等。如果能够实现聚变核电技术，在核燃料方面将是一劳永逸，满足资源利用的长期可持续发展。

（5）满足防核扩散的要求

严格控制分离钚的生产，研究新的燃料循环工艺，对快中子增殖堆的燃料不做铀和钚分离，实行核电站与后处理一体化，防止反应堆内增殖的燃料被扩散。

（二）第四代反应堆

2001 年，由美国、韩国、英国、瑞士、加拿大、巴西、日本、法国等 10 国及欧洲原子能共同体成立了第四代核能系统国际论坛（GIF），第四代核能系统的研发开始步入国际合作模式，并于 2002 年发布了《第四代核能系统技术路线图》。根据 GIF 组织在 2014 年发表的第四代堆发展路线图表明，铅冷快堆（LFR）研发进度较快，其次为钠冷快堆（SFR）。其他的气冷快堆（GFR）、超临界水堆（SCWR）、熔盐堆（MSR）和超高温气冷堆（VHTR）的相关技术也在发展之中，下面作简单介绍。

1. 气冷快堆（GFR）

气冷堆的研究始于20世纪50年代，气冷堆也是国际上反应堆发展中最早的堆型之一。高温气冷堆是在早期气冷堆和改进型气冷堆的基础上发展起来的，始于 20 世纪 60 年代。英国于 1960 年率先建造实验高温气冷堆——龙堆（Dragon），美国于 1967 年建成桃花谷高温气冷堆。不管是气冷快堆还是下面要介绍的超高温气冷堆都是在此基础上发展而来。

气冷快堆是快中子谱、氦气冷却的反应堆，采用闭式燃料循环（见图 5-1-1）。氦气冷却剂出口高温，可用于发电，生产氢或高效率处理热。参考反应堆是电功率为 28.8 万千瓦的氦气冷却系统，出口温度为 850 ℃，采用直接循环的燃气轮机可获得高的热效率。反应堆堆芯采用锕系元素混合物颗粒燃料，制成棱柱块或板状燃料组件。

气冷快堆主要优点是冷却剂在高温下的化学稳定性及不需要中子慢化剂。气冷快堆需要解决的关键技术主要是堆芯衰变热的排出、核燃料循环技术及用于气冷快堆的燃料元件制造技术等。气冷快堆和后面要介绍的超高温气冷堆比较接近。

从 20 世纪 90 年代至今，国际高温气冷堆研究主要有我国建设的 10 MW 的高温气冷实验堆（HTR）和日本建造的 30 MW 的高温气冷实验堆（HTTR），这两个反应堆目前都在运行中。在高温气冷堆方面我国处于世界领先地位。此外，美国也有相应的反应堆用以开展相关研究。

2. 铅冷快堆（LFR）

铅冷快堆是采用铅或铅铋合金共熔液态金属作为冷却剂的快中子反应堆，其研究始于 20 世纪 50 年代的苏联，苏联于 1963 年建成世界上第一艘利用铅铋合金作为反应堆冷却剂的核动力潜艇。典型的铅冷快堆（见图 5-1-2）通常包含：铅基反应堆堆芯、蒸汽发生器、冷却剂泵、换料装置和堆外壁。同样，铅冷快堆中不需要中子慢化剂，布局紧凑，容易实现小型化。

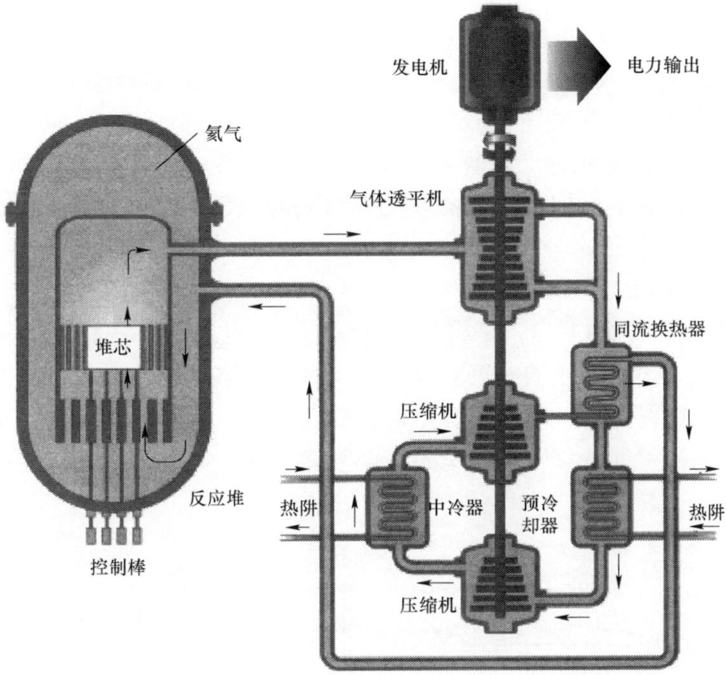

图 5-1-1 气冷快堆示意图

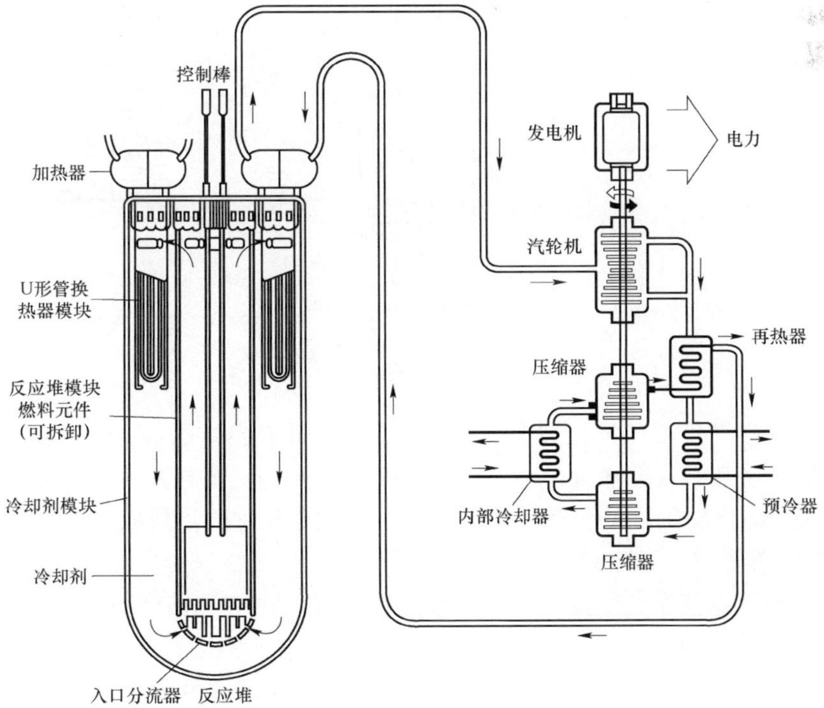

图 5-1-2 铅冷快堆示意图

铅冷快堆在安全方面有以下几个优势：冷却剂的熔点低，沸点高，反应堆可以在低压状态下运行，同时冷却剂热传导能力较强，化学稳定性好，与空气和水反应弱，减轻了冷却剂管道破口、爆炸等风险；自然循环能力强，反应堆出口冷却剂温度可达 550° C，甚至可高达 800 ℃，并可实现事故工况下非能动余热排出；铅基反应堆能够实现闭式燃料循环，可实现铀–238 的有效转换和锕系元素的有效管理，极大地降低了放射性废物的危害。

虽然铅及其合金的化学稳定性较好，但与结构材料相容性，冷却剂流动传热特性及化学工艺控制等关键问题需要进一步研究。由于铅的中子吸收和慢化截面都很小，中子散射能力强，与加速器装置结合构成加速器驱动的次临界系统，能够嬗变长寿命核废料，对核能可持续发展有重要意义。

3. 熔盐堆（MSR）

液态熔盐堆（见图 5–1–3）是将钍或铀熔解在氟化盐（如氟化锂、氟化钠等）中形成融合物作为燃料。熔盐堆主要有两种类型，一种是液态燃料熔盐堆，其中不再使用固体燃料芯块，而是将易裂变的可增殖材料熔解在氟盐之中。这种方式杜绝了发生固体燃料元件破损，堆芯熔化的可能性。另一种是固态燃料熔盐堆，类似于高温气冷堆的包裹性燃料小球。

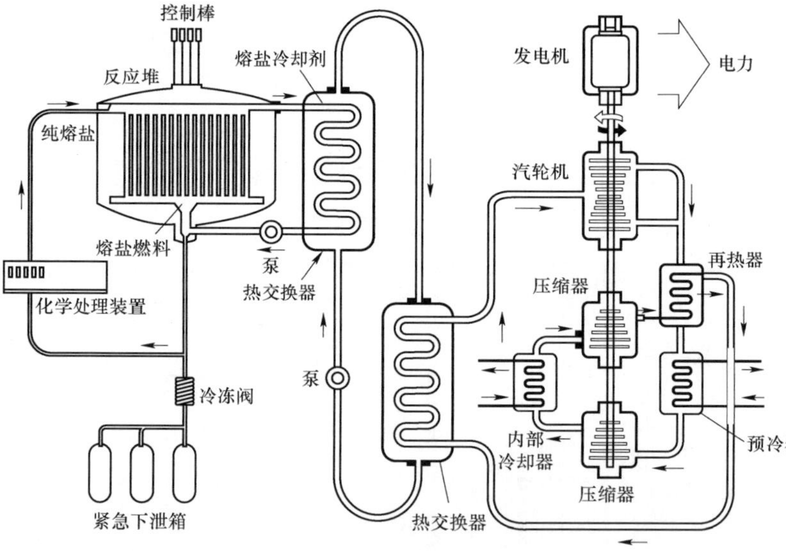

图 5–1–3　熔盐堆示意图

液态燃料熔盐在堆芯处发生裂变反应释放热量，并被自身吸收、带走，不需另外的冷却剂，液态燃料熔盐既是载热剂，又是释放裂变能的热源。熔盐堆的主要特点是：熔盐氟化物传热性能好，无辐射，常压运行，与空气、水都不发生剧烈反应，有负的温度系数和空泡系数，无换热器破口和冷却剂丧失等严重事故风险，在核安全方面具有其独特的优势。另外，熔盐堆还可以使用钍基燃料，实现核燃料的循环，提高核燃料的利用率。

4. 钠冷快堆（SFR）

液态钠冷却快堆（见图 5–1–4）是快中子谱、钠冷却的反应堆，可采用锕系元素及可转换铀的闭式燃料循环，能够有效管理锕系元素和铀–238 的再循环，该循环有两个方案：（1）功率为 15 万～50 万千瓦的钠冷堆，使用铀–钚–锕系元素–锆合金燃料，以高温冶金处理为基础的燃料循环；（2）功率为 50 万～150 万千瓦大型钠冷堆，使用铀–钚氧化物燃料，以先进水处理为基础的燃料循环；这两种方案钠的出口温度约为 550 ℃，通过钠–钠和钠–水中间热交换器产生高温蒸汽发电。

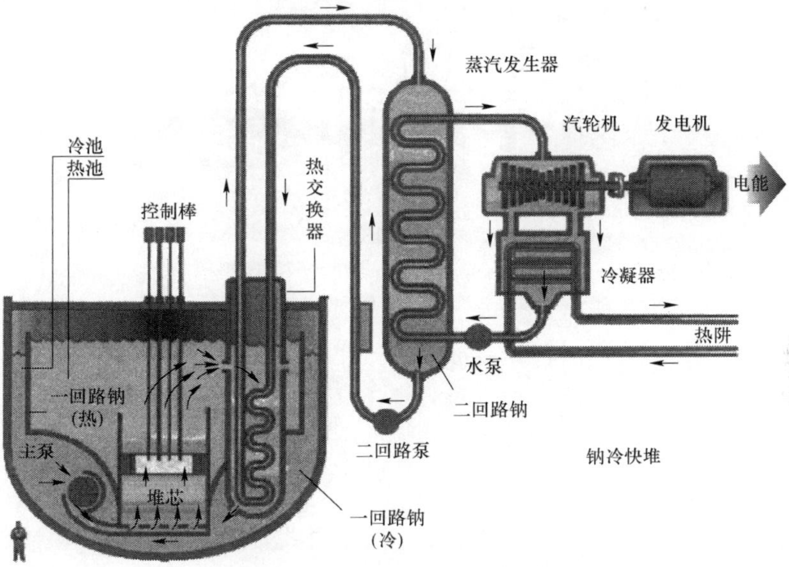

图 5–1–4 钠冷快堆示意图

国际上已有法国、俄罗斯、印度、中国、韩国和日本开展了商用示范快堆的设计研制工作。俄罗斯建造的商用示范快堆 BN800 于 2015 年 12 月并网发电。全世界钠冷快堆运行年数累计超过 430 堆年，钠冷快堆技术得到了工程验证。世界上功率最大的钠冷快堆就是法国超凤凰堆（1 200 MW）。我国在 20 世纪 60 年代中期就开始了钠冷快堆技术研究，经过几十年的技术积累，于 2010 年完成了我国第一座钠冷快堆——中国实验快堆的建成并达到首次临界。

5. 超临界水堆（SCWR）

20 世纪 60 年代，超临界流体用于核反应堆的设想在美国和苏联开始出现，直到 90 年代才引起人们的关注，真正的研发活动起始于 1989 年的日本。1990 年代末期开始，欧洲、美国、加拿大及韩国等开始在第四代核能系统框架下开展超临界水冷堆（见图 5–1–5）的研发工作。超临界水冷堆系统采用高温、高压水，在水的热力学临界点（374 ℃，22.1 MPa）以上运行。超临界水冷却剂能使热效率比现在的轻水堆高约 1/3。冷却剂在反应堆中不改变状态，直接与能量转换设备相连接，超临界水到了汽轮机直接汽化推动汽机叶片做功，简化了电厂配套设施。超临界水堆参考系统的功率为 170 万千瓦，运行压力是 25 MPa，反应堆的出口温度为 510 ℃，燃料采用铀氧化物，采用了类似沸水堆中非能动安全设施。

超临界水冷堆有热中子谱与快中子谱两种堆型，热堆采用开式燃料循环方案；快堆上采用闭式燃料循环。

目前，各国提出的超临界水冷堆概念设计有 10 多种，在中子能谱、慢化剂和燃料组件结构等方面有所不同。

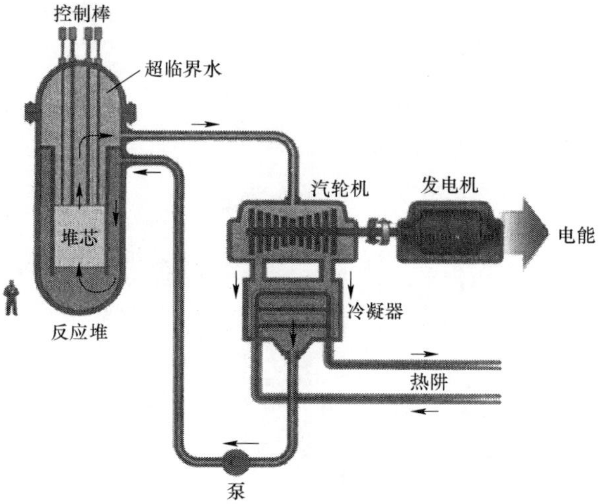

图 5–1–5　超临界水冷堆示意图

6. 超高温气冷堆（VHTR）

超高温气冷堆（见图 5–1–6）是采用一次通过式铀燃料循环、石墨慢化剂、氦气冷却反应堆。反应堆产生热量，可使堆芯出口氦气温度达 1 000 ℃，它可以为石油化工或其他行业生产氢或工艺热。参考反应堆采用电热功率为 60 万千瓦的堆芯，与中间热交换器相连接，传递工艺热。反应堆堆芯为棱柱块状，或球状（如我国 HTR–10）。在氢生产方面，该系统提供能被热化学碘–硫工艺有效使用的热。

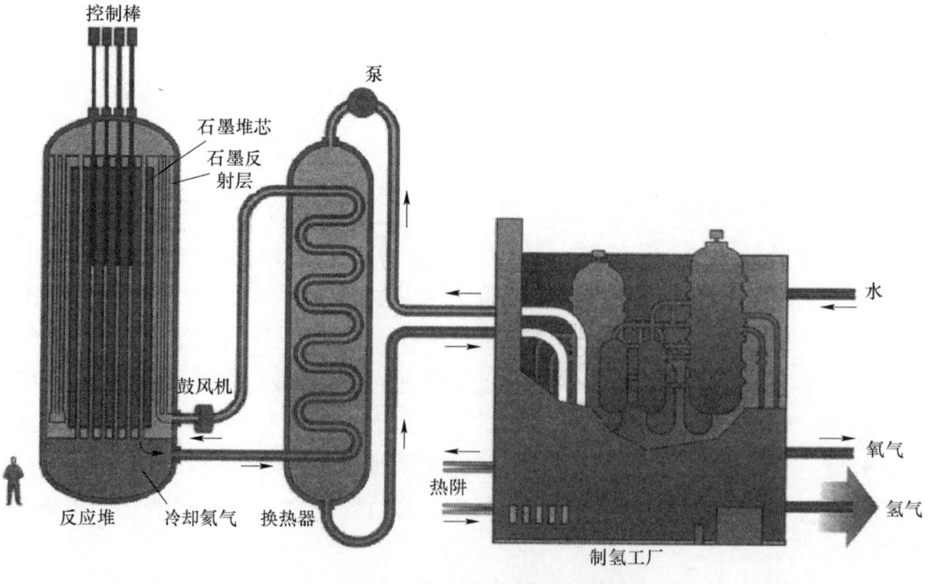

图 5–1–6　超高温气冷堆示意图

超高温气冷堆系统能够为高温、耗能的非电工艺提供工艺热。该系统中加入发电设备，就可以满足热电联供的需求。另外，该系统采用铀/钚燃料循环，可使废物量最少。同时保留了模块式高温气冷堆所具有的固有安全特点。

第二节　舰船核动力

一、概述

舰船用的反应堆要求耐冲击、耐振动、抗摇摆，能够根据航行和战斗的需要随时启动、停止，或者短时间大幅度地改变功率。由于海上检修困难，还要求反应堆等设备安全可靠。根据这些要求，舰船用堆型大都是压水堆。这是因为压水堆具有体积小，重量轻，比功率（堆芯内单位质量的功率）高，功率密度（堆芯内单位体积发出的功率）大，工作期长，机动性好，安全可靠，并积累了丰富的运行经验。

舰船核动力系统与陆上核电站的系统相类似，根据采用的反应堆类型不同，它的系统和设备也有些差异。目前在世界上，舰船所使用的反应堆有轻水堆、重水堆、高温气冷堆等，但以压水堆为主，压水堆也是世界上动力堆中应用最为广泛的堆型之一。舰船压水堆型核动力推进装置主要由核反应堆，一回路系统、二回路系统、螺旋桨推进器及其他辅助系统组成。

一回路系统由反应堆、冷却泵、蒸汽发生器、加压器以及相应的管道和阀门等组成。回路中的冷却剂将裂变能转变的热量带出堆外并在蒸汽发生器中将热量传给二回路工质。放出热量后的冷却水温度降低，由冷却泵重新返回反应堆，构成一个闭合的循环回路。一般压水堆动力装置的一回路系统有两条并联的环路，每条环路均由一台冷却泵和一台蒸汽发生器通过主管道与核反应堆相连接。由一台共用的加压器来调节控制回路的压力。整个一回路循环系统的主要设备均集中安装在密封的安全壳体内。船用反应堆安全壳是钢制密闭壳，它能承受一定的压力，可以防止放射物质向外扩散，保护人员与海洋环境。

二回路循环系统由汽轮机、发电机、冷凝器、凝结水泵、给水泵、给水加热器和中间加热汽水分离器等设备组成。二回路的工质也是水，从冷凝器凝结下来的水经过除氧，加热后通过给水泵唧送到蒸汽发生器里，给水在蒸汽发生器中被加热，汽化产生蒸汽，经过汽水分离器，提高蒸汽干度，通过主蒸汽管送向汽轮机，推动汽轮机叶片转动做功。做功后的废汽在冷凝器内再冷却而成凝结水，如此构成第二个闭合循环回路。主汽轮机直接通过齿轮减速箱推动螺旋桨，辅助汽轮机带动发电机发电供舰船中控制仪器、仪表和辅助装置工作，同时供舰船上生活和照明等用电。

舰船核动力装置的原理与陆上核电站类似，但是由于舰船的海洋工作环境和军事要求对舰船核动力装置有下列特殊要求。

（1）由于舰船的容积和重量受到一定限制，为了提高舰船的载货量和航速，舰艇的作战性能，要求核动力装置体积小，重量轻、装置布置紧凑，单位推进马力的重量越小越好。所以，要尽量减少动力回路的重量和体积，充分利用舰船的空间，简化系统和设备；

（2）舰船长期在海洋中航行，在风浪中纵、横摇摆，起伏无常，船体经常发生 20°

左右的摆动和0.5～1 g的振动加速度作用。核动力装置系统、设备联接结构和操纵机构在此工况下应仍能保持稳定可靠的工作，系统和设备的可靠性要比核电站更高。

（3）与陆上发电设备不同，除了主、辅汽机发电机组供电外，无外来电网应急供电，因此当主、辅汽轮机停转时，必须靠备用柴油发电机组快速供电。此外，舰船在航行中运行负荷变化较大，特别是作战舰船负荷变化相当剧烈。负荷变化的量可达100%满负荷，变化速度为6%～25%/分，排水量为2万～4万吨级的舰船要求在5～8分钟内实现核动力装置紧急停车。因此建造舰船核动力装置在某些方面比陆上动力困难得多。

（4）要求潜艇核动力推进装置的回路系统更加集中紧凑。一艘大、中型潜艇其艇体耐压壳直径约为十多米。相应要求核动力回路系统的主要设备只能布置在直径为十多米以内的耐压壳体内。因此，在设计建造潜艇核反应堆和蒸汽发生器等主要设备时，应根据潜艇特点，降低高度，充分利用空间，使整个核动力推进装置的管路紧凑。

舰船采用核动力使舰船的性能得到了很大改善：速度加快，不须经常添加燃料；续航能力可提高几十倍。尤其是水下舰船，不需要大量空气即可长期在水下航行等。其优越性具体表现为：

1） 舰船核动力最大的优点是使舰船不需要大量的燃料储备便可长期航行，续航力可以说是没有限制的。以一艘排水量为5万吨级的远洋船舶为例，若采用核动力，在不补充核燃料的条件下，连续航行一年，航程可达几万海里，只消耗几十千克的铀-235。而普通远洋船舶一年要烧掉几万吨的煤或重油，并要不时地在各国海港上添加燃料。一般一艘核动力舰船反应堆一次装料可连续运行几年，最新设计的舰船核动力反应堆已经能够做到从下水投入航运起至其退役不须更换核燃料，反应堆与舰船同寿期。

2） 核动力能够提高舰船有效载重量，有利于提高舰船的航速。核动力舰船所装载的核燃料重量几乎可以忽略不计，而且随舰船的吨位加大，其比例更小。这对民用舰船来说，可以加大装货量，或加大功率，提高航速。对军用舰艇来说，可以加强舰艇的武器装备，或提高舰艇的航速。

3） 舰船核动力不需要空气助燃，这对于水下舰船特别有利，它可以高速度，长时间在水下航行。因为水下没有空气，常规潜艇在水下无法使用柴油机，必须依靠大量蓄电池作为水下航行的动力。如果全速航行，通常两小时左右就会把蓄电池的电全部用完，为此必须浮出水面重新开动柴油机充电，才能继续潜水航行。常规潜艇即使是以每小时5千米速度航行，在水下最多能停留几天，总的续航力约为25 000公里，浮出水面充电时极易被敌舰发现招致攻击。当潜艇采用核动力后，情况就大不相同了。反应堆运转时不须消耗空气，潜艇就不必浮出海面，只要携带足够的装备和给养，就可以在水下连续航行几个月，甚至更长期，极大地提高了潜艇的隐蔽性和水下战斗性能。一些核潜艇潜水深度可达500米以下，续航力可达900 000公里以上，水下航速已经超过大型水面舰只的速度，它可以游弋在地球上各个大洋和终年冰封的北极，围绕地球转十几圈而不须更换核燃料。

自1954年第一艘核动力潜艇问世以来，舰船核动力技术获得了迅猛的发展。在军用领域，除核潜艇外，采用过核动力的舰艇还有巡洋舰、驱逐舰、航空母舰、深海装备等。在民用领域，采用过核动力的船舶主要包括破冰船和核商船等。

历史上，世界各国曾成功运用在船舶上的核动力类型主要包括压水堆核动力装置和液态金属堆（钠和铅铋）核动力装置。对于液态金属堆而言，其显著的优点是液态金属传热效率高，可运行于低压环境下，可使核动力装置的体积和重量大幅减少；但是它们对材料耐腐蚀性等有很高的要求，并且由于液态金属熔点较高，需要专门的加热装置以维持其液体状态，这给反应堆的运行和维修等带来了许多新的问题。由于多种原因，液态金属堆核动力装置已于20世纪退役，目前世界上在役和在建的舰船核动力装置均为压水堆核动力装置。

从国外舰船核动力技术发展历史不难发现，其技术发展均以潜艇核动力技术发展为主线，经历了更新换代的过程。美国以反应堆技术为标志先后发展了几代潜艇核动力技术，分别经历了起步阶段、批量建造阶段、性能提高阶段和性能优化阶段；苏联/俄罗斯、英国和法国也先后以反应堆技术为标志，发展了几代潜艇核动力技术。而且，各国在潜艇核动力技术发展的基础上，将核动力技术不断拓展应用，发展出航母核动力、驱护舰核动力、深海装备用核动力、破冰船用核动力等。其中美国在航母核动力技术上已先后发展出三代技术，俄罗斯在破冰船用核动力技术上先后发展出四代技术。

总体而言，各国舰船核动力技术的发展历经了功率由小到大、单舰/艇反应堆装堆数量由多到少、反应堆自然循环能力由低到高、堆芯寿期由短到长、反应堆安全可靠性不断提高等过程。主要特点是归结为：将舰船核动力的发展作为国家战略实施（如美国海军反应堆计划实施舰船反应堆专项研究，优先发展反应堆技术），国家高度重视，确保长期充足的经费支持、注重中长期发展计划和规划的贯彻实施，同时建立并维持基础核科技能力；各国根据军事需求，开发了不同功率水平和技术特点，适用于潜艇、航母和大型水面船舶的多种核动力，以满足武器装备对动力、电力的不同需求，但压水堆仍是新一代舰船核动力的首选堆型；在核动力研制中注重稳步推进，着力突破单项关键技术，充分发挥技术的推动作用，逐步提升核动力总体性能，进一步提高可靠性与安全性，实现核动力技术的持续发展；都遵循了从试验堆到试验艇，通过不断改进与优化，最后成熟推广的发展思路。

二、舰船核动力的发展

（一）潜艇核动力

1. 美国

美国潜艇核动力的发展，基本上是在西屋公司和通用电气公司两大企业之间的竞争中发展的。由西屋公司设计和建造的是xxW系列，该系列包括陆上模式堆S_1W、A_1W，及其在此基础上开发出的 S_2W，S_3W（用于鳐鱼级的棘鱼号），S_4W（除了棘鱼号，用于鳐鱼级的其余各艇），S_5W（用于坚鱼级、长尾鲨级、华盛顿级、伊桑艾伦级、拉菲特级），S_5Wa，$S_5W-Ⅱ$（用于鲟鱼级），S_6W（用于洛杉矶级、海狼级），A_2W，A_4W，C_1W等装艇堆。由通用电气公司设计和建造的是SG系列，该系列包括S_1G，S_3G，S_7G陆上模式堆和S_2G，S_4G，S_5G，S_6G，S_8G（用于俄亥俄级），S_9G（用于弗吉尼亚级），D_2G，A_1G等装艇堆。

美国最先进的攻击型核潜艇有“海狼”级与“弗吉尼亚”级。其中，“海狼”级的动力装置采用西屋公司的S_6W型压水堆1座、2台蒸汽轮机，轴功率为5.2万马力，采用泵喷式推进器。S_6W型堆为自然循环反应堆，热功率为250 MW。采用二氧化铀和锆-4板型燃料，铀－235 富集度为 93%～97%，堆芯换料周期为 25～30 年。而“弗吉尼亚”级艇长 114.9 m、艇宽 10.4 m、吃水 9.3 m、水下排水量 7 800 t、水下最高航速 28 节，采用通用公司的 S9G 型压水堆 1 座、2 台蒸汽轮机，轴功率为 2.4 万马力，采用泵喷式推进器。S_9G 型堆也是自然循环反应堆，热功率为 98 MW，采用二氧化铀和锆－4 板型燃料，铀－235 富集度为 93%～97%，堆芯有效满功率为 500 天，换料周期为 30 年。

美国潜艇核动力的主要特点是：（1）除了曾经在海狼号（SSN－575）用过液体金属堆外，全部采用压水堆，但是未经过陆上考核和海试的技术不轻易采用。（2）自然循环能力强，甚至满功率自然循环运行。这使得其潜艇核动力装置有较高的固有安全性，在降低机械噪声方面取得了明显效果，也提高了核潜艇的隐蔽性。例如，“洛杉矶”级攻击型核潜艇及“俄亥俄”级弹道导弹核潜艇采用了功率较大的自然循环压水堆 S_6G，S_8G。（3）核动力功率不断提升，如 SW 系列中 S_1W 和 S_2W 的热功率为 60 MW，可提供 1.5 万马力的轴功率。SG 系列中 S_3G 的热功率为 60 MW，可提供 1.7 万马力的轴功率；到了 S_5W－Ⅱ，热功率达到了 85 MW，可提供 2 万马力的轴功率；S_6G 的热功率发展到 120 MW，可提供 3.5 万马力的轴功率；S_8G 的热功率达到了 250 MW，可提供 6 万马力的轴功率。（4）反应堆堆芯寿命不断延长。最早的 S_1W，其换料周期为 2～3 年，S_3W 及 S_4W 为 4 年，S_5W 为 4～5 年，S_5W－Ⅱ为 10 年，S_3G 或 S_4G 为 5 年，S_5G 为 9 年，S_8G 为 10 年。到了 S_9G 反应堆，其堆芯可在潜艇全寿期内持续使用而不更换。（5）SW 与 SG 系列都采用板状燃料元件，使得反应堆结构布局合理，实现一体化设计。

2. 俄罗斯/苏联

俄罗斯/苏联潜艇核动力的主要特点是核反应堆与艇同寿，增加部署时间，减少维修成本。反应堆功率适当提高，堆芯寿命普遍实现“与艇同寿”。俄罗斯“北风之神”级弹道导弹核潜艇上采用的核反应堆是俄罗斯于 1995 年研制成功的第四代压水反应堆 OK－650B 型。苏联/俄罗斯海军的第三代核潜艇上装备的反应堆，大约 5～7 年时间就需要更换一次核燃料，而“北风之神”级核潜艇的 OK－650B 型反应堆的核燃料更换周期为 25～30 年，基本实现了与艇同寿，从而保证了“北风之神”级核潜艇的在役率。

俄罗斯/苏联潜艇核动力的发展大致可划分为以下五代：第一代，于 1950 年提出建造舰船反应堆的设想。次年开始方案论证，研究各种不同类型的反应堆，1953 年确定主方案为压水堆，为解决压水堆核动力装置上艇的技术问题，并建造了 1:1 的 BM－A 型陆上模式堆，热功率为 75 MW，轴功率 1.75 万马力，采用盘管式管外直流蒸汽发生器。首艇（N 级）1957 年装堆试航。第二代，在第一代的基础上，第二代核动力装置采用了较大功率的反应堆 BM－4 型，热功率为 177 MW，轴功率为 4 万马力，并改进为紧凑式分散布置，反应堆由双流程改为单流程，简化了堆内结构，并采用了螺旋管式管内直流蒸汽发生器。第三代，在第二代的基础上采用了通用化、模块化设计，可靠性和可维修性得到了提高。反应堆为半一体化压水堆（紧凑布置），型号为 B－3，热功率为 177～190 MW，轴功率为 4～4.5 万马力，并采用了列管式直流蒸汽发生器。第四代，采用了直管式高效直流蒸汽发生器的紧凑布置压水堆，安静性有了一飞跃性的改进。第五代，将不会采用压水反应堆，而是从根本上新建主动力装置，其有可能是先前安装在 705（705 K）“天琴座”多用途核潜艇上的反应堆的进一步发展。俄战略与技术分析中心专家康斯坦丁•马基延科表示，五代潜艇的主要动力装置包括一个带液态金属冷却剂（铅–铋合金）的单反应器蒸汽发生装置和一个模块化单轴汽轮机发电机组。

3. 英国

英国差不多与美国同时考虑应用核动力装备潜艇。1950 年代初英国曾考虑过气冷堆等方案，后来接受了美国的建议采用压水堆方案，并于 1958 年在购买美国 S_5W 潜艇压水堆的基础上，结合本国条件改进而设计建造了陆上模式堆 PWR–1，后来又建起了 STF–2 的陆上模式堆。英国在核电方面是主要发展气冷堆的国家，缺乏生产制造压水堆的基础，通过引进潜艇反应堆和建造陆上模式堆，使其在潜艇压水堆动力技术上有了很大的提高。英国通过 PWR–1 的陆上模式堆，成功研制了 A、B、Z 三型堆芯，分别装备了“勇士”级、“快速”级和“特拉法尔加”级攻击型核潜艇和“决心”级弹道导弹核潜艇。英国于 1987 年建成第二代潜艇动力堆 PWR–2 的陆上模式堆 STF–2 并投入运行。研制成功的 G 型堆芯，大致与美国研制 S_8G 自然循环压水堆同期进行。新型的 G 型堆芯已装备“前卫”级弹道导弹核潜艇，并装于“机敏”级攻击型核潜艇。

英国潜艇核动力的主要特点：(1) 曾考虑过气冷堆方案，但最后选用压水堆为核潜艇的动力堆，主要为分散布置压水堆。(2) 采取了一系列降噪措施，效果明显。(3) 核潜艇反应堆的堆芯寿命逐级提高。例如，第一艘核潜艇“无畏”号装的 S_5W 的堆芯寿命只有 4～5 年，A 型堆芯基本上与 S_5W 相同，B 型堆芯寿命达到 7.5 年，Z 型堆芯寿命达到了 8 年，PWR–2 的 G 型堆芯寿命达到 10 年，H 堆芯寿命则为 25 年。(4) 单堆热功率不断提高，如 PWR–1 的单堆热功率为各级核潜艇提供 1.5 万马力的轴功率。发展到 PWR–2，其单堆热功率为 110 MW，为核潜艇提供 2.75 万马力的轴功率。

4. 法国

与美俄相比，法国的核潜艇发展较晚，而且选择了一条与众不同之路。它首先发展的是战略核潜艇，这与其坚持独立的国防政策、急需核威慑力量有关。法国第一代可畏级弹道导弹核潜艇，共建 6 艘，核动力为 1 座压水堆，2 座涡轮交流电机，1 台杰蒙特 • 斯内德电机，1.6 万马力（11.76 MW），2 台 SEMT 皮尔斯蒂克/杰蒙特 • 斯内德 8PA4 185 柴油机–电力辅助推进装置，1.5 MW，1 台应急电机。由于法国优先发展弹道导弹核动力潜艇，再发展核动力攻击潜艇，因此迟至 1976 年，法国才开始建造自己的第一代攻击型核潜艇，“红宝石”级。该级艇共建 6 艘，其中后 2 艘为改进型。“红宝石”级全长 72 m，宽 7.6 m，水上航行时吃水 6.4 m，水上排水量 2 385 t，水下排水量 2 670 t，仅相当于一艘常规潜艇，因此是世界上最小的一级核潜艇。动力装置为 CAS48 型一体化反应堆，功率为 48 MW，堆芯寿命 25 年。该级艇最大下潜深度 300 m，改进型增加到 350 m，水下最高航速 25 节，自持力 45 天，改进型为 70 天，编制人数 70 人。

2004 年 5 月在英国召开的未来海军需求研讨会上，法国 DCN 造船局的代表透露了梭子鱼级水面排水量约 4 100 t，设计水下最高潜航速度约 25 节，最大下潜深度超过 350 m。主要设计思想是保护航母战斗群，同时又完全有能力独立进行作战。首艇在 2005 年开工建造，将以每两年一艘的速度从 2020 年开始交付。

法国武器装备部称推进系统将是“新设计”，主动力装置包括核反应堆、体积补偿器、蒸汽发生器、防护装置、两台蒸汽涡轮机、主凝汽柜、两台为螺旋桨推进电机供电的发电机和两台给舰载系统供电的发电机、循环泵、螺旋桨电动机、驱动螺旋桨的单轴推进装置、指挥和控制设备，巡航时使用电力推进，而高速航行时使用涡轮机推进。法国的 K–15 反应堆可算得上目前除美国弗尼亚级核潜艇 S_9G 反应堆外，最强潜艇用核反应堆，其采用燃耗利用率极高的低浓铀燃料，可使堆芯寿命长达 25 年，服役期间不用换核燃料。

法国潜艇核动力的特点：（1）采用一体化压水堆型潜艇动力堆。大功率一体化自然循环压水堆 K–15 是其代表，装备于“凯旋”级弹道导弹核潜艇以及“戴高乐”航空母舰上。（2）潜艇压水堆的功率规模不断提高。从导弹核潜艇分散布置压水堆 PAT 堆的单堆热功率 85 MW、轴功率 1.6 万马力和攻击型核潜艇一体化压水堆 CAP 堆的单堆热功率 48 MW、轴功率 9.5 千马力的规模，提高到 K–15 一体化压水堆的单堆热功率 150 MW、轴功率 4.1 万马力。（3）自然循环能力可达 60%的额定功率，具有结构紧凑性和固有安全性高等特点。再加上核动力装置还采取了许多降噪措施，使得噪声比其他核潜艇如英国的“特拉法加”级核潜艇还低 20～30 分贝。（4）CAP 堆的陆上模式堆与 PAT 堆采用棒状燃料元件，而装艇的 CAP 堆则采用板状燃料元件，半一体化 CAS–48 堆也采用板状燃料元件。（5）堆芯寿命不断提高，从最初堆芯寿命只有 3～4 年到现在的 25 年。

（二）航母核动力

目前，世界上只有美国和法国海军拥有核动力航空母舰，其中美国现役核航母 11 艘、法国 1 艘。美国《环球海军》期刊 2019 年报道，美国海军下辖有 11 艘现役航空母舰位居世界首位。这 11 艘航空母舰分别是 10 艘尼米兹级核动力航母与 1 艘福特级核动力航母，其中尼米兹级 10 艘现役航母分别是“尼米兹”“艾森豪威尔”“卡尔文森”“罗斯福”“林肯”“华盛顿”“斯坦尼斯”“杜鲁门”“里根”“布什”，1 艘福特级航母为福特级首舰福特号核动力航母。除此以外，美国海军在去年刚刚下水的福特级 2 号舰肯尼迪号航母目前还在海试阶段，尚未加入美国海军现役。如果算上最新的肯尼迪号的话，美国海军的可用航母总数将会达到 12 艘，并且全部采用核动力 10 万吨级，如果算上两栖攻击舰，美国还有 9 艘满载排水量 4 万吨以上的两栖攻击舰（包括 8 艘黄蜂级两栖攻击舰和 1 艘最新的美国级两栖攻击舰），这是目前世界上首屈一指的强大海军力量。

“福特”级航空母舰能携带 85 架飞机，其中包括 F–35C“闪电”II 战斗机、F/A–18E/F“超级大黄蜂”战斗攻击机、EA–18G“咆哮者”电子作战机、E–2D“鹰眼”早期预警机和 MH–60R/S“骑士鹰”多用途直升机。

自从美国建成核潜艇后，就决定用潜艇核动力技术研制航母核动力技术。1961 年 11 月，世界上第一艘核动力航母“企业”号建成并开始服役。美国的“企业”号航母上装备了 8 座单堆功率为 150 MW 的 A_2W 核反应堆，使航空母舰具有更大的机动性和续航力，标志着航空母舰的发展进入新纪元。

美国在“企业”号核动力航空母舰基础上又发展了“尼米兹”级核动力航空母舰，这是美国第二代核动力航空母舰。它的首制舰是“尼米兹”号，于 1975 年 5 月建成、服役。它的标准排水量为 72 916 t，舰长 332.9 m，宽 40.8 m，舰上装有 2 座核反应堆（A_4W/A_1G）和 4 台蒸汽轮机，航速 30 节以上，装填一次核燃料可持续使用 13 年，航程可达 100 万海里。舰上可搭载 90 架各种类型战机，最大舰载机数量超过一百架。“尼米兹”级是美国海军大型核动力航空母舰，舷号自 CVN–68 至 CVN–77，共建造十艘。

从20世纪60年代开始设计建造，直到21世纪初，“尼米兹”级一直是美国海上力量和全球战略的支柱。目前，美国又研制了第三代“福特”级核动力航空母舰，其首舰CVN-78采用2座全新的A_1B反应堆。该型核动力可进一步增强安全性，提高堆舱功率密度，延长反应堆堆芯寿期，提高供电能力，改进设备性能，简化系统设备，减少维护和人员需求，提高效费比等。

法国仅有一艘核动力航母“戴高乐”号，可携带超过40架固定翼飞机和直升机，其中包括“阵风”多用途战机、E-2C“鹰眼”空中预警机、SA365F“海豚”或AS322“美洲豹”直升机。核动力采用双堆布置。1987年11月，法国海军开始建造“戴高乐”号航母，由于受当时的技术水平和经济条件的限制，直接采用了核潜艇反应堆，即把凯旋级核潜艇动力系统K-15一体化压水堆装置装到“戴高乐”号航母上，虽然2001年“戴高乐”号开始服役，但是不到7年就得换一次核燃料。“戴高乐”号采用最强的潜艇用核反应堆（单堆热功率150 MW、轴功率4.1万马力），动力提供却不能很好满足航母需求，对航空母舰的性能发挥造成很大制约，因此有评论认为，“戴高乐”号既是法国第一艘核动力航母，也很可能是最后一艘。

（三）潜艇核动力与航母核动力主要区别

大家可能都有疑惑，目前只有美国和法国两家拥有核动力航母，但各国核潜艇已经达到了一百多艘，核动力破冰船在俄罗斯都已经发展到第四代了，其“Leader”级的排水量甚至达到了7万吨。那为什么建造核动力航母这么难？究竟难在哪。我们知道，作为舰船动力，小型化是必须的，小而动力十足，又要表现出高可靠高安全性，以及高维护性，如前面提到美军最新“福特”号所使用的A_1B反应堆，可以服役终身不用更换核燃料。正所谓浓缩的都是精华，A_1B正是世上独一无二的，绝技独步天下。A_1B是经过了三代舰用反应堆技术积累发展出来的航母反应堆，单台输出功率高达25万马力，要比“尼米兹”级的A_4W高出25%，配备人员也减少了700～800人。占用空间也大为减少，机库扩大了近一倍。两机组并力，除30万马力用于推进，支持32节高航速，20万马力用于发电，各种电子设备可24小时开机，另有足够的电力支持电磁弹射。

难道不能把核潜艇上的核动力装备移植到核动力航母上？应该说理论上是可以的。但事实上，核潜艇核动力装备装在航母上还真不行，由于航母是一个由众多现代先进技术系统组成的大平台，是超大型海上作战集群的整合体，除了动力系统，大的系统还包括电子信息系统，舰载机系统，反舰、反潜、反导等防御系统，因此都对核动力提出了比核潜艇更高的要求。上面讲到的法国第一艘核动力航母“戴高乐”号就是一个例子。K-15本来是给核潜艇当“发动机”的，核潜艇不过几千吨体重轻，K-15能够给它提供足够的动力和能源。而核动力航母4.1万吨的大家伙，K-15发出最大的功率也很难使航母达到核潜艇的速度和巡航时间，导致不到7年就得换一次核燃料。此外，K-15还导致戴高乐号航母弹射器出问题，在2000年9月服役前海试期间，戴高乐号航速只有25节，比我国常规动力航母辽宁号都慢，而这速度是没法支持弹射器正常工作的。

由于核动力航母需要经常把舰载机弹射出去执行任务，这就决定了航母对动力系统的需求和其他军舰（比如核潜艇）完全不一样，不是功率合适就适用，航母弹射器需要更强的蒸气压力和更好的加速性能，才能把几十吨重的飞机弹射升空。例如，美国现役

A_4W/A_1G 反应堆蒸气压强 8.45 MPa，在尼米兹级核动力航母上，只要航速 30 节就能把 e－2c 预警机轻松弹射升空。

而法国戴高乐号上 K－15 反应堆产出的蒸气压强只有 2.4 MPa，只能拼命加强阵风战斗机自身性能，才勉强能飞出去。那把 K－15 反应堆蒸气压强调整到 8.45 MPa 可不可行呢？法国 K－15 反应堆是为核潜艇而设计建造的压水堆，为了保证核潜艇安全，其采用的是饱和蒸汽结构，输出 2.5 MPa 蒸气压强应付核潜艇绰绰有余。而要想把蒸气压强达到 8.45 MPa，需要像尼米兹级核动力航母反应堆 A_4W/A_1G 那样，把蒸汽结构换成高性能但高风险的过热蒸汽结构，一是额外多花钱改进，而法国当时选择 K－15 反应堆主要原因之一就是预算经费不够；二是即使多花钱，也要有技术和能力造出一个 A_4W/A_1G 那样的反应堆来。显然，目前除了财大气粗的美国，世界上还没有第二家有这样的技术和水平。所以，核潜艇动力系统太弱，装在航母上是不行的。

（四）破冰船核动力

目前，世界在役极地破冰船主要集中在俄罗斯、美国、加拿大、芬兰、瑞典、丹麦等国家。其中，美国拥有世界上破冰能力最强的常规动力破冰船，俄罗斯则是世界上拥有极地破冰船数量最多、技术最先进、极地作业能力最强的国家，也是世界上唯一拥有核动力极地破冰船的国家。俄罗斯在破冰船技术、装备和作战应用等方面具有领先优势。

北极被誉为“第二个中东”，拥有丰富的油气资源。美国地质调查局估计，北极地区蕴藏着全球约 30%的未探明天然气资源和约 13%的未探明石油资源。普京总统 2019 年 4 月在第五届国际北极论坛上说：“现在北极地区投资占俄总投资额 10%以上”。普京表示，俄罗斯将加大在核动力破冰船方面的投入，预计到 2035 年前，俄罗斯北极船队将拥有至少 13 艘重型破冰船，其中 9 艘为核动力破冰船。俄罗斯希望凭借强大的重型核动力破冰船，实现北方航道全年通航，并借由这些破冰船强化在北极地区的战略存在。俄罗斯正与传统对手加拿大、美国、挪威争夺这一地区主导权。

迄今为止，俄罗斯在核动力破冰船技术上遥遥领先，且仍旧是世界上唯一拥有核动力破冰船的国家，所有核动力破冰船均由俄原子能国家集团核动力破冰船公司负责管理和运营。现已发展四代六型核动力破冰船。

第 1 代核动力破冰船“列宁”号，第 2 代核动力破冰船“北极”级和“泰米尔”级，第 3 代是核动力破冰船“LK－60”级，以及正在研发的第 4 代核动力破冰船“领袖”级和 LK－40 级。

俄迄今已建成 10 艘核动力破冰船，但只有 4 艘在役，1 艘于 2019 年 12 月 14 完成首次试航验证工作，另外 5 艘已退役。这 10 艘破冰船可分为三代四型。

“列宁”号是世界上第一艘核动力破冰船，建于 1956 年，1959 年服役，1989 年退役。该船长 134 m，宽 27.6 m，高 16.1 m，吃水深度 10.5 m，破冰能力 1.7 m，排水量达 19 240 t，最大航速为 19.6 节，主动力装置功率为 4.4 万马力；原装备 3 座 90 MW OK－150 型压水堆，后由于在换料期间发生事故，堆芯受损严重，于 1970 年换装了 2 座 159 MW OK－900 型压水堆，为螺旋桨提供 32 MW 推动力；主要进行北冰洋地区的考察和救援活动，在北海航线上执行破冰和引导运输船只的任务。

第 2 代核动力破冰船共 8 艘，包括“泰梅尔”级 2 艘和“北极”级 6 艘。“北极”级中，目前只有“亚马尔”号和“胜利 50 周年”号仍在服役，另外 4 艘已退役。它们均长 148.5 m，宽 30.5 m，高 17.25 m，排水量 23 000 t，破冰能力 2.5 m，排水量达 19 240 t，最大航速为 20.8 节，主动力装置功率为 7.5 万马力；装备有 2 座 171 MW OK－900A 型压水堆，为螺旋桨提供 54 MW 推动力。而“胜利 50 周年”船于 2006 年建成下水试航，2007 年正式交付使用。船长 159 m，宽 30 m，高 17.2 m，吃水 11 m，满载排水量 2.5 万吨，最大航速 20.8 节，航速为 18 节时最大破冰厚度 2.8 m，总功率为 7.5 万马力，船上装有两个核反应堆。

“泰梅尔”级装备有 1 座 171MW KLT－40M 型压水堆，为 3 个螺旋桨提供 35.5 MW 推动力，主要用于在海岸、港湾甚至内河河口等浅水区实施航道破冰作业。“泰梅尔”级包括“泰梅尔”号和“瓦伊加奇”号。它们均长 150 m，宽 28 m，吃水 8.1 m，排水量 18 500 t，破冰厚度为 1.7 m，速度 18.5 节。目前这两艘破冰船均在服役。

第 3 代核动力破冰船为 LK－60YA 级，是目前全球最大、功率最强的破冰船，包括“北极”号、“西伯利亚”号和“乌拉尔”号，主要用于替换“北极”和“泰梅尔”级。首舰“北极”号于 2019 年 12 月 14 日完成为期两天的航行试验，但使用柴油燃料动力。“北极”号长 173.3 m、宽 34 m，排水量 33 500 t，最大航速可以达到 22 节，服役期为 40 年，造价约为 369 亿卢布（约 6.4 亿美元）。它配备两座 175 MW RITM－200 型核反应堆，为螺旋桨提供 60 MW 推动力，具备 9 级破冰能力，可以破除 3 m 厚的冰层。2 号舰“西伯利亚”号排水量为 33 540 t、长 173.3 m、宽 34 m、吃水 10.5 m、装有 2 座 175 MW 的 NPS－200 型核反应堆，3 具螺旋桨推进，航速 22 节，于 2017 年 9 月 22 日完成下水。3 号舰“乌拉尔”号于 2019 年 5 月 25 日在圣彼得堡下水。此外，2019 年 8 月，俄罗斯原子能集团和波罗的海工厂签署了再建两艘该型核动力破冰船的合同。可见，该型核动力破冰船有三大特点：船型尺寸最大；动力更强；有更高的破冰效率。

第 4 代“领袖”级核动力破冰船俄罗斯正在研制中，用于在北海航线全年载重量超过 100 000 t，宽度超过 50 m 的大容量运输船的引航，为天然气运输船和油轮提供全年的护航，包括向韩国，日本和中国运送碳氢化合物燃料的船只。“领袖”级总排水量将为 71 380 t，长 209 m，宽 47.7 m，高 20.3 m。该船将接收两座 RITM－400 核反应堆，其推进器功率为 120 MW，每个的热功率为 315 MW。该船的推进器包括四个螺旋桨。预计该型破冰船在水中的速度将达到 24 节（每小时 44 km），而在 2 m 厚的冰中将达到 12 节，破冰厚度近 4 m，各项参数与 LK－60 级均有较大提升。该船的设计使用寿命为 40 年。俄罗斯计划至少建造 3 艘“领袖”号核动力破冰船，每艘预计耗资 16 亿美元。预计到 2033 年这三艘将交全部付。

第三节　空间核动力

空间核动力包括空间核电源和核热推进系统，用来给航天器提供电能和推进动力。空间核动力可以满足通信卫星、军用卫星、空间站、空间运输、空间武器、空间作战平台、深空探测、外星基地等对电能和推进动力的需求。

空间核动力的能量来源是核能。目前，空间核动力利用的主要是核反应堆产生的裂变能和放射性同位素的衰变能。根据不同的任务需求、通过不同的方式，空间核动力装置可以把核能转变成电能和推进动力。

一、空间反应堆

（一）空间堆简介

人造卫星、宇宙飞船空间站等航天器的动力与仪器设备的运行需要使用长期、可靠性高的电源。然而通常的化学电池重量大、使用期短，不能适应卫星、飞船工作。因此，在卫星、飞船中多数采用太阳能电池和蓄电池联合供电。但是，太阳能电池在阴影、深空等环境下不能工作；在离太阳太近或较远处，都不能使用。即使是太阳系内，据推算，海王星所接受到的太阳能，单位面积功率还不到地球上的1/900，无法利用。另外，大面积的太阳能电池阵对机动飞行和低轨道飞行带来较大阻力，需要携带大量燃料进行轨道维持，同时也存在安装和展开的技术困难：展开面积大，结构复杂，难以实现高精度和高稳定度的姿态控制；受空间碎片、陨石和外部打击面大，也容易受辐射等因素的影响。所以，太阳能电池阵–蓄电池组联合电源在军事航天方面无优势可言。随着人类对太空的不断开发和利用，需要的空间能源的功率越来越大，寿命越来越长，因此这些常规能源的功率和寿命方面很难满足空间站长期工作的需要。为此人类想到了核能，利用空间反应堆来满足载人飞船、大型空间站对大比功率、长寿命、高可靠性、抗电磁波干扰等性能的要求。

空间反应堆可以采用高富集度的铀为燃料、氢化锆为慢化剂、铍为反射层的热中子或超热中子反应堆；也可采用快中子反应堆，用液态金属锂或钠作为冷却剂，通过热电能量转换器直接将裂变能转换成电能，还可用蒸汽轮机或汽轮机发电把热能转换成电能。空间核反应堆电源技术难度高，研制周期长。但空间核反应堆电源具有重要优势：易于实现大功率供电，能为航天器提供数千瓦至数兆瓦的电能；能量密度大，在高功率下，质量比功率优于太阳能电池阵–蓄电池组联合电源系统，重量轻、体积小、比面积小、阻力小、受打击面小，隐蔽性好；功率调节范围大，具有快速提升功率的能力，机动性高；不依赖太阳辐射能，不需要对日定向，可全天时、全天候连续工作；环境适应性好，具有较强的抗空间碎片撞击能力，可在尘埃、高温、辐射等恶劣条件下工作。因此，空间核反应堆电源是军事航天的理想电源，是深空探测不可替代的空间电源。

早在20世纪50年代苏联/俄罗斯和美国就正式开始研发空间核动力技术，主要着眼于装备军用卫星、战略弹道导弹、巡航导弹等，投入了大量的人力、物力和财力，取得了重大成果。图5–3–1是俄罗斯研制的TOPAZ–Ⅱ空间反应堆。这是一个氢化锆慢化的超热中子反应堆。反应堆堆芯外侧周围是铍反射层，堆功率是通过铍反射转鼓的转动来控制的，每个反射转鼓由116度扇面的碳化硼作为中子吸收体，通过控制鼓转动改变扇面吸收体的位置来达到控制反应堆的目的。该反应堆堆芯高37.5 cm，直径26 cm，由37根富集度96%的二氧化铀燃料元件组成，燃料装载量27 kg，采用22%钠和78%钾的液态合金进行冷却。反应堆的热功率为115 kW，电输出功率5.5 kW。堆芯反应堆出口温度843 K，入口温度743 K，冷却剂质量流速1.3 kg/s。

在空间核反应堆技术中，还有一种叫空间热离子核反应堆，见图5–3–2。它是将铀燃料元件制成像二极管一样，用核燃料与金属钨片制作成阴极，金属铌做成阳极，抽真空后，再装入铯蒸汽，使电子容易由阴极飞出。这种装置也称为热离子发射转换堆。反应堆中裂变产生热量，将钨加热到 1 300～2 000 ℃的高温，钨便发射出大量电子，通过二极管和外电路形成电流。用这种反应堆发电不需要运动部件，整个装置可以做得小而轻，目前功率可以达到 10 kW 以上，进一步改进功率可达 1 000 kW。将应用于大型通信卫星和星际航行的宇宙飞船的主要电源。

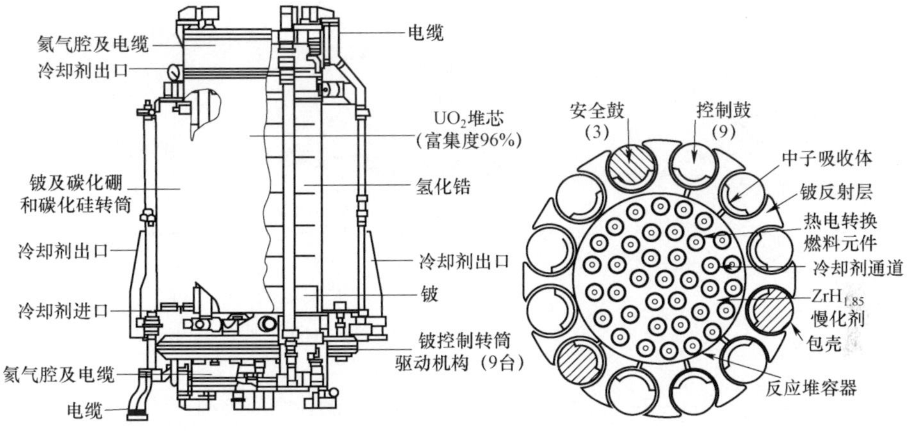

(a)　(b)

图 5-3-1　TOPAZ-Ⅱ反应堆

图 5-3-2　空间热离子核反应堆示意图

总的来说，空间核反应堆主要优势是：①能满足所有空间飞行的要求，既可以长期低功率供能，又可以短时间高功率供能；②能够利用现有核动力技术，既可以使风险与成本降低，又能节省开发时间；③能够做到体积小、质量轻，特别是单位功率的质量大大小于其他类型的能源；④具有安全性好、可靠性高，相较于太阳能和光能源电池，具有抗外界攻击的性能。

有学者经过分析给出了所需电力与使用时间最佳的空间电源图 5-3-3。从图中可以看出，化学能由于受到质量和体积的限制，一般适合于时间较短的空间能源供应；太阳能产生的电功率一般在20～100 kW之间，可运行7～10年，适用于能量较低的空间电源；放射性电池，由于单位时间放射性同位素衰变产生的能量有限，因此只适合于低功率的能量供应。而空间核反应堆由于体积小、比功率大，在很宽的功率范围内都能满足空间供电的要求。

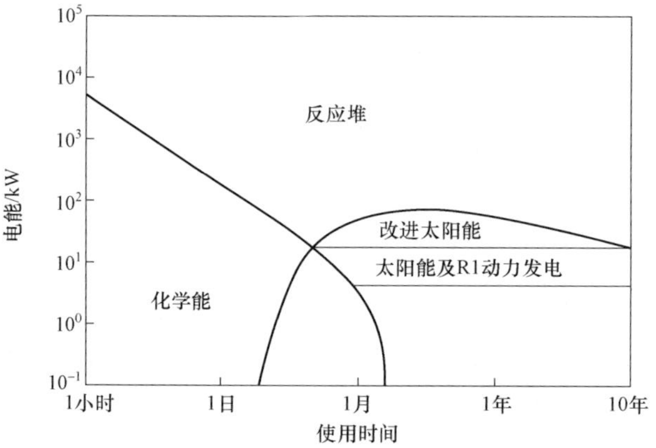

图5-3-3　所需电力与使用时间的最佳空间电源

由于空间核反应堆具有重要的意义，美国、俄罗斯等国都给予了高度重视并先后开展了研究，简介如下。

1. 美国

美国从20世纪五六十年代开始进行空间动力堆的研究，1965年4月3日，美国成功把500 W的SNAP-10A空间堆送入太空。这是美国首座也是唯一一座被送往太空作业的空间堆，但该堆仅运行43天，就因设备故障而废弃。1983年美国又开始研究SP-100型空间核动力反应堆，该反应堆是用液态锂冷却的快中子堆，其运行温度可达1 000 ℃以上，设计满功率寿命7年。反应堆堆芯装有878根87%～97%富集度的氮化铀（UN）燃料，可产生2.4 MW的热功率。UN燃料温度在1 300 K以上会显著膨胀，所以燃料棒与包壳之间的间隙取得很大，以减小包壳的变形。为了不使UN加热熔化，燃料最高温度限制在2 000 K。堆芯内除燃料棒外，还设置有7根安全棒。

2012年，洛斯·阿拉莫斯国家实验室在内华达Flattop装置上进行空间堆技术方案验证测试。在此次测试中，使用了高浓铀堆芯、1根热管（位于堆芯中心孔）和2台斯特林发电机的设备配置，最终产生24 W功率，证明了这一技术方案的可行性。此次测试为期不到6个月，投资不到100万美元。2018年5月2日，美国国家航空航天局在克利夫兰格伦研究中心召开新闻发布会，宣布已完成Kilopower千瓦级空间堆测试。此次测试于2017年11月—2018年3月在内华达国家安全试验场区进行。

Kilopower是一种千瓦级空间核反应堆，具有结构简单，造价低，并使用成熟技术等特点，可作为深空探索的动力系统和外星前哨站的能源供应系统。与传统核反应堆一样，Kilopower使用铀-235裂变产生的能量。与以水为冷却剂并使用二氧化铀燃料的传统反应堆不同的是，Kilopower使用钠热管以非能动方式将热量从堆芯传导至斯特林发电机，并以铀钼合金为燃料。

Kilopower 使用铀钼合金堆芯，堆芯外围是氧化铍反射层，功率为 1～10 kW，可连续运行 10 年不用换料。通过从反应堆一端插拔碳化硼单棒来控制其启动和停堆。氧化铍反射层可将中子弹回堆芯，提高自调节裂变反应的效率。紧密围绕堆芯的热管将堆芯热量传递至斯特林发电机，将热能转换为电能。设置了一个伞状冷却阵列，排出过剩的热量（见图 5-3-4）。

Kilopower 采用模块化设计，将自持式反应堆装置与斯特林发电机组合在一起，为深空探测器或火星等外星前哨站提供能源。4 座 Kilopower 反应堆即可满足火星前哨站的电力需求。而且 Kilopower 的容量未来有望扩至 10～100 kW，甚至兆瓦级别。未来，宇航员只需在月球或火星表面安装几台这样的装置，就可保障前哨站在 10 年甚至更长时间的能源供应。

图 5-3-4 Kilopower 空间堆结构图

2. 苏联/俄罗斯

苏联虽然很早就成功研发和应用了钋-210 放射性同位素电池，但发展重点却是空间核反应堆电源和核热推进。从 1961 年起，苏联研发了四种型号的空间核反应堆电源系统：ROMASHKA 转换器-反应堆、BUK 型空间核反应堆电源、TOPAZ-1 型空间核反应堆电源和 TOPAZ-2 型空间核反应堆电源。前两个为小型快堆，热电直接转换。后两个为超热中子堆，热离子直接转换；苏联于 1967 年发射了第一颗用核反应堆供电的“宇宙号”卫星，到目前为止已有几十颗由反应堆供电的宇宙系列卫星在太空中运行，这些卫星主要用于军事目的。宇宙系列卫星的核反应堆有两类种类型：一类叫罗马什卡（Romashka），为快中子反应堆，使用富集度大于 90%的铀-235 陶瓷燃料，通过热电转换原理把热能转换成电能；另一类叫托帕斯（Topas），为超热中子堆，以氢化锆作慢化剂，使用富集度大于 90%的铀作燃料，通过热离子发射原理把热能转换成电能。

另外，苏联为了提供与核热推进系统实际运行工况一致的试验条件，还专门建立了“IGR”高通量石墨脉冲堆、“IVG-I”实验反应堆和“IRGIT”实验性原型堆。在“IGR”反应堆上完成了核热推进系统燃料元件的动态试验，在“IVG-1”反应堆上完成了燃料组件的寿命考验，把“IRGIT”实验性原型堆运行到 90 MW 的功率水平。成功研制了核火箭发动机的燃料元件和燃料组件，建造了 RD-0410 型核火箭发动机试验样机，在著名的贝加尔试验台架上完成了全尺寸核火箭发动机反应堆的几个试验系列。

苏联解体后，俄罗斯政府在 1998 年发布了《俄宇航核动力发展构想》，强调要继续保持在空间核动力领域的国际领先地位。2009 年 10 月，俄罗斯宣布了功率为兆瓦级的核飞船的研制计划。投资 6 亿美元，研发周期 9 年，2018 年发射升空。

俄罗斯在空间反应堆的研究方面已积累了 400 多堆年的运行经验，还在研究比以往的宇宙系列反应堆效率更高，寿命更长，电功率可达 400 kW 的空间堆型。

（二）空间堆特点

由于空间反应堆的使用环境与陆上反应堆的使用环境有很大差别，因此对反应堆各方面的指标要求也有很大不同，其主要表现为：

（1）卫星在发射时，反应堆要承受 10 g 左右的加速度，同时还要产生很大的振动，而进入轨道时为失重状态，因此，反应堆内液体的状态及其相关的结构会发生变化；

（2）在宇宙中，局部空间的温度很低，甚至为零摄氏度，核反应堆装置必须保持适当的温度运行；

（3）宇宙空间是高真空状态，在没有填充气体的情况下，有机的电绝缘体可能发生汽化，使反应堆发生故障；

（4）为防止宇宙尘埃对反应堆的冲击，要求反应堆必须加设保护容器。

由于空间反应堆的以上特殊运行环境和特点，对空间反应堆提出了以下要求：

（1）为适应空间卫星或飞行器的有限空间，要求反应堆必须体积小、质量轻，以减少发射时的负荷；

（2）为适应空间远距离的飞行和工作，要求反应堆的自控性和可靠性高，能够依靠地面指令运行，而不需要人工进行维修和调整；

（3）为保证在地面与发射过程中的安全，以及反应堆在宇宙中的运行安全，必须保证反应堆不发生放射性泄漏和污染。

由于以上的一些要求，空间核反应堆的技术要求更高，条件更苛刻，所以要在现有的陆地核反应堆技术的基础上进行开发和改进。同时还要开发一些新技术，例如新型控制技术和热电转换技术等。

二、空间核电源

目前以核能作为空间电源的形式有两种：一种为空间核反应堆发电系统；另一种为放射性同位素电池。美国自 1961 年开始向太空发射装备核电源的航天器以来，已有 20 多个军用和民用航天器共装有 40 多个核电源，其中大多数为放射性同位素热电发生器（RTG），少数为核反应堆电源（如 SNAP－10 A）。苏联自 1967 年在航天器上使用了第一座空间核反应堆作为雷达监测海洋卫星的电源，此后大量的空间核反应堆电源和少量放射性同位素电源得到了应用。

（一）反应堆电源

核反应堆发电系统因功率大、寿命长、结构紧凑、质量较轻、比功率大、效率较高、可在强辐射条件下工作，在空间具有高的机动性和生存能力，因而在军事上可用作大功率雷达、军事侦察卫星、火箭的核能电力推进以及激光与粒子束武器的电源。空间核反应堆电源还能用于诸如深空探测、全球通信、资源勘探、材料加工以及建立太空基地等方面的非军事任务。所以空间核电源是一种理想的空间电源。

在空间核电源方面，美国早在 1956 年就制订了一项“核辅助动力系统（System for Nuclear Auxiliary Power，SNAP）”计划，目的是为当时发射的军用导航卫星提供电力。该计划以单数编号命名放射性同位素温差发电器，而双数编号命名核反应堆，如 SNAP－10A。在 20 世纪中后期开始，美国实施的核辅助动力系统计划与核火箭计划都包含有空间核反应堆的内容，目的是实现航天器的电源供应与火箭的核能电力推进。

1965 年 4 月，美国在地面试验的基础上将一座空间核反应堆 SNAP－10A 送入

1 300 km 高度的轨道，用作美国空军卫星的辅助动力。该堆设计功率为 540 W，实际功率达到 630 W，运行 43 天后因电源调节器故障而关闭，至今仍停留在长寿命高轨道上。

1978 年苏联“宇宙号（Cosmos）–954”军用卫星在加拿大坠落，从而第一次向世人暴露，苏联卫星采用了核反应堆作为空间电源。1979 年美国为满足未来空间系统的动力需求，开始发展新一代的核反应堆。这一核电装置是空间动力先进堆（SPAR）计划的一种演变，后又命名为 SP–100。1983 年美国在总结过去工作的基础上，发现中止开发空间核反应堆电源犯了历史性的错误，于是由国防部海陆军三军协同高技术局、航天局及能源部组建先进能源委员会，提出集中力量开发 SP–100 空间核反应堆系统。SPAR/SP–100 核电装置是 SP–100 计划的第一阶段。经过 1983—1986 年三年反复比较，美国最后确立了一种与静态热电能量转换装置配套的快中子增殖堆，采用氮化铀作燃料元件，铌基合金作包壳，液态金属锂既作为该装置主回路的冷却剂，也是热管辐射嵌板散热循环的工质。

1986 年以后 SP–100 空间核反应堆系统计划主要集中在反应堆和能量转换系统的设计、研究和制造以及核装置试验上，并选用四种发电系统，重点放在反应堆温差发电系统。目标是研制电功率 100 kW、寿命 7～10 年、重量 3 t 的热电直接转换的空间核反应堆电源，应用方向是空间武器和核电推进。

苏联的空间核电源计划，技术路线与美国完全不同。他们一开始就注重开发空间核反应堆电源。苏联曾经向太空发射了近 2 000 颗卫星，其中使用了 35 个核反应堆电源和少量的放射性同位素电源。库尔恰托夫原子能研究所 1964 年研制出 Romaska 空间核反应堆地面装置，1967 年 12 月装入宇宙号–198 发射。Romaska 采用快中子堆，利用温差电转换，电功率 0.5～0.8 kW，结构简单，体积紧凑，使用可靠。1970 年苏联奥布宁斯克物理动力研究所开发了一种新型 TOPAZ–1 空间核反应堆电源装置，1987 年 2 月第一次装入宇宙号–1818 卫星发射，1987 年 6 月第二次装入宇宙号–1867 卫星发射。该空间核反应堆为热中子堆，氢化锆作慢化剂，大于 90%富集度的铀–235 作为燃料，钠–钾液态金属强迫循环传热，热离子能量转换，电功率 7 kW。专家们认为 TOPAZ 是当时最有发展前途的空间核电系统。1989 年美国与俄罗斯开展合作以来先后向俄罗斯租借了 6 座 TOPA2–2（最大输出电功率 5.5 kW，直流电流，热功率 135 kW，出口处冷却剂最高温度 550 ℃，发射极最高温度 1 650 ℃，工作寿命 1.5 年，装置长 3 900 mm、最大直径 1 400 mm、重量 1 000 kg，反应堆裕度确保的寿命为 3 年），这是 TOPAZ 空间堆第二代产品。第四代 TOPA2–4 空间堆，电功率提高到了 30 kW。TOPAZ 系统若从热中子堆改成快中子堆，电功率可达 100 kW。因此，TOPAZ 型热离子空间核反应堆电源也被被认为是世界上迄今为止最先进的空间核电源。

（二）同位素电源

同位素电源是利用放射性同位素衰变的热量产生电能。在同位素电源中，首先采用的同位素是钋–210，它的放热量是 141 W/g，它的半衰期是 4.5 个月。这样的工作周期显然不能满足长期航天飞行的需要，于是后来的研究人员又选用了钚–238。钚–238 的半衰期是 89 年，放热量为 0.55 W/g，但此种同位素燃料比较昂贵。比它们廉价的同位素有锶–90，其半衰期为 18 年，发热量为 0.93 W/g。但锶–90 的辐射危害性较之其他同位素更大一些。采用钚作为同位素电池的热源比较安全，因为这些同位素在其衰变过程中只放出α粒子，并没有γ射线辐射。在使用这些同位素作热源时，一般把它们的合金、氧化物或碳化物很好地密封于金属管子中。例如俄罗斯研制的同位素电池，同位素燃料管置于石墨层中，石墨圆柱体的外部紧密地与热电转换组件相联结。热电转换的主要原理是，当两种不同材料的金属形成一个闭合回路，金属两端温度不同时，在回路中就会产生一定方向和大小的电流。这种热电转换器产生的电流和电压正比于转换器两端的温差。根据选用的同位素不同，热端的温度一般在 350～650 ℃之间，冷端温度在 100～250 ℃之间。目前同位素电源能达到的热电转换效率为 4%～6%，比功率达到 200 kW/kg。

同位素电源的功率一般都不大，其原因是放射性同位素是按照衰变规律不断放热，在不使用时要考虑其散热问题。当卫星装在发射架时，处于待发射状态，同位素就应预先置于电源中，然而此时卫星不需要供电，或只需要很少量的电源，这样就必须把大量的余热散发掉。若同位素的电源功率很大，就须要很大的散热面积，因此必须限制它的功率。相比之下，核反应堆电源可以实现有控制的发热，无须解决它在不使用时的余热排出问题。但是核反应堆电源不可能做得很小，这主要是受到反应堆临界尺寸的限制，因此在功率较小的情况下使用同位素电源更具有优越性。从 2003 年起，美国开始执行所谓普罗米修斯（Prometheus）计划。在技术层面上该计划包括研发新一代放射性同位素电源系统。

三、核电火箭与核火箭

航天技术发展到今天，化学能火箭功不可没。但对给定质量的燃料，化学能火箭发出的功率较低，从而对航天器有严格的限制。从技术上讲，化学能火箭所能达到的最大速度较低，即它的排气速度不高。使用氢和氧作推进剂的火箭只能使要离开地球轨道飞出的探测器获得大约 10 km/s 的最大速度，而核火箭的最大速度可达到 22 km/s。在这样高的速度下，我们可以把探测器直接送到火星，并可以把用在旅途上的时间从 7 年左右缩短到 3 年。使用核推进器的探测器，可从地面上用常规火箭发射，待到地面上空 800 km 后再启动核推进器。

航天器的核能推进方式可分为核能电力推进（核电火箭）与核热推进（核火箭）两种。

（1）核能电力推进系统是空间核反应堆与电火箭相结合的产物。从一般的电推进发展到核电推进的核能电力推进系统，属特种火箭发动机的第二代，20 世纪中期实现星际航行与空间探索。核能电力推进装置是将从核能转换的电能提供给电火箭，使推进剂（例如汞或氖）电离、加速，成为等离子态的推进剂以高速排出喷管，产生推力。核能电力推进系统最早考虑的能量转换方式是采用闭式的燃气轮机循环。这种方式可以较多地使用现有的成熟技术，使用高温气冷堆产生的气体直接推动涡轮机做功，使涡轮机发电。这种能量转换方式中影响效率较大的因素有两个，一个是高温下涡轮机叶片的材料问题，要得到较高的效率，就需要涡轮机叶片在高温下工作，而叶片的材料和寿命限制了它的使用温度；影响效率的另一个因素是排气的温度，排气的温度越低效率越高，而排气温度低带来的问题是需要较大的散热片，这会增加散热器的质量和体积。

为了克服涡轮发动机能量转换存在的缺点，后来的科学家又开始研究用在航天推进器上的磁流体能量转换器。图 5-3-5 是带有磁流体能量转换器的核能电力推进装置的结构图，该推进装置采用磁流体能量转换器将反应堆产生的热能转换为电能。核能电力推进装置的电火箭具有高比冲、小推力、长寿命、高精度、高可靠性的特点，适用于各种航天器的位置保持、姿态控制、轨道修正（辅助推进）以及星际航行、星际探测、轨道转移（主推进）等用途。利用电火箭将航天器从低的地球轨道转移到高轨道或地球同步轨道，与使用运载火箭直接发射相比，可把有效载荷的质量提高几倍至几十倍。用于侦察卫星和空间武器的变轨，在军事上更具有重要意义。根据分析，要实现卫星变轨，需要几十千瓦以上大功率的空间电源，这就需要比功率大（>0.05 kW/kg）的核能电力推进装置。假设单台电火箭的推力为 0.15 N，所需功率为 3.6 kW，则轨道转移用 30 台电火箭的组合推力可达 4.5 N，所需功率约为 100 kW。

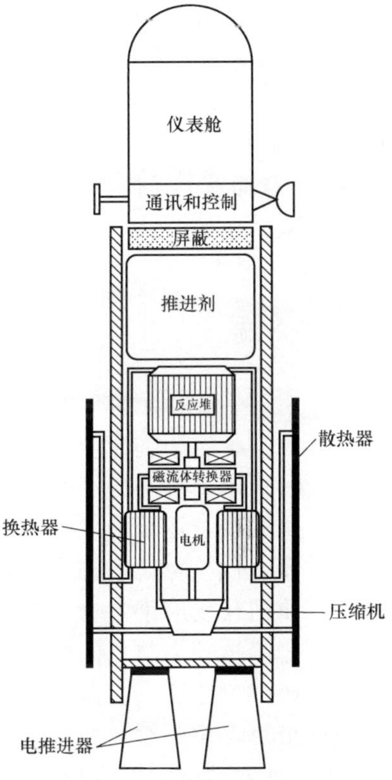

图 5-3-5 核电推进装置的结构图

核能电力推进装置的开发难度大，要求同时进行空间核反应堆、能量转换器和电火箭的研究、设计和试验。可用的核反应堆有热离子反应堆、脉冲反应堆等。

（2）核热推进装置（即核火箭发动机），是用核反应堆取代液体燃料火箭发动机燃烧室，用核能取代化学能，将推进剂（氢、氦或氮）加热至极高温度，经排气喷管高速排出，产生很大的推力（若干 kN，能把几十吨重的载荷送入地球轨道）。美国一家公司设计出了一种核火箭发动机，该发动机的燃料装在中空卷筒的多孔金属板内，燃料卷外围裹着一个氢化锂套用作慢化剂，可使燃料内裂变产生的中子慢化。身兼冷却剂和推进剂两个作用的液氢从卷外向内流动，并在升温和向中心部位的流动过程中迅速变成气体。温度高达 3 000 K 的高温氢气将沿着燃料卷中轴处的一个通道高速流动，而后通过一个小喷管流出。这种核推进装置的一个优点是它的推进剂（氢）不仅在地球上可以满足供应，在外太阳系的巨型行星上以及在遥远的卫星和行星的水冰中都有广泛的来源。图 5-3-6 是一个核火箭发动

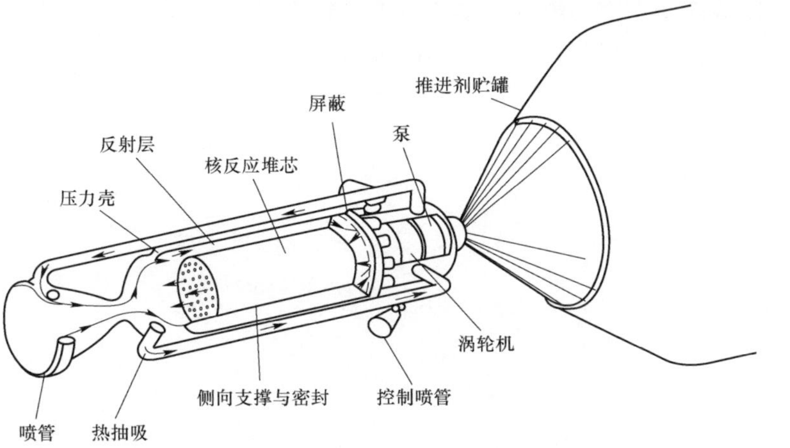

图 5-3-6 核火箭发动机装置示意图

机装置的示意图，主要由核反应堆能源，推进剂贮罐，以及涡轮泵等部分组成，这种形式的推进装置系统简单，但是因为反应堆内的温度很高，因此对反应堆的技术和材料都有很高的要求。核火箭发动机的比冲量很高（>900 s），可产生的电功率 200 kW 以上，寿命 600 天，能大大减少推进剂用量。核火箭在实现航天器的轨道转移方面还可缩短飞行所需的时间，从而有利于降低宇宙射线对航天员的辐射危害，因此适用于星际航行，如载人火星探索等。

思考题

1. 请简要叙述裂变反应堆的工作原理。热中子反应堆与快中子反应堆有什么区别？
2. 分别按所用的冷却剂、燃料分类，都有哪些类型的反应堆？
3. 何谓压水堆、沸水堆？它们主要区别是什么？
4. 请简要叙述核动力反应堆技术发展历程。
5. 新一代核电技术的发展将更加注重哪些方面？
6. 第四代反应堆是哪一年在什么背景下提出的？具体包含哪些堆型？
7. 舰船核动力装置的原理与陆上核电站类似吗？它有哪些特殊要求？
8. 舰船采用核动力后有哪些优点？
9. 世界上第一艘核动力潜艇是哪一年问世的？美国潜艇核动力的主要特点有哪些？
10. 俄罗斯/苏联潜艇核动力的发展大致可划分为几代？
11. 法国潜艇核动力的特点有哪些？
12. 潜艇核动力与航母核动力主要区别？
13. 把核潜艇上的核动力装备移植到核动力航母上会有哪些问题或困难？
14. 世界上第一艘核动力破冰船，分别在哪一年开建、服役和退役的？采用怎样的反应堆？
15. 相较于太阳能电池和蓄电池联合供电，空间反应堆有哪些优势？
16. 对空间反应堆有哪些特殊要求？
17. 目前以核能作为空间电源的形式有哪两种？
18. 什么叫同位素电源？首先采用的同位素是哪个？

第六章

核反应堆安全问题与安全设计

第一节　反应堆安全特性

自第一座反应堆建成开始，科学家们便认识到反应堆所独有的安全特性，这些特殊安全问题主要来自于事故工况下不可控的放射性核素的释放，其危险性的本质表现在：

一、核裂变可造成功率的陡升

由于快速裂变并释放能量，反应堆有出现裂变功率剧增的可能。人类之所以能够利用核能，主要基于以下事实：在核裂变反应过程中，单位质量的核燃料将释放出巨大的能量。由中子引发的裂变反应又同时释放出更多的中子。正是通过这两个条件的结合，我们才有可能设计出一种既能形成自持链式反应又能连续释放能量的反应堆。

为了获得稳定的能量输出，需保持稳定的核裂变链式反应。即反应堆里的中子数目应当保持平衡。换言之，只有当触发堆芯中可裂变核素铀或钚裂变的中子数稳定时，反应堆才处于稳定状态。我们用有效增殖系数 k 来描述这种中子平衡的程度。若 $k=1$，则中子数恒定，反应堆处于临界，堆芯产生的功率稳定。若 k 小于 1，反应堆处于次临界，堆芯功率不断递减，最后处于极低功率水平。若 k 大于 1，反应堆处于超临界状态，堆芯功率快速增加。

在实际应用中，我们用反应性 ρ 来描述反应堆偏离平衡的程度（见第二章）。相应地，$\rho=0$ 时反应堆处于临界状态，ρ 小于 0 时（负反应性）反应堆处于次临界状态，ρ 大于 0 时（正反应性）反应堆处于超临界状态。在失控的超临界状态下，反应堆功率可能急速增加，燃料产生巨大的热应力，若冷却能力跟不上需求，堆芯便会遭受破坏。由此，为确保核安全，引出了反应堆基本安全功能之一：控制反应性。但是，核反应堆在某些反应性事故工况下使得核裂变反应失控，例如，引入一个正反应性超过 β（缓发中子份额 β，约为 0.006 5），此时反应堆为瞬发超临界，将产生比设计功率高得多的功率。即使对于一座热功率只有 100 MW 级的反应堆，在反应堆发生控制棒弹出事故时，1 秒钟内反应堆瞬时最高功率可以达到 10 000 MW 以上！过高的功率造成燃料元件产热、传热、输热的严重失衡，燃料碎裂成热的颗粒，这些热的颗粒使得冷却水急剧地蒸发，从而引起蒸汽爆炸，甚至氢气爆炸，反应堆可被完全摧毁。苏联 K−431 号核潜艇核事故、切尔诺贝利核事故就是典型的案例。因此，为确保核安全，反应堆引入的反应性须永远控制在缓发中子份额β以内（称为缓发超临界），实际上，核电厂或核动力反应堆总是在极小的反应性扰动下运行，很少超过 0.001。

事实上，在现代反应堆的设计中，均使得反应堆具备负反应性反馈系数的固有安全性，与发生事故的切尔诺贝利核电厂的堆芯设计有本质区别。在异常工况下，负反应性反馈系数将使核裂变链式反应速率自动下降。同时，在运行中，通过多套冗余的控制系统（如控制棒、化学补偿控制等）来严格控制反应性的引入速率和引入量。异常工况下，反应性控制系统自动紧急启动，实现反应堆紧急停堆。另外，反应堆、安全壳内发生的爆炸与原子弹的爆炸本质不同，由于可裂变燃料的浓度相对较低，无法达到核爆需要的临界体积，因此不会发生核爆炸。无论是切尔诺贝利核电厂、还是福岛核电厂，爆炸主要是由于过热的蒸汽或较高浓度的氢气与氧气结合造成的。较高浓度的氢气主要由燃料包壳材料锆合金与冷却水在高温条件下发生化学反应产生，因此事故中的爆炸属于化学和物理爆炸，完全不同于原子弹的核爆炸情形，二者不能混为一谈。

二、反应堆核裂变与核衰变会释放强放射性辐射

与一般工业装置相比，反应堆的危险性在于核裂变过程中除了释放巨大的能量以外，还伴随着大量放射性物质的生成，即反应堆内的原子核在裂变过程中会产生的新的原子核以及大量射线如α、β、γ和中子等。统计分析表明，核裂变过程产生的碎片物中包括约 40 种元素 250 种不同的核素。在反应堆运行一段时间后，堆芯内存在的核素将达上千种。从对反应堆取出的乏燃料分析发现，质量数在 85～105 和 130～150 之间的核素占大多数。而且，绝大部分裂变产物不稳定，将不断地进行衰变，并放出射线，如α、β和γ射线，如直接照射于人体，可能产生电离辐射损伤。我们将这些新产生的不稳定的核，称之为放射性裂变产物。放射性裂变产物的浓度会随时间而衰变减少，其浓度衰减到初值一半需要的时间称为半衰期，裂变产物半衰期长短不一，短则以秒计量，长则数百年，因此核动力装置在很长的时间内仍然存在放射性。在裂变产物中，容易从二氧化铀芯块中逸出的主要有气体氪（Kr）、氙（Xe）以及易溶于水的卤族同位素。一个 10 MW 的反应堆，在整个运行寿期内能够积存放射性核素总量达 10^{18} Bq。正常情况下，这些裂变产物及产生的射线大部分由燃料元件包壳、主冷却剂压力边界和堆舱壁等多道屏障层层包容着。例如，98%以上的放射性裂变产物可保留在二氧化铀陶芯块内，只有不到 2%的氪（Kr）、氙（Xe）和碘（I）等气态放射物质扩散在燃料芯块和元件包壳之间的间隙内。因此，一般压水堆的燃料元件采用锆合金包壳作高质量封装，运行过程中产生的放射性核素大都滞留在元件内。放射性释放的必要条件是元件受损。只有当燃料元件严重过热、熔化或解体，或者燃料元件包壳在加工、制造过程中产生裂纹，才可能造成放射性物质的大量释放。而一旦包容这些放射性物质的燃料元件包壳、一回路压力边界以及安全壳（或堆舱）密闭性等屏障受损，放射性裂变产物就可能扩散到环境中或其他舱室，对工作人员、公众和环境造成严重危害。

三、反应堆停堆以后持续放出衰变热

与常规化石燃料不同，反应堆在停闭相当长的时间内仍然会发热，这些热量来源于各种放射性裂变产物衰变过程中释放的各种射线的动能，这种能量称之为衰变热。衰变热的大小取决于放射性裂变产物的浓度，燃料元件中只要有放射性裂变产物存在，衰变热就存在，因此无论是功率运行时或停堆后，反应堆都有衰变热。裂变功率可以通过控制中子与可裂变核的链式反应进行调节与控制，而裂变产物的生成目前是不可控的，因而衰变热的生成也就难以控制。有些裂变产物的半衰期长达数年甚至更长，因此反应堆衰变热可在很长的时间内仍然存在，但会随时间逐步衰减。在一个典型的核裂变反应中，铀–235 发生一次裂变释放的能量约为 200 MeV（相比于化石燃料，每个碳原子燃烧产生的热量仅 4 eV）。其中，有 187 MeV 的能量在裂变瞬间释放，包括裂变产物之动能 165 MeV、裂变中子的动能 5 MeV、瞬发γ射线能量 7 MeV 和中子俘获时的γ射线能量 10 MeV；另外 23 MeV 的能量则是在反应经过一段时间后，陆续释放出来的，包括裂变产物发生β衰变之动能 7 MeV、伴随β衰变而产生的γ射线能量 6 MeV 和伴随β衰变的中微子辐射能量 10 MeV。由于中微子与物质相互作用非常微弱，故上述 10 MeV 能量不会留置于堆芯，未计入核裂变释放能量中。因此，在一次核裂变反应后，由于裂变产物的延迟β衰变作用，约有 13 MeV 能量被留存于堆芯。也就是说，在核裂变链式反应停止后，仍有 6.5% 的剩余热量在后期陆续释放出来。当反应堆安全停闭后，堆芯热量的主要来源就变成裂变产物的β衰变热，随时间推移快速降低。如果反应堆在经过一段较长时间的稳定运行后停堆，停堆 1 小时后衰变热将迅即降至停堆前功率的 1.5%，1 天后降到 0.6%，1 年后约为 0.2%，10 年后仍有 0.02%。以一座百万千瓦级的压水堆核电厂为例，反应堆满功率运行 100 天后停闭，停堆 1 小时后产生的衰变热约 48 MW，相当可观的热量。这正是核电厂与火电厂的重要区别之一。因此，无论是反应堆停堆后燃料的衰变热，还是乏燃料的衰变热，都必须能够保证及时带走，如果燃料元件失去有效冷却，很可能造成核事故。美国三哩岛核电厂、日本福岛核电厂的事故均是由于反应堆衰变热无法及时排出造成燃料元件过热乃至熔毁。

反应堆运行功率与运行史决定了裂变产物浓度，决定了衰变热的大小。反应堆功率运行时，由于衰变热所占总份额较少，此时关注的主要是裂变功率；停堆后，裂变功率在几分钟内很快减少至可忽略不计，而此时衰变热占主导作用。核电厂一般均是满功率、长期运行，衰变热较大。如一座热功率 3 000 MW 的核电厂反应堆长期满功率运行，停堆初期的衰变热达 100 MW 以上。舰船核动力装置低功率运行、间断运行等特点决定了其衰变热相对较小，热功率 100 MW 的反应堆，停堆 1 小时后的衰变热约 1 MW 左右，甚至更低。因此，对于同样类型的事故，仅从衰变热来考虑，舰船核动力装置事故的应对时间相对宽松，事故进程相对缓慢。为应对这不到 5%的衰变热及其派生的后果，核动力装置需要配备大量的系统、设备、仪器以及人员。

四、高温高压水、蒸汽

压水堆为了保持高温的冷却剂不产生整体沸腾，必须保持较高的工作压力。核动力装置一回路的工作压力一般在 13～16 MPa，一旦承压边界发生破损，高温高压的水会喷放出来，对于舰船核动力装置，除对舱内结构件、接线板、电缆等设备造成威胁，而且会直接导致堆舱压力上升，危及堆舱的完整性。对于舰船核动力装置，二回路承压边界一旦破损，高温高压的蒸汽会喷放到主机舱或辅机舱，直接对就地岗位操纵人员带来威胁，也会影响到舰船动力及供配电保障。

同任何其他动力装置一样，核动力装置也可能存在设计上的错误、制造上的缺陷、建造和安装上的错误、运行和维护上的错误、设备故障及各类人员操作失误，这些错误或失误也是核动力装置的主要风险来源。

上述表明，为确保反应堆安全运行，必须阻止积累在燃料元件内的大量放射性裂变产物释放出来，防止它们泄漏到周围环境中的可能，通常的设计是提供多道实体屏障来实现放射性物质与环境的隔离，这形成了今天业界耳熟能详的三项基本安全功能：在反应堆正常运行和事故工况下，所有安全设施应满足控制反应性、确保堆芯冷却、包容放射性产物三大安全功能。

第二节　核动力装置的安全问题

一、基本安全问题

核动力装置的基本安全问题可归纳为临界安全、热工安全和放射性辐射安全三个方面。

（一）临界安全

核反应堆中的原子核裂变反应是依靠中子的链式裂变反应实现的，如果反应堆内的中子总数不随时间变化，则反应堆处于临界状态；如果中子数目随时间下降，此时反应堆处于次临界状态；如果中子数目随时间增加，此时反应堆处于超临界状态。与原子弹不同，核动力装置必须能够实现对反应堆的临界控制，一旦裂变反应持续失控，反应堆核功率将急剧增长，最终可导致核燃料元件烧毁。因此在任何情况下，必须保持堆内原子核裂变过程处于受控状态，使反应堆核裂变产生的能量按外部需求进行释放。

在舰船核反应堆上，反应堆临界的控制主要是通过堆内控制棒的提升或下降来实现的。能够导致反应堆裂变反应失控的始发事件一般有两种，一是控制棒失控抽出，二是控制棒弹棒。

反应堆的临界与反应堆功率水平无关，也就是在很高的功率水平反应堆可以临界运行；在很低的功率水平，反应堆也可以保持临界。舰船核动力装置运行时，即使负荷没有变化，也很难实现真正物理意义上的临界，实际上，反应堆功率是在临界附近小幅度地波动，但由于压水堆具有负温度反馈效应，反应堆可实现功率的自稳性。

另外，反应堆超临界也只是反映在某时段反应堆内产生的中子多于消失的中子数目，反应堆功率会逐步上升，但不表明反应堆将不可控。实际上，反应堆从零功率到满功率运行都是通过反应堆的超临界实现的。超临界根据引入的反应性可分为缓发超临界（反应性小于缓发中子份额 β，β 通常约为 0.006 5）和瞬发超临界（反应性大于缓发中子份额 β）。通俗地讲，缓发超临界时，中子增长的速度还在可控状态，人员或保护系统的及时动作可快速终止反应堆的超临界状态；瞬发超临界时，反应堆功率增加的速度非常快，人员或保护系统还来不及动作时，反应堆可能已处于被烧毁的边缘。实际上，舰船核动力装置控制棒均设定了最高提升速度，操纵员即使采用最高的棒速并不断地提升控制棒，只要保护系统能正常工作，反应堆是不会发生瞬发超临界。只有当一束或多束控制棒快速弹出时，反应堆才可能发生瞬发超临界。

（二）热工安全

为了保持多道屏障的完整性，核动力装置设计中提出了热工安全限制，主要包括如下部分。

1. 核燃料芯块温度限制

核燃料芯块破坏机理主要是龟裂与熔化，尤其燃料芯块熔化后，不仅第一道屏障的完整性被破坏，而且燃料包壳完整性将遭受重大威胁，因此，需要设定燃料芯块温度的限制值。燃料的最高温度一般在核燃料芯块的中心，难以测量，由于燃料的最高温度主要取决于燃料的线功率密度（正比于功率），因而通过限制反应堆功率来限制燃料的线功率密度。对单台主泵运行或主泵低速运行，也都有不同的反应堆功率限制，如果运行中反应堆功率超过限值，则控制系统自动动作，限制反应堆功率。舰船核动力装置全寿期内、满功率稳态运行时，燃料芯块的最高温度一般控制在 1 500～1 700 ℃之间；超功率等瞬态时会更高一些，但安全裕量充足。

造成燃料芯块的温度超过限制值的主要原因还是反应堆产热、传热、输热的严重不匹配。如果快速引入较大的正反应性，反应堆功率激增，由于瞬态时燃料元件的产热远远大于传热和输热，燃料芯块温度会快速上升，如果保护系统能够及时动作抑制反应堆功率的增加并使反应堆到达可接受状态，燃料芯块温度就不会达到其熔点；否则，燃料芯块将会高温熔化。这类功率运行时的反应性事故发生很快，事故时间以秒为量级；对于如三哩岛核事故、福岛核事故，是由于燃料元件失去有效冷却，在衰变热作用下，燃料芯块持续升温，直至超过熔点，这些事故一般需要几十分钟或数小时；对于舰船核动力装置，由于运行功率与衰变热相对较低，该类事故发展更慢。

2. 包壳热工限制

包壳的破损机制主要包括材料制造缺陷造成的破损、燃料芯块辐照产生膨胀力作用下的破损、包壳内外压差造成失稳引起的破损、异物磨损、包壳内外壁之间过大的温差应力造成的破损、材料腐蚀破损、包壳氢脆以及由于沸腾危机造成的烧毁或过热熔化等。

对于包壳的热工限制，主要包括两条：

一是防止燃料元件发生“烧毁”。反应堆功率运行时，限制燃料元件不发生沸腾危机。沸腾危机是燃料元件传热条件恶化引起的，在某种条件下，如果燃料元件包壳表面热流密度（正比于反应堆功率）达到一定程度，燃料元件包壳外表面会形成一层汽膜，由于汽膜导热能力远远低于流体的对流换热，热量无法及时传给冷却剂，这部分热量全部作用在包壳上，包壳温度会在极短时间内快速跃升到一很高值，并可超过包壳的熔点，造成包壳被烧穿，通常称之为烧毁。烧毁一般发生在高功率运行时。通常定义发生烧毁时的热流密度为临界热流密度；临界热流密度与实际热流密度的比值为烧毁比，不同位置的燃料元件、不同寿期下烧毁比不同，反应堆设计应可保证燃料元件中的最小烧毁比满足安全准则，反应堆才能确保安全，一般对于舰船核动力装置，稳态工况保证最小烧毁比 $DNBR_{min}=2.0\sim2.3$；正常动态工况：$DNBR_{min}=1.3\sim1.4$。可通过限制反应堆功率、反应堆运行压力、反应堆出口温度并优化反应堆功率分布等措施来进行包壳的热工限制。

二是防止燃料元件发生“烧干”。反应堆发生如全部电源丧失事故时，反应堆虽然能够及时停堆，但衰变热会使得燃料元件周围的冷却剂被“烧干”，即加热成为蒸汽，蒸汽的传热性能较差，不能导出余热时，燃料元件包壳及可燃毒物的温度会持续上升：

568～623 K：包壳正常运行温度；

970～1 020 K：可燃毒物开始软化；

1 020～1 070 K：包壳开始肿胀；

1 223 K：包壳开始穿孔；

1 273～1 373 K：锆水反应明显；

1 477 K（1 204 ℃）应急堆芯注射系统可接受标准

1 523 K：锆水反应放热与衰变热相当。

2 030 K：锆–4 熔化。

通常以燃料元件包壳最高表面温度不超过 1 204 ℃为安全限制值，主要是防止锆水反应变得激化，包壳的极度脆化。由于包壳材料的熔点低于铀合金芯块，因此，发生全部电源丧失、冷却剂失流、冷却剂丧失等事故时，包壳会先于燃料芯块毁坏。

3. 冷却剂温度限制

冷却剂温度限制的意义主要是防止冷却剂发生整体沸腾、控制冷却剂的升降温速率，否则产生的温差应力、热冲击及流动不稳定会对反应堆的安全带来严重威胁。该准则一般通过限制反应堆冷却剂的出口温度、进出口温差、稳压器与反应堆热端冷却剂的温差、冷却剂升降温速率来实现。

（三）辐射安全

辐射安全重点关注多道屏障的完整性，确保人员和环境免受放射性辐照的危害。任何有人员参与的核活动，必须限制人员可能遭受的辐射剂量，并需要对环境的影响作出评价。为了尽可能减少放射性物质泄漏到环境中，通过多道屏障的手段将放射性物质限制在确定的范围内。这也是纵深防御原则的一个重要体现。所需屏障的数量主要取决于放射性核素数量和同位素种类、单个屏障的有效性、内外部危害及故障潜在后果等。对于典型压水堆，多道屏障主要包括以下部分。

第一、二道屏障，即燃料芯块、包壳。压水堆核燃料采用低富集度的二氧化铀，将其烧结成芯块，叠装在锆合金包壳管内，两端采用端塞焊住。裂变产物绝大部分被二氧化铀芯块包容，只有部分气态裂变产物会扩散到芯块和包壳之间的间隙中。考虑到正常运行和预计运行事件中可能发生各种劣化，燃料元件必须能承受预计的堆内辐照和环境条件，并保证其性能不会进一步显著劣化。

第三道屏障，即包容冷却剂的一回路压力边界。压水堆一回路压力边界由反应堆容器和堆外冷却剂环路组成，其中冷却剂环路包括蒸汽发生器传热管、稳压器、泵和相应的连接管道。为了确保第二道屏障的严密性和完整性，在结构强度上应留有足够的设计裕量，此外，还须注意屏障的材料选择、制造和运行。

第四道屏障是安全壳系统。安全壳系统用于保证设计基准事故下释放到环境中的放射性物质低于规定限值。它主要包括密封的构筑物，用于控制压力和温度的有关系统，用于隔离、管理与排除可能释放到安全壳大气中的裂变产物等物质的设施。当事故发生时，它能阻止放射性物质泄漏到外界环境，是确保核电厂安全的最后一道防线。安全壳也可以保护核电厂的重要系统和设备，使其免受各种外来袭击的破坏。根据设计要求，安全壳系统设计中，必须考虑到所有已确定的设计基准事故。另外，还必须考虑设置用于减轻某些选定的严重事故后果的设施。对安全壳的密封也有严格要求，在结构强度设计上应留有足够的裕量，能够应对冷却剂管道大破裂导致的压力和温度的变化，阻止放射性核素大量外泄。此外，对于安全壳，还需定期进行泄漏检查，确保密封性。

正常运行时，少数燃料元件的包壳表面会出现轻微裂纹，少量的裂变产物及活化产物将进入核辅助厂房的一些辅助系统内，如化学和容积控制系统及乏燃料水池。这些放射性产物主要以液态或气态的形式存在，通过以下方法加以控制：

（1）保持现场相对负压，防止放射性产物向其他区域扩散。对存在放射性碘的区域也同样保持与周围其他区域的负压。

（2）通过放射性废物处理系统收集带放射性的气体，待其放射性衰变到可接受水平后，送到装备有过滤器和碘吸附装置的烟囱进行监控排放。低放射性废气经过过滤后可直接通过烟囱排放。

（3）放射性废液经收集后，送到硼回收系统或废液处理系统进行过滤、除盐、除气、蒸发和储存监测后，送到废液处理系统储存箱储存。通过取样分析达到环保部门要求的排放标准后，再向环境进行监控排放。

舰船核动力装置辐射源主要包括 α 射线、β 射线、γ 射线、中子。由于这些射线被四道屏障阻挡，因而它们对工作人员健康的影响是非常小的。对于舰船核动力装置，正常运行工况下，除反应堆堆舱外，艇员所在舱室的放射性水平都很低，对人体的照射水平远低于国家标准中对职业放射性工作人员的规定水平。停堆工况下，没有中子产生，由于反应堆设置了足够的屏蔽层，α 射线和 β 射线无法逃出反应堆，仅有小部分 γ 射线能够穿透屏蔽层。只有多道屏障均失效时放射性物质才可能进入其他舱室，而这种概率是极低的。

二、舰船反应堆特有安全问题

舰船核动力装置由于其军事使用背景及移动式特点，具有一些特殊性，主要表现在：

1. 舰船核动力装置空间有限、可利用冗余有限、非能动安全系统少。

（1）空间有限，一些设备、管路需要承担多个功能；

（2）冷、热源高度差提升受限，自然循环能力不易提高；

（3）空间狭小，非能动安全注射系统设置不易；

（4）多个配电板放置在同一舱室，风险大；

（5）供电种类不够丰富，没有外界供电途径。

2. 海域环境多变，舰船机动性要求高，工况变化频繁，设备动作频率与幅度大。

主要表现在：

（1）不同的海域环境，外部水域温度、压力等变化大；触礁、搁浅概率高；

（2）舰船核动力装置为移动式，且机动性要求高；

（3）反应堆系统压力、温度变化幅度大，容易产生热应力与疲劳损伤；

（4）设备动作频率与幅度大，容易造成设备故障等。

3. 装备运行环境条件差，事故后应急维修难度大。主要表现在：

（1）高温、高湿、高盐的运行环境造成设备故障率相对较高；

（2）一些专设安全设施可靠性要求极高；

（3）由于设备之间过于紧凑，艇员级的应急抢修不易开展；

（4）一旦舱室由于承压边界破损造成冷却剂外泄，在充斥着高温、高压，甚至含有放射性蒸汽的舱室内是很难完成抢修工作的。

4. 受外部攻击风险大，外部支援与救援能力弱。

对于舰船核动力装置，战时可能受到敌方攻击，舰船生命力受到的威胁大，一旦核动力装置遭受损坏，堆芯熔毁概率将明显增大；由于外部支援与救援能力弱、距离远，一般很难在短时间集结救援力量并赶到现场进行外部救援，因此对舰（船）员自救能力要求很高，而一般舰（船）载救援设备有限、救援抵达时间受限，救援效果很难保证。恐怖袭击等非战争因素也是舰船核安全不能忽视的潜在威胁。

5. 军事行动要求高，人员操纵环境相对恶劣，操纵水平要求较高。

主要表现在：

（1）军事训练与军事任务“高密度、高强度、高难度”的态势，舰（船）员生理和心理承载压力增大。

（2）舰（船）员工作和生活环境恶劣，并伴随着高噪音、近距离辐射及高温的威胁。

（3）由于自动化程度不高，运行支持技术不够完善，人员失误概率大。

（4）事故后操控室可居留性、可操性问题较突出。

第三节　安全设计原则与要求

反应堆的安全设计主要包括核安全设计的基本原则、安全管理要求、技术要求、与设计要求等，如表 6-3-1 所示。表中第一个层次可视为基本安全思想，后三个层次可视为对基本安全思想的贯彻和落实。本节主要介绍基本原则与主要的设计要求。

表 6-3-1　反应堆设计安全原则与要求

名　称	内　容
基本原则	纵深防御
	多道屏障
安全管理要求	管理职责
	设计管理
	经验证的工程实践
	运行经验和安全研究

续表

名　称	内　容
安全管理要求	安全评价
	安全评价的独立验证
	质量保证
主要技术要求	对纵深防御的要求
	安全功能
	事故预防和安全特性
	辐射防护和验收标准
设计要求	辐射防护和验收安全分级
	总的设计基准
	可靠性设计
	人因工程学原则
	在役试验、维护、修理、检查和监测的措施
	质量要求
	安全分析
	安全分析
	老化
	退役

一、基本原则

（一）纵深防御

纵深防御是指在所有核安全活动中，设置多层防御，使得个别失效可以补偿或纠正，不致使工作人员、社会和环境受到损害。纵深防御概念是核安全技术的基础，作为一种思想应当在反应堆全寿期内的各个阶段（包括设计、建造、运行、维修和退役）中得以体现。核动力装置一般设置了预防、监测、保护、缓解和应急五个防御层次。五个防御层次有重叠的部分。

第一层防御是预防。其主要目的是防止偏离正常运行及防止系统故障。采取措施有：充分考虑冗余性、独立性、多样性，完善而保守地设计、建造、运行与维护核动力装置；选择恰当的设计标准与规范；控制设备制造和施工过程；充分考虑人因工程；设备老化和磨损的安全管理；运行经验的利用；各种运行工况下的安全分析；安全评价的独立验证；在役检查与退役的详细分析等。

第二层防御是监测。其主要目的是监测和纠正偏离正常运行状态，以防止预计运行事件升级为事故工况。采取的措施有：设置安全分析中确定控制和保护系统并制定好运行操作规程。

第三层防御是保护。其主要目的是通过设置应对设计基准事故的专设安全设施，制定事故处置规程，在发生事故时将核动力装置引导到安全可控状态。采取的主要措施有：固有安全特性的设计；故障安全设计；设置针对设计基准事故的专设安全设施；针对设计基准事故制定事故处置规程。

第四层防御是缓解。其主要目的是通过设置实体屏障和实体屏障的保护手段（包括专项安全设施），制定应对超出设计基准的严重事故的管理导则，在堆芯损伤不可避免时，尽可能将放射性物质限制在屏障内。采取的主要措施有：针对可能导致严重事故的主导序列和有代表性的事故工况，制定防止事故扩展的补充措施与事故管理导则；设置可减轻严重事故后果的措施。

第五层防御是核应急。核应急是指必须立即采取某些超出正常工作程序的行动以控制核与辐射事故发生或减轻事故后果的状态。核应急是核安全纵深防御体系最后一道防线，也是底线。其主要目的是通过恰当的应急准备，在事故发展到不可控制的情况时，采取掩蔽、撤离、服用碘片等防护措施和工程抢险、污染控制和消除等应急救援措施，减轻放射性物质释放造成的放射性后果。主要采取措施包括：在一定范围内需考虑核事故应急问题，如设置应急通道、应急控制中心等；制定以保护公众和环境为目的的厂（艇）外应急响应行动预案，制订应急预案所需的技术数据和文件资料，如源项、初始事件、事故序列等。

纵深防御原则是核安全工作的基础，其他安全原则都是由此引申出来的。其目标：一是补偿或纠正设备故障或人因失误；二是维持屏障本身的有效性并防止故障蔓延；三是在屏障本身的有效性不能完全保持时，保护工作人员、公众和环境不致受到辐射伤害。一般而言，反应堆严重事故均由多重故障叠加（包括人因故障和设备故障）所致，而多重故障又是由于一些防御部件存在着不允许的缺陷所致。纵深防御的核心是把所有与安全有关的活动包括与组织、人员行为或设计有关的各个方面，都置于重叠措施之下，即使有一种故障发生都将有适当的措施探测、补偿或纠正。也就是说，在反应堆整个寿期内，为确保安全而设置的各层防御或采取的各项措施都必须保证有效。不能借口还有其他防御层次，就容忍某一层次存在缺陷，每一层次都必须作为最后一层防御来考虑。各层次要保持均衡，不能说其中某个环节足够强大，其他环节可以简单一点，核事故的发生恰恰取决于防范的最薄弱环节。同时，预防事故发生是需要优先考虑的，一方面对反应堆正常运行工况的偏离以及性能、能力和状态的降级的预防是比较容易做到的，且也是比较有效的；另一方面，预防事故的代价总体上比缓解事故的代价相对小一些。在五个层次的防御层次中，反应堆在严重事故处置及核应急上难度较大。

（二）多道屏障

为了防止放射性物质泄漏，核动力装置设置了四道包容放射性的屏障。第一道屏障为燃料芯块，它能保留住98%以上的放射性裂变产物，余下不到2%的放射性物质被第二屏障燃料元件包壳管所密封，也可以将第一道屏障与第二道屏障合称为第一道屏障，即燃料元件；如果包壳管破损，作为第三道屏障的高强度压力容器及封闭的一回路系统，完全可以密封住从包壳管泄漏出来的放射性物质；第三道屏障再发生泄漏，可由第四道屏障，即反应堆安全壳（或堆舱）来屏蔽放射性物质，防止向其他厂房位置（或舱室）的释放，以保护人员的安全。

每一道实体屏障都是极为关键的防护措施。因此，必须提高每一道屏障的可靠性，从而达到每一道屏障的设计功能，并且防止因一道屏障受损或失效而导致后继屏障失效。

二、设计要求

（一）安全分级

与核电厂类似，舰船核动力装置相关舱室、系统和设备（包括软件）根据其安全功能划分安全等级。它们的设计、建造和维修必须使其质量和可靠性与这种分级相适应。舰船核动力装置中的机械设备划定为安全一级、安全二级、安全三级和非安全级（NS）中的一个等级；电气设备（包括电力设备、仪表控制及其供电设备）划定为安全级（1E 级）和非安全级（N1E 级）中的一个等级。

安全一级适用于构成反应堆冷却剂压力边界的设备及其支承件，其失效会引起反应堆冷却剂的丧失量超过反应堆冷却剂正常补给能力提供的补水量。比如：反应堆压力容器、蒸汽发生器一次侧、反应堆冷却剂管道、控制棒驱动机构等。

安全二级适用于反应堆冷却剂压力边界范围内不属于安全一级的承压部件和支承件，以及用于防止预计运行事件导致事故工况和减轻事故工况后果的设备。比如：属于冷却剂系统压力边界的小直径管道，余热排出系统设备、管路及阀门，净化系统设备、管路及阀门等。

安全三级适用于除安全一级、安全二级以外的其他安全上重要的设备。比如：化学停堆系统的设备、管路及阀门，设备冷却水系统的管路及阀门等。

非安全级（NS）适用于不属于安全一级、安全二级和安全三级的设备。

安全级（1E 级）电气设备适用于执行或支持基本安全功能，防止发生事故及缓解事故后果所需的电气设备。比如：应急供电系统，反应堆紧急停堆所需的仪表核控制设备，专设安全设施所需的仪表、控制及供电设备等。

非安全级（N1E 级）电气设备适用于安全级（1E 级）电气设备以外的所有电气设备。

当某一设备或它的一部分能提供两种或两种以上不同的安全功能时，该设备应划分为其中较高的安全等级。

（二）总的设计基准

设计基准必须规定核动力装置的必备能力，以适应在规定的辐射防护要求范围内所确定的运行状态和设计基准事故。设计基准包括正常运行技术规格、反应堆的运行状态、安全分级、事故分析的方法与重要假设等。在正常运行、预计运行事件和设计基准事故的设计中，必须采用保守的设计措施和良好的工程实践，以保障反应堆堆芯安全；辐射剂量保持在规定限值内，合理可行尽量低。除设计基准事故外，设计中还必须考虑超设计基准事故，包括严重事故的行为。本节介绍舰船核动力装置设计中需要特殊考虑的一些因素。

1. 环境特征

在舰船核动力装置的设计中，应考虑倾斜、摇摆、振动和冲击等特殊使用条件，以及辐照、放射性污染、盐雾、油雾、霉菌、特殊航道、海情、气象、水文等环境因素的作用。设计必须考虑事故时，保证舰船人员和公众安全所必需的、可以利用的各种外部设施，如电源和消防设施等。

2. 自然事件的防护

与安全有关的舱室、系统和部件的设计，必须确保舰船在遭受已考虑到的龙卷风、台风、海啸和特殊航道等自然事件时能使反应堆安全停堆，并在以后的长时期内将其保持在次临界状态，能够将反应堆热排出并使放射性物质的外逸不超过可接受的限值。如果某一与安全有关的舱室，系统或部件由于设计周密合理，在遭受不可抗拒的自然事件中造成反应堆损伤，则该种自然事件可不列入舰船核动力装置的设计基准事故，但必须确保反应堆处于次临界状态。

3. 人为事件的防护

与安全有关的舱室、系统和部件的设计必须确保在发生舰船触礁、碰撞、着火、水中近距离非接触性爆炸和港口附近出现的危及舰船安全的事故等人为事件时，能使反应堆安全停堆、并在以后的长时期内将其保持在次临界状态，将余热排出并使放射性物质的外逸不超过可接受的限值。如果某一与安全有关的舱室，系统或部件由于设计周密合理，在遭受不可抗拒的人为事件中造成反应堆损伤，则该种人为事件可不列入舰船核动力装置的设计基准事故，但必须确保反应堆处于次临界状态。

4. 事件的组合

与安全有关的舱室、系统和部件的设计基准必须反映有较大可能同时或单独发生的人为事件、自然事件、设备故障和操作错误的各种组合及其所导致的放射后果。

（三）可靠性设计

1. 固有安全的设计原则

截至目前，世界上核电厂已累积 10 000（堆年）以上的运行实践，核电厂的运行记录（特别是压水堆核电厂）是良好的。但三哩岛核事故、切尔诺贝利核事故和福岛核事故的发生表明：由于核电厂系统极其复杂，核电厂安全性取决于所采取措施的有效性。在核电安全设计上需要尽可能采用固有安全特性，如压水堆设计中，确保反应堆具有负的多普勒和慢化剂温度反馈特性，以及靠重力、蓄压势能等非能动安全性，能在异常工况下中止堆内链式反应、排出反应堆的余热，将核动力装置引入安全状态。

2. 故障安全原则

即核动力装置、系统或部件发生故障时，核动力装置应能在无须任何触发动作的情况下进入安全状态。核动力装置安全极为重要的系统和部件的设计，应尽可能贯彻故障安全原则。

3. 单一故障准则

满足单一故障准则的设备组合，在其任何部位发生单一随机故障时，仍能保持所赋予的功能。由单一随机事件引起的各种继发故障，均视作单一故障的组成部分。单一故障的一般要求：

（1）对于一些可靠性要求很高的、必须执行重要安全功能的系统和部件，为获得高度的可靠性，除要求高质量外，还需要在设备组合内采用多重性的设计。必要时，还需采用多样性设计。

（2）对多重度的最低要求是：在各种假设始发事件中，即使对重要安全功能有影响的任何部件发生假设的可信随机故障，设计必须仍能满足安全要求。

根据舰船核动力装置安全设计要求，在以下两类设备组合中必须满足单一故障准则。

（1）在舰船核动力装置设计中的每一安全组合；

（2）设计标准中注明要满足单一故障准则的每个安全系统。

凡属下列情况之一，可容许不遵守单一故障准则：

（1）极为罕见的假设始发事件；

（2）假设始发事件极不可能产生的后果；

（3）为维护、修理或定期试验，某些设备在有限时间内的停止使用。

4. 多样性原则

多样性应用于执行同一功能的多重系统或部件，即通过多重系统或部件中引入不同属性来提高系统的可靠性。获得不同属性的方式有：采用不同的工作原理、不同的物理变量、不同的运行条件以及使用不同制造厂的产品等。采用多样性原则能减少共因故障或共模故障，从而提高某些系统的可靠性。

5. 独立性原则

为了提高系统的可靠性，防止发生共因故障或共模故障，系统设计中应通过功能隔离或实体分隔，实现系统布置和设计的独立性。

（四）人因工程学原则

从安全观点出发，反应堆操纵人员的工作场所和工作环境必须按人机工效学原则进行设计。人因有两方面的影响：一方面在异常工况下，操纵员若能采取正确的行动，对反应堆安全可做出重要的贡献；另一方面，若操纵员未能做出正确的判断即动用安全设施或采用了错误的应对措施，将对核安全是很大的威胁。切尔诺贝利核事故、三哩岛核事故（从较小事件直至严重事故）最重要教训之一就是人的错误操作将造成事故的急剧恶化。因此，反应堆的安全设计必须利于操纵员在有限的时间内、预计的周围环境中和有心理压力的状态下能采取成功的行动，并尽量减少操纵员在短期内进行干预的必要性。

（五）定期试验、维护、检查的措施

为使与反应堆安全有关的重要构筑物、系统和部件保持其执行功能的能力，应在反应堆的寿期内对它们进行标定、试验、维护、修理、检查或监测。

（六）质量要求

与安全有关的舱室、系统和部件的设计、制造、安装、检查和试验必须达到与其执行的安全功能的重要性相适应的质量水平。必须列出所采用的规范和标准并对其进行评价，以判明其可用性、合适性和完整性，以确保设计能达到其安全功能所要求的质量。

为确保与安全有关的舱室、系统和部件在反应堆整个寿期内可靠地执行其功能，必须制定质量保证大纲并贯彻执行。与安全有关的舱室、系统和部件在设计、制造、安装、检查、试验、运行和维护过程中的有关记录必须由主管部门保管或在其控制之下。

（七）安全分析

必须对反应堆设计进行安全分析，在分析中采用确定论和概率论分析方法。在这种分析基础上，必须制定和确认安全重要物项的设计基准。必须论证所设计的反应堆能够满足各工况下放射性释放的所有规定限值和潜在的辐射剂量的可接受限值，并论证纵深防御已起到作用。对安全分析中应用的计算机程序、分析方法须加以验证和确认，并必须充分考虑各种不确定性。

（八）老化

设计中必须为所有安全重要构筑物、系统和部件提供适当的裕度，以便考虑到有关的老化和磨损机理以及与服役期有关的可能的性能劣化，从而保证这些构筑物、系统或部件在其整个设计寿期内能够执行所必需的安全功能的能力。必须考虑到在所有正常运行工况、试验、维修、停役以及在假设始发事件中和其后的核动力厂状态下的老化和磨损效应。必须采取监测、试验、取样和检查措施，以便评价设计阶段预计的老化机理和鉴别在使用中可能发生的预计不到的情况或性能劣化。

（九）停役

为获得可靠的性能，在设计反应堆及其安全系统时，必须考虑设备的停役问题以及预计的维护、试验和修理工作对每个单独的安全系统的可靠性的影响。如果系统在设备停役后的综合可靠性不再能满足设计和运行所采用的准则要求，则必须使反应堆停止运行；或在停役的设备不能按时更换或修复时，必须将反应堆置于安全状态之下。

第四节　核事故防范基本策略

核事故防范的基本策略归纳起来就是一个中心、两个基本点。一个中心：防止放射性物质大量释放。两个基本点：保持热量产生和导出的平衡；保持放射性防护边界的完整性。

核事故防范需要建立核设施全寿期防范的理念，即将纵深防御的策略自始至终贯彻到核设施设计、建造、运行、维修、退役各个阶段。围绕核安全目标，抓好法规与标准、装备与技术、人力资源、组织管理四个方面的问题。

一、设计阶段的核安全

高水平、高质量的设计是确保核装备核安全的重要基础，是先天之本。管理层面上，要落实设计单位与设计人员的资质许可制、质量保证体系。在基于全寿期的核安全监管机制工作中，监管的独立性、全面性、及时性是最根本的要求。核设施使用单位人员有责任根据国情、军情、民情，加强与设计部门的协调工作；有责任将以往装备的运行经验反馈到新装备的设计过程中，以减少因设计人员对部队装备使用缺乏了解而造成设计上考虑不周全的现象。核装备设计阶段涉及的法规、条例、标准等文件的编写制定既要完整规范，又要与时俱进，既要有成熟度，也要有前瞻性；既要有原则性，又要有灵活性，但核安全底线不能被突破。法规、条例、标准等一旦确定下来，其严肃性、权威性必须得以维护。

技术层面上，充分利用先进的、成熟的、已经过充分验证的技术手段，最大限度地提高装备的可靠性，是预防事故、降低事故发生概率的关键；良好的人－机－环境设计有利于装置的安全运行；自动化水平高的监测与报警装置设计（视、听、嗅、触觉）有助于事故苗头的发现与处置；重要安全系统的冗余设计、故障安全设计、固有安全性设计（即自然安全性与非能动安全性）可最大限度地减少装备的“先天不足”，可增强事故下反应堆安全保护的能力；损伤抑制设计（物理隔离，防护设备）可缓解事故后果；核应急装备与核应急技术必须在核装备设计之时就要得到充分的考虑。

人员层面上，国家、军队应以发展的眼光制定相关政策，创造条件持续保留一支或多支高水平的核装备设计人员队伍。人员队伍高水平很重要，它是技术创新的保障；人员队伍持续性同样重要，它是技术传承和发展的保障，没有持续性，人才队伍将断档，装备技术将断线，必会造成新装备研发能力不足。

二、建造阶段的核安全

高水平的建造质量是核安全的生命线。只有提高建造质量才能将高水平的设计落到实处，才能消除事故的隐患，才能降低事故发生的概率。有关责任单位一是按照国家、军队的有关规定和标准建立监管代表、设计责任单位、总装厂及设备制造厂的质量保证体系，做到凡事有章可循；二是对设计责任单位、总装厂、设备制造厂进行施工质量控制，做到凡事有人负责；三是对设计责任单位、总装厂及设备制造厂从施工阶段到调试阶段整个过程进行监管，做到凡事有人监督；四是高度重视各类信息、文件的归档与管理，做到凡事有据可查。

对于核安全级设备，必须组织由监管代表、设计责任单位、总装厂及设备制造厂进行的鉴定试验，以保证确认这些设备在正常运行或事故工况的各种扰动情况下仍能完成其功能。这一鉴定试验可以通过分析，也可以通过实验进行。鉴定试验通常是在原型机或模型机上通过特定的试验台架或实验室内进行。设备不通过充分的试验考证原则上不能安装，尤其是一些专设安全设施，平时运行是不用的，事故处置的关键时候才用上，不充分验证就安装使用，就无法保障其在事故工况下的功效。核装备安装、调试期间，监管人员要加大监管力度，严格按照标准验收，及时发现并整治安全隐患。

三、运行阶段的核安全

核动力装置大部分核事故都是在运行阶段发生的。核动力装置运行核安全管理保障主要取决于使用单位高水平的核安全管理、先进的运行支持技术、完善的运行操纵规程、良好的人员素质及细致的核安全监管。

管理层面上，运行单位对核动力装置的运行安全负有直接责任，核安全管理部门对核动力装置的运行行使监督权力。管理人员应熟练掌握核安全法规以及核安全技术条件要求，通过定期试验和可用性判定、核安全定期评估制度、核安全检查来监督与检查机制、完善各级核安全监督工作细则来行使其监管使命。装备使用管理部门应制定有利于涉核人才选拔、培养、考核、任用、保留、激励的各项政策；要倡导强调“态度、责任、行为”的核安全文化，只有将这些文化浸入到每名员工的骨子里，才能将员工从行为约束提升到行动自觉。

技术层面上，为了保障核动力装置的安全运行，需要建立完备的核动力装置运行支持保障体系。抓好堆芯燃耗状态跟踪分析、反应堆物理启动试验、核动力装置运行状态跟踪分析、关键设备状态变更的风险分析、事故安全裕量计算与后果评价、运行操纵规程制定与完善等各项工作。

运行操纵规程与严重事故管理导则是管理核动力装置、保障运行安全的法定依据，规程、导则的制定、完善是核动力装置运行阶段的重要任务。运行操纵规程可分为正常运行操纵规程和事故处置规程，其中事故处置规程是运行人员判断事故的发生、事故性质和采取应急措施处理事故的依据。当事故发生时，运行人员可按事故处理规程将反应堆维持在安全状态或过渡到安全状态。事故处理规程内容由事故判断程序和事故处理指南组成。

严重事故管理是一种策略和行动，包括防止事件升级为严重事故、减轻严重事故后果和实现长期稳定的安全状态。严重事故处置措施和管理导则是严重事故管理的主要支撑，它为严重事故进程中的主要危险因素制定合理的处置策略、干预时机，提供相应的处置措施及实施程序。

人员层面上，需要深刻认清人员行为是一把双刃剑。核动力装置运行实践表明，一方面，相当多的事故是由于操作员的人因失误造成的。在引发核动力装置运行事故的因素中，人因失误约占 50%以上；另一方面，人员正确、及时、有效的行为能够对事故预防、事故处置、事故缓解起到至关重要的作用。因此，注重涉核人员培养尤其是提高核动力运行人员、保障人员能力素质是预防事故、处置事故的根本措施。

运行经验反馈是一种系统化的方法，通过发现、分析和总结装备在研制、运行、维护等过程中的异常事件和人因失误，实现对异常事件信息的报告、筛选、定级、分析、制定纠正行动、落实纠正行动和有效性评价等，从而防止类似事件的重复发生，不断提升装备的运行效率和安全水平。目前，世界范围内国际原子能机构、世界核电营运者协会等国际组织都建立了完整的经验反馈体系。

四、维修期间的核安全

维修期间的核安全是指在维修过程中能保证反应堆安全、维修人员和周围环境的辐射安全所采取的措施，且不因维修质量问题而诱发核事故。在维修期间的核活动主要包括反应堆开盖、卸换料、物理启动试验、冷热态系泊试验等。

管理层面上，维修中的核安全管理包括与核安全有关的维修资格、物项、质量及制度管理。其管理目标：一是保证装置及物项维修过程中的核安全；二是保持和恢复核动力装置技术性能和安全功能；三是保护环境和人员。核安全部门应对维修活动实施核安全监督：一是核实维修管理部门和维修单位是否符合核安全标准和是否履行其对维修安全所作的承诺；二是督促纠正影响核安全的行为；三是对设定的安全控制点及其释放条件进行现场验证和确认。

五、退役期间的安全

核设施退役处置是核设施全寿期最后一个重要阶段，是国际公认的技术复杂、风险大、政策性强的庞大系统工程。必须按照国家核设施管理政策和法规，使用特殊的技术和对策，实施乏燃料、反应堆系统等放射性物项拆除，以及废气和废液的处理和处置，才能确保核安全、辐射安全和环境安全。

退役过程中核安全问题主要涉及到核燃料卸出、反应堆及放射性物项拆除、乏燃料的储存与冷却、乏燃料与放射性物项运输与管理等核活动。在退役的实施环节和操作环节上，由于人为因素、方案程序不当和工艺技术不适合等原因，有可能发生核与辐射事故，从而造成重大的人员伤亡、经济损失、生态环境污染，导致严重的社会影响。

管理层面上，为了确保整个退役实施过程中的核安全，根据工程控制理论，可将退役工程实践过程中的质量管理与密切关系核安全目标实现的特定节点相结合，设置核安全监控点，同时制定释放条件。实行核安全监控点管理，是实施核安全监督和检查的重要内容之一，主要目的是检查核活动中的一些重要阶段和环节开始之前的核安全法规标准执行情况，并确认被监督单位提交的文件资料和实际情况的一致性，及时督促纠正不符合核安全管理要求的事项。

装备技术层面上，核设施退役涉及面很广，需要采用的主要技术与装备包括核燃料卸出技术与装备、放射性去污技术与装备、放射性物项拆除技术与装备、放射性物项浓缩技术与装备、放射性物项储存技术与装备、放射性物项运输技术与装备等。这些技术与装备的采用与使用既要确保人员与环境的核与辐射安全，又要尽可能避免产生二次放射性污染，力争控制全过程放射性废物最小化。

思考题

1. 核反应堆风险的主要表现形式是什么？

2. 核反应堆在什么事故下会产生爆炸？爆炸的原因是什么？反应堆内发生爆炸与原子弹爆炸机理是否相同？

3. 反应堆产生的强放射性物质是如何进行包容的？

4. 反应堆功率运行时是否存在衰变热？核功率 3 000 MW 反应堆长期满功率运行，停堆初期衰变热大约是多少？

5. 核动力装置能够引发严重临界安全问题的事故是什么？给出事故发生的条件。

6. 为防止燃料芯块熔化和包壳烧毁，反应堆功率运行时，保护系统设置了哪些保护参数并是如何进行保护的？

7. 包壳的损坏机制有哪些？功率运行时和反应堆停堆后，包壳热工限制有什么不同？

8. 核安全功能是什么？多道屏障包括哪些？

9. 分析船用反应堆特殊安全问题。

10. 试阐述纵深防御基本原则的内涵。

11. 核动力装置机电设备如何进行核安全分级？

12. 试阐述核动力装置可靠性设计主要原则。

13. 什么是单一故障准则？其基本要求是什么？

14. 核事故防范基本策略是什么？

15. 围绕核动力装置全寿期核安全保障，各阶段核安全关注重点是什么？

第七章

核反应堆安全评价

确保核安全是反应堆使用发展的前提，为此，需要建立科学、完整的安全分析理论体系，使用适合的安全分析方法与分析工具，客观、准确地分析掌握反应堆的安全特性。核反应堆安全分析的方法可分为两类，即确定论分析（DSA）方法和概率安全评价（PSA）方法。目前，对核电厂可能发生的事故所进行的安全分析就是采用确定论分析方法和概率安全评价方法。

虽然我国军用核动力装置的发展先于国内核电厂，但其核反应堆安全分析理论体系基本沿袭了核电厂的模式，二者在核反应堆安全分析方法、理论基础、分析软件、试验等方面基本相同。但受海洋环境、可移动、动力为作战服务等特点，使得军用核反应堆的核安全分析方法、理论基础、分析软件等都具有一些特殊性。本章以此为背景对它们作一简介。

第一节　确定论安全分析方法

一、概述

确定论安全分析是核动力装置的设计基础，它主要用于评估在正常运行工况、运行瞬态及事故工况下核动力装置的安全性是否满足各类设计标准。核动力装置正常运行工况的安全分析主要是确保工作人员、公众所受辐射剂量都在可接受的范围内，核动力装置中放射性物质的泄漏量在可接受的范围内，周围环境中放射性物质的排放量在可接受的范围内；核动力装置运行瞬态分析主要是评估核动力装置各种报警系统、自动调节系统、保护系统等参数阈值设置的合理性，以避免瞬态事件诱发破坏核动力装置的事故发生；核动力装置设计基准事故分析用于评估在各类假想事故条件下，核动力装置（含专设安全设施）能否有效应对这些事故，并确保核反应堆安全性及放射性物质的释放满足一定的安全限制准则。

通常情况下，确定论法是根据以往的经验和社会可接受的程度，人为地将事故分为“可信”与“不可信”两类，并将可信事故进一步分类，作为确定论分析的初始始发事件。采用确定论分析方法在确定安全设施的种类、容量和响应速度时，需要一个参考的假想事故作为设计基础，并将这一事故看作为最大可信事故，即认为所设置的安全设施若能防范这一事故，就必定能防范其他各种事故，因此常将这种最大可信事故称为设计基准事故

（DBA）。对压水堆核电厂来说，通常将主冷却剂管道冷管段双端剪切断裂作为最大可信事故，在设计中做了认真考虑，并加以严密的设防。即便这种严重的始发事件发生，因有应急堆芯冷却系统等安全设施的严密设防，未必会产生严重的后果。

事故的确定论安全分析可以通过保守的方法或最佳估算的方法进行。由于设计基准事故的选择以及分析模型中有很大的不确定性，为了确保分析结果的包络性，安全审评单位要求采用保守假定。因此核反应堆事故分析中有两条基本假定：被调用的安全系统满足单一故障假设；操纵员在事故短期内不干预事故进展，一切动作靠装置的自动响应。设置这两条假设的本意是试图以此证明在最坏的情况下核反应堆仍有能力维持安全状态。保守的方法的优势是分析结果具有较好的包容性，但这种分析方法往往导致事故序列进展往往完全不切实际，一些重要的现象及有利的操作会被忽视掉。由于这些缺点和当前最佳估算程序的逐渐成熟，最佳估算的方法逐渐被安全审评者接受。

最佳估算方法的最大优点是它能够描述事故发展的实际进程，并根据一些合理的假设，做出同样具有保守性的评估结论。最佳估算方法的缺点主要是对某些事故现象的理论分析模型尚不够完善，经验式的模型较多造成模型的通用性不够好、不确定性较大。

对于军用舰船核动力装置，由于其空间与资源有限，很多专设安全设施的设计与安装受到很大限制，因此对于一回路主管道大破口、控制棒弹棒、未能紧急停堆的预期瞬态、潜艇翻沉等类型事故，军用核动力装置的安全设施的能力有限，其确定论安全分析所需要的初始事件必须进行裁剪，通常上述列举的事故就不再作为安全分析必须考虑的始发事件。

1. 确定论分析的基本逻辑

确定论安全分析的基本思路是假设事故已发生，并对系统响应、人员操作做出合理的假设，然后采用机理分析程序模拟核动力装置的响应，得出所假设事故的后果，主要包括多道屏障完整性评估和放射性释放量的大小。确定论安全分析必须包括：

（1）确认核动力装置运行限值和条件符合正常运行设计的假设和要求；

（2）适合于核动力装置设计的假设始发事件特征；

（3）源自假设始发事件的事件序列的分析和评价；

（4）各项分析结果与放射性的验收准则和设计限值的比较；

（5）设计基准的制定和确认；

（6）论证通过安全系统的自动响应结合所规定的操纵员动作能够管理预期瞬态事件和设计基准事件。

对应的步骤主要包括：

第一步，确定分析的对象，进行核动力装置事故分类，确定事故分析的始发事件。

第二步，确定事故分析依据的主要设计参数及不确定度；确定计算分析的初始条件；确定事故分析的假设条件（主要包括反应堆功率史、反应堆功率不均匀因子大小与分布、反应堆反馈系数、各类反应性引入等）；确定事故分析涉及的安全设施及可能的缓解措施；确定反应堆保护整定值和延迟时间；适当考虑人因干预行为，包括人员误操作。

第三步，确定需要使用的确定论安全分析程序。根据研究对象、拟分析的事故及使用的分析程序，对研究对象进行控制体、流线划分；填写分析程序的输入卡；进行稳态计算；

根据不同的始发事件，逐一进行事故的计算分析。

第四步，根据计算结果，绘制重要参数的动态曲线；对照安全设计准则，进行分析并获得结论。

2. 确定论分析的具体方法

由于核反应堆事故后果的严重性，人们无法完全通过实验的方法验证装置在设计基准事故下的安全性，只能通过模拟分析的手段得到装置在事故条件下的响应特性，间接证明反应堆的安全性。为了较为准确地获得核动力装置在各种事故条件下的响应特性，需要建立核动力装置的动力特性分析模型，并根据这些模型编制相应的程序系统。

确定论分析的具体方法可以分为三种：一是试验测定，二是数值模拟，三是运行经验反馈。三类方法可以相互补充、相互指导和相互校核。

（1）试验测定

试验测定是在实际运行装置或试验台架上通过试验获得某些参数的动态响应特性。具体试验方法包括频率响应法、脉冲试验法、随机信号试验法以及参数跟踪法等。通过这些方法中的一种来测定对象的动态特性，然后采用计算数学的方法对数据进行处理，获得该对象的动力学模型。这种在实际装置上进行试验所获得的数据，能比较客观地反映装置的动力学特性。

但是，仅仅采用试验的方法进行装置的动力学研究，仍存在一定的局限性。其中最重要的局限性是试验的覆盖范围有限。由于核动力装置的特殊性，在实际运行的装置上只能对一些正常运行瞬态进行试验，对于一些偏离正常运行的工况或者重大事故工况无法进行全范围的试验。因此，在这些工况下某些装置、系统、设备的动力学模型无法完全由试验获得。另外，大部分试验一般必须在核动力装置完全建好以后才能进行，不能及时地为装置的设计提供依据，当发现设计中存在问题时，不易进行修改。

原理性实验台架、验证性实验台架、陆上模式堆、实际舰船核动力装置既可以通过进行大量的试验来验证装置、系统、设备的性能，也可为确定论安全分析程序的研制、开发、修改、完善提供验证平台。确定论安全分析程序按照部件原理性实验、部件数学模型的建立、部件分析程序开发、实验验证、系统分析程序开发、实验验证、程序试用、修改完善、正式颁布、继续验证、继续完善等步骤进行研制。

对于特定核动力装置特定设备、工况，部件原理性实验、部件数学模型建立是必要的。对于舰船核动力装置，主要包括燃料元件的临界热流密度计算公式，特定设备如直流蒸汽发生器、窄缝通道等的设备的热工水力计算公式、流动不稳定性分析；自然循环等特定工况下流体的热工水力行为模拟；非能动安全系统的运行特性模拟等。

（2）数值模拟

数值模拟是通过建立数学、物理方程，对核动力装置堆芯物理、热工水力、辐射剂量、控制逻辑的动力学特性进行描述，获得各类参数随时间变化的响应规律，以及各种参数之间的相互影响关系。描述装置、系统与设备的这些数学物理方程称之为装置、系统或设备的动力学模型。数学模拟的方法可以弥补试验测定方法的一些不足，通过建立完善的装置动力学模型，数学模拟不仅可以对大多数运行瞬态进行模拟计算，更重要的是可以对一些重大事故和极端事故可以进行预期的安全评价。

核动力装置的许多运行参数既是时间坐标的函数又是空间坐标的函数，如中子通量密度、冷却剂温度与压力等。如果既考虑这些参数的时间函数，又考虑其空间函数，采用非线性的偏微分方程来建立其动力学模型，这种方法称为分布参数法，如反应堆三维时空中子动力学模型等。分布参数法可以更加真实地反映参数的实际响应特性，但大量非线性偏微分方程的求解是非常复杂的，给许多问题的研究带来了不便。

如果不考虑被研究量在空间上的微观分布，对其空间平均值进行研究，同时把被研究量等可加量集总在一起，置于被研究体的几何中心，这种处理方法称为集总参数法。集总参数法可以将许多描述动力学的偏微分方程化为常微分方程，求解大大简化。堆芯物理常常采用的点堆中子动力学模型就是一种集总参数法。集总参数法采用的一些简化虽然方便了建模计算，但有些模型无法真实地反映参数的实际响应规律，应用范围有限。而在实际的应用过程中，分布参数法与集总参数法可以相互借鉴、相互补充。

但是数学模拟的方法受到很多基础学科研究状况的限制，如两相流的流动与传热等。这些基础研究的现状直接决定了数学模型建立及分析计算的准确性与可靠性，因此在一些事故工况下建立的动力学模型不够完善，有些与实验结果仍存在一些差异。另外，大量的动力学方程的准确求解也存在不少困难，为了同时满足计算精度与计算速度的要求，必须采用合理有效的数值计算方法。

因此，在进行核动力装置的动力学建模时，需要将试验测定法和数学模拟方法相互结合，然后根据建立的数学物理模型，开发相应的事故分析程序。运用这些程序系统对核动力装置动态工况进行分析计算与校核，验证系统与设备在各类预期瞬态工况条件下是否满足设计要求；对事故工况进行安全分析可以验证系统与设备的设计是否满足安全设计准则。

数值模拟的最终目标是实现高保真的数字化反应堆、数字化核电厂。

（3）经验反馈

核动力装置在长期运行过程中，因误操或设备故障发生一些问题或事件，有时是难以避免的。重要的是如何对待这些故障或事件。实践证明，及时总结经验和教训，举一反三，是防止类似问题反复发生的重要措施。经验反馈是解决这个问题的最好的办法，也是提高安全运行水平的最有效途径。

经验反馈是一种系统化的方法，通过发现、分析和总结装备在研制、运行、维护等过程中的异常、事件和人因失误，实现对异常和事件信息的报告、筛选、定级、分析、制定纠正行动、落实纠正行动和有效性评价等，从而防止类似事件的重复发生，不断提升装备的运行效率和安全水平。

经验反馈领域涉及的技术主要有运行信息反馈体系技术、高可靠信息采集及应用技术和信息化管理技术。其中运行信息反馈是指运行、检修等服务活动过程中涉及安全、质量等方面的偶发事件或异常情况时，对有关信息及时收集、传递、分析、处理并进行总结的技术体系。通过运行信息反馈体系，使相关方及时获取最新信息，并从中汲取经验教训，可防止类似事件重复发生。通过对信息反馈技术的规范化、制度化体系的建立，可以不断提高核设施的运行安全水平。随着通信手段的飞速发展，未来此项技术的发展将与高科技的通信手段更多的结合。实现图像、声音、图片等记录和传输。对于一些人员难以捕捉的偶发现象，摄像等技术可以实现全面的记录回放。

目前，世界范围内，国际原子能机构（IAEA）、世界核电运营者协会（WANO）等国际组织都建立了完整的经验反馈体系。美国、法国、加拿大、日本、韩国等国也均设有专门机构从事本国核行业的经验反馈工作。我国核电领域经验反馈工作也已经围绕行业、集团公司和核电厂三个层面全面展开。目前，行业层面已建立了包括组织管理体系、文件体系和网络交流平台在内的经验反馈体系，各核电集团公司以各种形式逐步推进所属核电厂的经验交流、分析和反馈工作，各核电厂也已经建立了厂内经验反馈体系，并陆续建成了计算机管理系统，极大地提高了核电经验反馈的有效性。由于军用核安全的保密性，目前尚无可借鉴的第一手的军用核安全经验反馈体系方面的资料，但从 2004 年出版的《美国国家航空航天局/海军经验交流报告》以及相关报道中可以看出，美国海军核推进部从建立之初就非常重视经验反馈工作，并逐渐建立起了闭式循环的经验反馈体系。我国海军目前正积极推进核安全经验反馈相关的规章制度制定，研究、建立相应的技术手段和保障条件，发挥经验反馈工作在预防事故、改进设计和管理、提高核安全水平等方面的作用。

二、确定论安全分析中的常用模型

（一）核反应堆集总参数分析模型

为了保障反应堆的安全运行，核动力操纵员需要了解各工况下系统重要参数的响应特性。尤其对于事故工况，操纵员对重要参数响应的解析与预判对于事故的判断与处置极为重要。核动力装置组成及其运行工况较为复杂，其瞬态过程的理论研究及安全分析通常需要采用大型的系统分析程序进行。舰船反应堆运行过程中，由于缺少在线运行支持系统，操纵员采用大型、精细的安全分析系统程序对各种工况进行分析难以实现。其中一种相对简洁的而有效的分析模型即集总参数分析模型，便于操纵员从理论上解析反应堆重要参数在各种工况下的宏观响应特性。

1. 集总参数分析模型

在对反应堆进行瞬态分析时，如果被研究量随空间的变化很小，即在被研究区域中，在任一时刻，被研究量在任一空间位置上的数值与其在被研究区域内的平均值很接近，则对于这类瞬态，可以不考虑被研究量在空间上的微观分布，只对其空间平均值进行研究，同时把被研究量等可加量集总在一起，置于被研究体的几何中心，如同“质点”状态，这种处理方法称为集总参数法。对于如质量 M，热容量等广延量可集中于几何中心，反映强度的量如温度、压力等按空间平均值处理。在反应堆瞬态分析中引入集总参数法的目的主要是由于反应堆实际动态过程参数随时间、空间变量变化，求解很复杂，采用集总参数法可以摆脱空间坐标带来的复杂性，可以获得动态过程中有关参数的宏观特性。利用集总参数法建立的数学模型则称为集总参数模型。

2. 简化的反应堆动力学模型

简化的反应堆动力学模型框图见图 7-1-1。该模型主要包括点堆中子动力学模型、堆芯热量传递与输运模型、各种反应性计算模型。通常的步骤：根据初始反应性大小，通过点堆中子动力学模型计算反应堆功率，利用堆芯热量传递与输运模型根据反应堆功率的输入来计算反应堆传输热过程，获得燃料元件温度及冷却剂温度、密度响应特性，利用反应性计算模型根据燃料温度、冷却剂温度、密度的变化来进行反应性反馈的计算，并根据反应堆控制系统引入的反应性获得总反应性大小，之后再输入到点堆中子动力学方程进行下一个循环的计算。

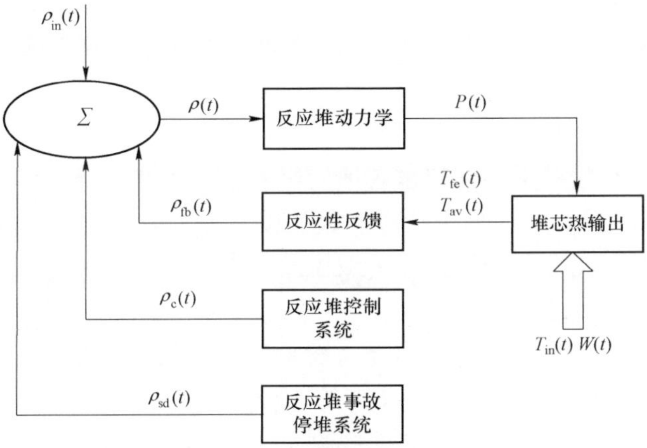

图 7-1-1　反应堆动力学简化模型

3. 点堆中子动力学分析模型

所谓的点堆中子动力学分析模型，是指在分析堆芯内中子增殖特性时，假定中子通量密度和先驱核浓度可以按时空变量分离，并认为形状函数是不随时间变化的条件下导出的。在物理上这就相当于假定不同时刻中子通量密度在空间中的分布形状不变，也就是说，堆内各点中子通量密度随时间的变化涨落是同步的，就好像堆芯没有线性尺寸一样，可以把它用集总参数方法来处理，所以这个模型称为“点堆模型”。

点堆模型在反应堆偏离临界不远，反应性扰动不大的条件下，由点堆模型计算出的结果可以满足工程要求，在反应堆瞬态安全分析与反应堆控制领域得到广泛的应用。由于其单群近似的假设条件十分粗糙，不能完整地描述反应堆内快群、热群中子的产生、吸收、泄漏与散射过程，该模型不能描述瞬变时反应堆空间中子通量密度分布的响应，因此不能获得瞬态热工水力计算所需要的轴向、径向及局部的功率不均匀因子，无法进行反应堆三维空间的反应性反馈效应的计算。

点堆模型包括单组与六组缓发中子的点堆中子动力学方程组模型，前者相对简单且常常能够得到解析解，而后者只能在非常有限的一些特殊情况下才能有解析解，当考虑到反应性反馈效应时，必须采用数值方法求解。由于方程组的刚性问题，应用数值计算过程中，计算步长的选取也有较高要求。

常用的点堆中子动力学方程的数值计算方法包括 GRN 法、Gear 法、全隐式差分法、广义龙格库塔法、改进欧拉法、加权残余法、三阶埃尔米特法、高次端点浮动法、最大本征法等。

GRN 法计算收敛很快，而且收敛性对步长没有限制，但该方法不便于在计算过程中改变步长的大小或改变算法阶数的高低；Gear 法可以在计算时灵活改变步长，也可以改变方程的阶数；全隐式差分法只要时间步长取得合适，可以得到满意的精度，并且属于无条件收敛，该应用简单，计算机计算能力的发展在很大程度上弥补了该方法计算速度慢的缺点。

计算表明，在小反应性引入条件下，各类计算方法对步长的改变不敏感，各方法计算结果比较接近；在大反应性引入条件下，如果计算步长增大，各方法计算结果差异增大，如果步长合适，计算结果比较接近。对于绝大多数瞬态工况，计算步长取 0.001 秒左右足够满足计算精度要求。

4. 堆芯传热集总参数模型

反应堆传热集总参数模型通常将堆芯所有燃料元件看作一区、所有冷却剂为一区进行建模。将燃料芯块、气隙、元件包壳看作一区的模型称为堆芯传热单区集总参数模型，如果将燃料芯块和燃料包壳各分一区，成为双区集总参数模型。

（1）堆芯传热单区集总参数模型

该模型就是采用集总参数方法分别建立燃料元件区的热平衡方程、冷却剂区的能量守恒方程、反应堆输热方程，然后利用所建立的方程获得堆芯传热单区集总传热方程，从而求解出相关的热工参数，其中一个重要的物理量是堆芯时间常数τ（单位 s），其物理意义表示热量从燃料元件向冷却剂传递的快慢。

（2）堆芯传热双区集总参数模型

该模型也是采用集总参数方法，但对燃料芯块、包壳的能量守恒方程分别建立，冷却剂区的能量守恒方程、反应堆输热方程的建立与单区集总参数模型类似，分别求解燃料芯块向包壳的传热、包壳向冷却剂的传热、冷却剂的输热，从而求解出相关的热工参数，如燃料与包壳温度，时间常数等。

5. 简化的反应堆水力学模型

反应堆传输热计算时，需要获得反应堆冷却剂流量大小。建立一个简化的反应堆水力学模型以求解冷却剂流量。

（1）动量守恒方程

对任意一个水力学系统，系统压降方程总可以写为：

流道内流量的变化率＝上下游压力差＋泵压头－流动阻力－提升压降

（2）克希霍夫定律

克希霍夫定律用于解决流体网络中压降和流量计算问题。回路定律是指围绕任何一个闭合环路的压降之和应该等于零；接点定律是指在流体网络的每一个接点上，对于不可压缩流体，任一瞬间的流离代数和等于零。

（3）稳态工况下强迫循环流量方程

对于一个由 N 条环路组成的核动力装置一回路系统，在稳态强迫循环工况下，系统流量方程为：

强迫循环驱动压头（外力）＋自然循环驱动压头（自身）＝沿程总的阻力

6. 反应性反馈计算模型

反应性计算表达式可以表示为：

总反应性变化＝外部引入的反应性＋热工水力反馈引入的反应性＋反应性控制系统引入的反应性＋停堆系统引入的反应性。

反应性控制系统引入的反应性可由控制棒积分价值曲线与微分价值曲线获得;停堆系统引入的反应性由停堆引入的反应性曲线获得;热工水力反馈主要包括燃料温度反馈、冷却剂温度反馈、冷却剂密度反馈、冷却剂空泡份额反馈等,冷却剂压力变化引入的反应性反馈可通过冷却剂密度反馈计算获得。这些反馈系数可以采取平均值,也可以采用实验数据的多项式拟合的关系式来计算反应性反馈系数,通常将冷却剂温度反馈与冷却剂密度反馈效益归并到冷却剂温度反馈。

(二)核动力装置时空中子动力学分析模型

核动力装置瞬态分析模型是确定论安全分析方法应用的基础,主要包括核反应堆中子动力学模型和系统热工水力模型,近年来随着人们对核反应堆事故后系统响应机理研究的深入和模拟计算技术的发展,事故分析的瞬态模型不断改进,事故模拟分析的精度得到不断提高。

近十多年,随着计算机软硬件技术的发展,国际上广泛开展了多维多群时空中子动力学方程组的数值计算方法的研究,各种先进的空间变量离散方法和时间变量离散方法被广泛地用于时空动力学方程组的数值计算中。如空间变量的离散的现代粗网方法(节块展开法、节块格林函数法、解析节块法、非线性迭代节块法),它可以在较大的网格下取得满意的精度,大大提高了计算效率。根据这些方法编制的三维时空动力学程序系统在工程中得到了广泛的应用,现在国际上知名的核动力装置瞬态热工水力分析程序(RELAP5、CATHARE、TRAC)有用多群三维时空动力学模型代替简化的点堆模型、一维模型的趋势。

1. 反应堆时空中子动力学模型与求解方法

(1)时空中子动力学方程

多维多群中子扩散时空动力学方程组包括中子扩散方程和缓发中子先驱核浓度方程。在笛卡尔坐标系中,反应堆多维多群中子扩散时空动力学方程组是一复杂的偏微分方程组,需要求解的变量多少需要根据具体的缓发中子组数与能群数确定。

(2)求解方法概述

在时间变量的离散求解上,考虑到中子扩散动力学方程组收敛性和稳定性的要求,可采用全隐向后 Euler 格式来离散式中的时间导数项,而采用时间积分方法进行求解。式中的中子通量密度时间导数项采用全隐向后有限差分格式近似求解。

采用时间积分方法求解方程,在时间间隔 $[t_{n-1}, t_n]$ 上进行积分可以得到 t_n 时刻的缓发中子先驱核浓度。

为了求解式中的积分项,需要中子裂变源项在时间间隔 $[t_{n-1}, t_n]$ 内的关于时间的具体表达式。同中子通量密度时间导数项的全隐向后有限差分近似相一致,近似的认为总的裂变源项在时间间隔 $[t_{n-1}, t_n]$ 内是线性变化的。然后联立这两式求解便可以得到 t_n 时刻的缓发中子先驱核浓度。

(3)空间变量的离散

多群时空中子动力学方程的数值求解是非常耗时的,因为对每个时间步长要进行一次扩散计算,扩散计算可以采用细网有限差分法、节块方法。

有限差分法是指在对微分方程组进行离散的时候用差分近似代替微分,有限差分法推导简单,并有完善的理论基础,但也存在着明显的缺陷,那就是为了保证计算精度,空间网距必须取得足够的小（约等于中子扩散长度，压水堆取 1～2 cm）。这使得空间离散后差分网点增多，未知数量巨大，特别是当空间变量的维数较高时，如二维或三维情形，用直接数值求解多群时－空动力学方程组所耗费的时间是惊人的。例如，对一个热功率为 140 MW 的压水堆，若取网距等于扩散长度，则整个反应堆内大约有 74 200 个空间网点。如果再考虑时间变量，则计算所需存储量之大，计算时间之长都是惊人的。

为了提高计算效率，从 20 世纪 70 年代末开始，各国相继开展了现代节块方法的研究。先后发展了节块展开法、解析节块法、格林函数节块方法及非线性迭代节块法等具有代表性的节块方法。这些方法能在很粗的空间网格下（一般是一个组件一个网格），获得良好的精度。节块法的出现，极大地提高了计算效率，它使解稳态扩散问题的时间比有限差分方法缩短了一个数量级，同时又能满足工程所需的精度。因此，该方法已在反应堆稳态扩散计算中获得了广泛的应用。节块法在稳态问题中的成功，很自然地促使人们把它推广应用于跟时间相关的时空动力学问题的求解中。目前在求解多群时空中子动力学方程时，节块法是最佳的选择。

2. 反应堆三维两群时空中子动力学方程

（1）方程

为比较准确地反映反应堆中子在时间和空间上的动态过程，一般可以采用两群（快群和热群）中子时空动力学方程。该方程组计算精度高，能弥补点堆中子动力学方程的不足，可反映反应堆不同能量中子的空间行为与时间行为的变化过程。但为满足计算精度，反应堆空间网格划分较细，计算速度相对慢。

（2）数值求解方法

采用传统的时空分离模型是将中子通量按时间和空间分离为：表示通量密度的空间分布形状函数和反映平均中子通量密度大小的幅函数，然后将形状函数归一化，采用有限差分法或节块法求解。

（3）时空分离变量的扩散方程

应用时空分离变量，便可到中子通量密度时空分离变量的扩散方程。

（4）时空分离变量的扩散方程的求解

①幅函数采用考虑六组缓发中子的点堆中子动力学方程的方法进行求解；

②采用有限差分法对形状函数进行离散，形成线性方程组，借用合适的方法求解线性方程组。

（5）准静态法求解

主要是对时间导数项分别进行时间有限差分，然后进行求解。

（三）核动力装置热工水力分析模型

1. 基本概念

（1）控制体

将反应堆及冷却剂管道划分为若干各自独立的容积，用来描述冷却剂系统不同部位和空间的形状及物理状态，这些容积称为控制体或控制容积。目前采用热工水力瞬态最佳估算程序或安全评审程序，对一个核动力装置进行热工水力瞬态分析，均需要将核动力装置划分为若干个控制体，对每个控制体求解质量守恒和能量守恒方程。如果将每个控制体内的参数变化过程了解清楚了，那么就可以准确地描述整个系统的瞬态特性。

控制体的划分原则：

①控制体划分的越多，越接近于对系统进行连续性描述，系统的各种状态参数也就表述的越逼真；

②控制体划分数目增加，计算时间就会增加，计算的时间步长也会有影响；

③因此需要综合考虑计算步长、计算时间与计算精度的关系；

④热工水力参数变化剧烈的部位要划分细，变化小的划分粗一些。

描述控制体的特征参数主要包括：

①控制体几何参数：长度、面积、体积、表面粗糙度、当量直径、位高等；

②状态参数：压力、温度（或内能）、含汽（或气）率等。

（2）流线

用来表示连接控制体之间的管线为流线，流线上没有体积的概念，它已将体积归并于连接的控制体中；在每条流线只需要求解动量守恒方程，进而求解流体的流速与流量。

流线的特征参数包括：

①流线的流通面积、能量损失系数（局部阻力系数）、水力学直径等；

②状态参数：流体的质量流量或流速。

2. 热工水力基本方程

质量守恒方程、动量守恒方程和能量守恒方程以及相应的结构关系式是动力学模型的基本内容。在压水堆瞬态和事故过程中，冷却剂可能处于两相状态。两相流热工水力过程是非常复杂的，计算机程序中所采用的两相流模型对程序的计算精度、描述瞬态过程的能力和求解难易程度影响都较大。目前可采用的两相流数学模型主要有两流体模型、漂移流模型、混合物模型和均匀流模型等，这些模型各有其特点和适用的场合。

两流体模型对汽相和液相分别列出质量、动量和能量守恒方程，并考虑了汽、液两相间的动量、能量和质量交换，可以反映各种物理现象的内在机理。

漂移流模型是以描述汽泡分布和汽、液相对滑移的两个结构参数为基础建立起来的。从整体上，它具有均匀流模型的特点，求解简单，而同时又可以表现两相流的局部特性。在许多场合，运用这种模型可以得到相当满意的效果。利用漂移模型不同的结构条件，可以列出多种形式的两相流模型，其中的守恒方程式可以有三个、四个或五个不等。

混合物模型把两相流看成一个整体混合物，模型简单，方程式数目少，变量参数也少得多，因此计算工作量不大。但它主要用来确定两相流的整体特性，不能准确反映热量、压力和压差以外的两相流局部参量。

除了基本的质量守恒、动量守恒和能量守恒方程等场方程外，必须构建相应的结构关系式。各种模型中采用结构特性关系式是为了使场方程闭合。属于结构关系式的主要有边界条件、物性（状态）方程、介质与壁面间的动量和能量交换方程、两相间的各种交换方程以及一些描述特定热工水力现象的关系式等。结构关系式的选择因两相流场方程的不同而异，它选择是否恰当对于解题工作量有很大影响。

3. 两流体模型

两流体模型是目前为止被认为是最为完善的、应用最广泛的两相流数学模型。它对汽相和液相分别列出质量、动量和能量守恒方程，并考虑了汽、液两相间的动量、能量和质量交换，可以反映各种物理现象的内在机理。所以从原则上说，这种模型可以描述两相流的各种复杂工况，例如反应堆下腔室中的流动、汽液逆向流动和再淹没期间复杂的热工水力过程等。但是由于场方程数目多，还要补充许多结构关系式，所以求解困难，运算量大。此外，由于对某些规律，特别是两相交界面处的规律了解还不够，有些结构关系式难以建立得非常准确，从而使得这种完善的数学模型计算精度上受到一定的影响。

（1）基本的场方程

两流体不平衡模型的基本场方程由两相连续性方程、两相动量方程和两相能量方程组成。基本的场方程由气、液相一维质量守恒方程、动量守恒方程、能量守恒方程组成。

（2）结构关系式

对于一组流场守恒方程，需要求解的主要未知参量原则上是可以从方程中出现的参量中任意选择的。我们称主要未知参量为“一次参量”。所选择的一次参量数目一般与守恒方程的数目相同。对于六方程一维两流体模型，可以选择主要的六个量作为一次参量。除了这六个参量之外，在方程中出现的参量还有 23 个。为了使方程组闭合，必须把这 23 个量用一次参量表示出来，所建立的表达式即称为结构关系式。这些被表达的量称作二次变量。二次变量求解参见相关文献。

4. 冷却剂的壁面传热模型

冷却剂的传热主要可以分为冷却剂与燃料元件、蒸汽发生器传热管、冷却剂管道、各种类型换热器的传热计算，在 RELAP5/MOD3.3 程序中，热构件表面向冷却剂的热流密度=壁面对汽相的换热+对壁面液相的换热。其中关键的是计算换热系数。不同的换热区域有不同的换热系数。换热区域主要分为单相对流换热区、沸腾换热区、蒸汽凝结换热区，其中，沸腾区又可分为泡核沸腾区、局部膜态沸腾区、沸腾危机点、过渡区和膜态沸腾区等。

5. 冷却剂的相间传热模型

两相流中两相间的能量交换通过热量交换和质量交换两个过程而发生，这两个过程不是彼此独立的，而是有关系的，例如质量交换量（闪蒸或冷凝）通过相界面的传热量来计算。如果在相界面存在温差，就存在传热过程，即有能量传递过程，此能量就是相变所需要的能量，通过潜热就可计算过程中质量的交换量。在一个典型的两相流控制体中，存在四种可能的热力学状态：过热液体、过冷液体、过热汽体和过冷汽体。而各种流型下的相界面传热系数的值有不同的模型与计算式，应分别计算。

6. 冷却剂的水力学主要模型

反应堆运行期间，燃料元件的工作温度、冷却剂的输热率与焓升、临界热流密度以及主循环泵的输送功率与均匀冷却剂的流动、压降、流量等因素密切相关。也就是说反应堆的热工水力分析与反应堆的水力学密切相关。冷却剂的水力学主要模型包括流动阻力（压降）、声速与临界流、汽液逆向流动等问题的分析模型。

压降计算关系式中主要包括：（1）沿程摩擦压降计算模型；（2）局部阻力压降的计算公式。声速与临界流分析中主要包括：（1）单相过冷的临界流模型；（2）两相临界流模型。

7. 热构件的传热模型

在核动力装置中，热构件是指与冷却剂发生热量交换的部件。核动力装置中的热构件可以按其形状和作用分类。按热构件的作用可以分为两类：第一类是发热部件，它相当于热源，例如燃料棒和电加热器；第二类是传热部件，例如冷却剂的承压边界和蒸汽发生器的传热管。按热构件的形状可以分为球形、圆柱形和方形。在热工水力学问题中，为了简化计算，一般采用一维的导热微分方程来描述热构件的导热，采用有限差分方法来求解。

三、确定论安全分析常用程序

随着核动力技术的发展，人们已形成这样的共识，即由于核动力反应堆一般具有尺寸大、系统复杂、强放射性的特点，如果利用实际装置对实际事故或事件进行全尺寸实验研究，需要花费巨大的人力和财力，并可能带来严重的放射性后果。因此，基于计算机数值模拟技术，集成大量先进的理论研究和实验研究成果的确定论安全分析程序成为核能技术领域最重要的研究工具，也是核动力确定论安全评价最主要的技术手段，目前确定论安全分析程序已广泛应用于核电厂设计、安全评审、规程验证、运行事件评价、运行管理、维修决策等。

按照安全分析程序的用途可以分为两大类，一类为安全审评程序，用以评价一个即将建造的反应堆是否符合标准规定的安全准则，这些程序在动力学模型上都加入若干保守的假设；另一类为最佳估算程序，这些程序力求尽可能准确地模拟核动力装置、系统的完整特性，去掉不必要的保守性。

按照安全分析程序的研究对象可以分为反应堆物理分析程序、核动力装置热工水力分析程序、反应堆严重事故分析程序、放射性物质源项分析程序、放射性物质迁移与扩散分析程序、燃料元件性能分析程序、反应堆堆舱完整性分析程序等。

反应堆堆芯物理分析程序主要是为了模拟反应堆堆芯稳、瞬态物理特性参数，主要包括燃料组件均匀化物理参数计算程序、反应堆临界与燃耗计算程序、反应堆中子动力学程序（点堆模型、三维少群模型）等，与之密切联系，还包括核数据库等。

核动力装置热工水力分析程序又可分为系统分析程序、单通道计算程序或子通道计算程序。其中，系统分析程序如 RELAP5、TRACE 等又可分为一维或三维热工水力分析程序。燃料元件性能分析程序主要用于分析燃料元件在正常运行与事故运行工况下燃料的传热性能、机械性能、化学性能等。反应堆堆舱完整性分析程序主要用于分析较大破口失水事故下反应堆堆舱的热工水力行为与机械性能。反应堆严重事故分析程序、放射性物质源项分析程序、放射性物质迁移与扩散分析程序在严重事故分析章节进行介绍。

上述程序通过多尺度耦合可以形成两个或多个分析程序组成的分析平台，如点堆模型加系统热工水力安全分析程序、时空中子动力学程序耦合一维或三维热工水力安全分析程序、系统程序与子通道耦合程序、一体化严重事故分析程序包等。利用集成的分析程序即可进行确定论安全分析工作了。

（一）堆芯物理分析程序

反应堆堆芯物理分析程序主要是为了模拟反应堆堆芯稳、瞬态物理特性参数，主要包括燃料组件均匀化物理参数计算程序、反应堆临界与燃耗计算程序、反应堆中子动力学程序等，与之密切联系还包括核数据计算程序等。反应堆物理程序的基本组成如图 7-1-2 所示。

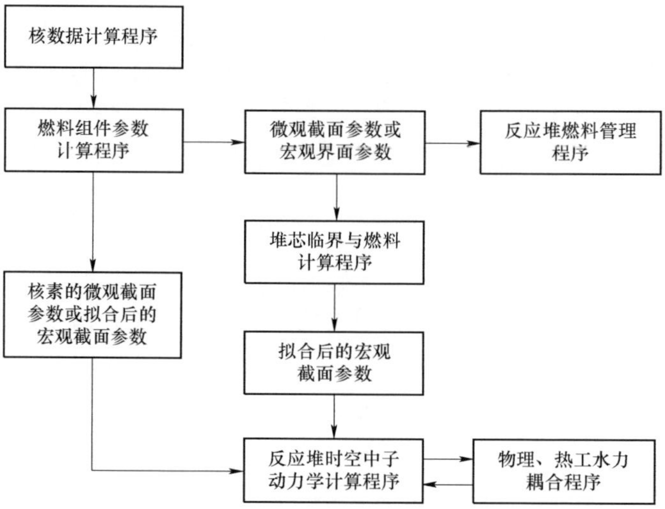

图 7－1－2　反应堆物理分析程序的基本组成

1. 核数据库

核数据，特别是截面数据的选择和处理，是反应堆核计算的出发点和重要依据。为了提高反应堆核计算的精度，一方面要努力对计算的模型和方法进行改进，另一方面则要设法提高原始核数据和参数的精确性。对核工程人员来说，能正确地理解和使用这些数据是非常重要的，它是取得正确计算结果的重要关键。

由于核计算中要涉及大量的同位素，同时在各个能量区域内中子截面和能量的关系复杂，因而核反应堆计算需要用到的核截面数据的数量是很庞大的。20 世纪 50 年代后，随着反应堆、加速器和测量仪器的迅速发展，已逐渐积累了大量的中子截面资料，对核数据的收集和编纂评价工作也迅速开展起来。在“中子截面汇编 BNL—325”系统中，收集了相当丰富的实验和理论计算的数据。然而，由于不同的实验对于同一截面可能给出不同的数值，同时对某些能域、某些元素的截面还存在着空白，因而在进行反应堆核计算时需要注意正确地选取和评价这些截面和其他核数据。随着核技术的发展，对数据的精度及能区范围都提出了更高的要求。近 20 年来，许多国家都在努力建立一套标准的、评价过的核截面数据库。我国也已有这方面资料《评价中子数据汇编》。

美国的评价数据库 ENDF 是比较完整和先进的数据库。ENDF/B 库是用于核反应堆物理分析的标准核数据库来源之一，它拥有核物理计算所需的一整套截面数据。除 ENDF 以外，还有其他一些国家的核数据库如欧洲的 JEF 库。一般在这些数据库中包含有核反应堆分析所用到的各种同位素在可能域内的核数据，它包括：所有可能发生的中子反应的微观截面；弹性和非弹性散射时中子的角度分布；裂变中子的能量分布；每次裂变的二次中子平均数；共振参数；裂变产物的产额及截面；反应中放出的中子、质子、γ 射线和 α 粒子等的能量和角度分布等。

例如，在 ENDF/B 库中有 80 余种同位素，能量在 10^{-5} eV～20 MeV 范围内的所有重要的中子反应的整套数据，诸如（n，γ），（n，f），（n，p），（n，a），（n，n′），（n，n），（n，2p）和（n，2n）等反应的截面及微分散射截面，还有热中子散射律的有关数据和光子的产生与相互作用的截面数据。这么多的数据，如何保存并方便使用也是一个突出的问题。在 ENDF/B 库中，实际数据一般处理程序由这些参数可以很容易地计算出所需能点的截面参数，像能级宽度、共振能量和峰值截面等，而随能量变化的共振截面值就用这些参数按布赖特—维格纳公式算出。随着加速器的发展及新的实验手段和测量仪器的出现，新的核截面数据也不断地出现。各国的评价数据库也都在不断地随之进行修改和补充，如美国的评价数据库 ENDF 已从较陈旧的 ENDF/BⅢ库发展到了最新的 ENDF/BⅦ库。

2. 反应堆燃料组件均匀化参数计算程序

目前动力堆中的燃料组件通常由不同富集度的燃料棒、可燃毒物、控制棒、水隙及包壳材料组成，不同的材料有不同的反应截面，反应堆堆芯物理计算时，通常先进行组件均匀化计算，得到组件的均匀化参数。组件的均匀化参数计算是在上述核数据库的基础上，通过中子输运计算，得到组件内的中子通量的精细分布，然后通过反应率守恒关系式，得到组件的均匀化参数。目前，根据不同理论模型，各国已编制了相应的程序系统，获得广泛应用的有 TPFAP、WIMS–D4、CASMO 等。

（1）组件宏观截面参数计算程序包 TPFAP

TPFAP 是国内自己开发的组件计算程序，它是采用穿透几率法进行组件计算，可以用于压水堆（PWR）各种栅元和燃料组件的输运计算。它首先利用碰撞几率方法在库能群结构下（69 群）完成三区或四区圆环几何的栅元输运计算。两维穿透几率法组件计算是在 X—Y 几何下进行的，基模计算用来考虑中子泄漏的修正，根据反应率守恒来计算等效扩散截面参数。TPFAP 在每一燃料棒和可燃毒物棒内进行燃耗计算，可以提供每一燃耗步的燃耗组件和栅元平均少群截面、功率分布等。

TPFAP 同时适用于压水堆（PWR）和沸水堆（BWR）组件计算，该程序处理的两维不同几何燃料组件的各个区域，包含按方阵排列的含不同成分的燃料棒、可燃毒物吸收棒、通量测量管、水隙、硼补偿片，以及束状或十字形控制棒。其中燃料棒中可含吸收体钆。该程序也能实施栅元计算。

（2）组件宏观截面参数计算程序 WIMS–D4

WIMS 程序是由英国的 WINFRITH 于 20 世纪 70 年代研制，利用输运理论来计算栅元中作为能量和位置函数的通量的栅元程序。程序带有 69 群常数库，可计算均匀、平板状、单棒及束棒栅元，能给出反应堆在稳态和燃耗工况下的各种物理参数。

WIMS–D4 程序适用于计算反应堆在稳态和燃耗工况下各种物理参数，其中包括：增殖系数、曲率、能谱和温度系数，对应各时间步长的各种核密度。均匀介质、平板和圆柱棒栅元，以及组件的各种物理量，如扩散系数，各种平均反应截面等。组件的功率峰因子和组件内的精细的不利因子。共振自屏截面，无限稀释截面。

（3）组件宏观截面参数计算程序 CASMO

CASMO 是一个功能上类似于 TPFAP 的输运计算程序，可以用于压水堆或沸水堆的组件燃耗计算，也可实施简单栅元计算，该程序可以处理两维几何燃料组件的各个区域，包含按不同排列的含不同成分的燃料棒、可燃毒物吸收棒、通量测量管、水隙、硼补偿片，以及束状或十字形控制棒。

3. 反应堆稳态临界与燃耗分析程序

在进行各种反应堆组件参数计算后，为了得到不同燃耗时刻堆芯不同的燃耗分布、临界棒位、堆芯功率分布等，需要进行临界燃耗计算。目前，国内获得广泛应用的临界燃耗计算程序有 CITATION、BM3DD、SIMULATE 等。

（1）细网有限差分程序 CITATION

CITATION 是美国橡树岭国家实验室在 20 世纪 70 年代开发的，它用扩散理论进行分析计算，空间离散采用有限差分，可以处理空间各种坐标下三维问题，采用零值通量、对称和外推三类边界条件，也可用于处理任意能群的散射。该程序可以进行调硼临界搜索燃耗计算或者运行跟踪计算，给出不同燃耗步的堆芯有效增殖系数，功率峰因子，组件和节块的绝对平均通量，堆芯径向和轴向的相对归一化功率分布及比燃耗分布。

CITATION 程序理论推导过程简单，计算稳定性好，因而在国际上获得了广泛的应用。但它为了获得满意的精度必须取很小的网格（1～2 cm），计算较为耗时，目前随着节块法的发展，有被替代的趋势。

（2）细网有限差分程序 HEXFGD、BM3DD

HEXFGD、BM3DD 是中国核动力研究设计院在 CITATION 的基础上研制而来的，物理计算模型和 CITATION 程序相同，HEXFGD 主要针对六角形燃料组件反应堆设计计算；BM3DD 主要针对方形组件反应堆分析计算，BM3DD 在物理计算中加入了热工模型，可以考虑热工反馈效应。

（3）节块分析程序

为了提高计算效率，从 20 世纪 70 年代末开始，各国相继开展了现代粗网节块方法的研究，先后发展了节块展开法（NEM）、解析节块法（ANM）、解析函数法（AFEN）及格林函数节块方法（NGFM）等具有代表性的节块方法。这些方法都能在很粗的空间网格下（一般是一个组件一个网格）获得良好的精度。节块方法的出现极大地提高了计算效率。这些方法求解稳态问题的时间比差分方法至少缩短了一个数量级，并极大地减少了未知数的数目，同时又能满足工程所需的精度。因此，根据这些方法编制的现代粗网节块方法程序如 NEM、QUANDRY、NGFM、ANC 等已在反应堆的稳态扩散计算中获得了广泛的应用。

应该特别指出，在 20 世纪 80 年代，由 Wagner、Smith 等人提出了采用非线性迭代策略的先进节块方法。该方法通过在低阶方法中增加自由度，并利用高阶方法的计算结果对低阶方法进行修正，以得到具有高阶精度的解，整个过程是以迭代求解低阶方程为主，间歇地穿插高阶方法的计算。从而在保证高阶方法的计算精度的同时提高了计算效率，并减轻了对计算机存储的需要。该方法可以应用于任何一种以节块平均通量和表面流为未知求解量的节块方法。目前，该方法已在稳态中子扩散方程的计算和时空动力学方程组的数值求解中得到广泛利用，如国外九十年代发展的 SIMULATE-3、SKECH-N、SPANDEX 和 NESTLE 等计算程序，均采用了非线性节块方法。

SIMULATE-3 轻水堆三维稳态功率分布节块分析计算程序。它可以用于研究 PWR 反应堆燃料循环长度、功率分布、控制棒布置和氙瞬态。本程序可以计算所有有意义的轻水堆反馈效应，其中包括控制棒的插入，慢化剂空泡及密度变化、燃料温度、燃料的变化以及氙和钐的瞬态变化等。

它具有如下的特点：

（1）采用双群、三维先进的节块方法。

（2）运用现代先进均匀化理论，引入不连续因子。

（3）可以进行堆芯节块内精细功率的重构。

（4）围板或反射层显式表示，不需调节反射率。

4. 堆芯中子动力学分析程序

堆芯中子动力学分析程序是在上述物理程序计算的基础上发展而来的，主要计算不同瞬变或事故工况下反应堆的反应性、功率、热点因子等参数响应特性。

从反应堆安全的角度出发，在核反应堆的设计、事故分析及负荷跟踪过程中，往往希望得到堆芯功率或中子通量密度的空间分布及随时间的瞬态变化，这就要求必须求解三维时空中子动力学方程组。早期在求解三维时空中子动力学方程组时受到计算方法和计算条件的诸多限制，采取了多种近似方法，最简单的就是“点堆近似模型”。“点堆模型”假设反应堆在瞬变过程中堆芯中子通量密度形状分布不随时间发生改变，反应堆类似一个没有空间效应分布的点，使瞬态计算大大简化，从而得到了广泛的应用。近年来，随着计算方法及计算机水平的发展，国际上对核反应堆时空动力学问题的研究给予了很大重视，开发了直接求解时空中子动力学方程的计算模型。应该指出在计算反应性事故时，时空中子动力学计算模型有着点堆模型所不具备的功能，它可以模拟反应堆三维空间中子通量密度随时间的变化，给出反应堆径向功率不均匀因子、轴向功率不均匀因子及局部不均匀因子随时间的变化，因而可以模拟由于控制棒的动作而引起的反应性分布异常事故。因此目前国际知名的系统热工水力分析程序 RELAP5、RETRAN、TRAC 都逐渐采用时空中子动力学模型替代原来的点堆模型。

5. 蒙特卡罗分析程序

蒙特卡罗方法，又称随机抽样技巧或统计试验方法，该方法与一般数值计算方法有较大差别，作为计算数学的一个分支，并以概率统计理论作为基础而发展而来的数值计算方法，由于蒙特卡罗方法能比较逼真地描述事物特点及物理实验的过程，可以用来解决一些数值方法难以解决的问题，因而该方法得到广泛的应用。它的基本思想通俗地讲就是采用随机试验的方法计算积分，即将所要计算的积分当作是服从某种分布密度函数 $f(r)$ 的随机变量 $g(r)$ 的数学期望。

$$\langle g\rangle = \int g(r)f(r)\mathrm{d}r$$

通过某些试验，就可以得到 N 个观察值 r_1，r_2，$r_3 \cdots r_N$（从概率的角度来讲，就是从分布密度函数 $f(r)$ 中抽取 N 个子样 r_1，r_2，$r_3 \cdots r_N$），将相应的 N 个随机变量值 $g(r_1)$，$g(r_2)$，$g(r_3) \cdots g(r_N)$ 的算术平均值作为积分的估计值。

$$\hat{g}_N = \frac{1}{N}\sum_{i=1}^{N} g(r_i)$$

在使用蒙特卡罗方法时，对于问题中可以用解析（数值）方法处理的部分，应当尽量使用解析（数值）方法，对于难以用解析（数值）方法处理的部分，采用蒙特卡罗方法计算，这样才能发挥它在模拟计算中的独特优势。

常用的基于蒙特卡罗方法的程序有美国橡树岭国家实验室研制的程序 MORSE，洛斯·阿拉莫斯国家实验室研制的 MCNP 程序；由美国 Stanford Linear Accelerator Center 提供的 EGS 程序，圣地亚国家实验室电子–光子 SANDYL 程序和 TIGER 程序系列。中国科学院核能安全研究所 SUPERMC。

MCNP（Monte Carlo N-Particle transport code System）是一个大型三维输运通用程序，最初由美国洛斯·阿拉莫斯国家实验室应用理论物理部的 Monte Carlo 小组（X–5 小组）开发，可以处理复杂的三维几何结构下中子、光子、电子或中子–光子–电子耦合输运问题，同时可以计算临界系统对应本征值问题。

MCNP5 程序发布于 2003 年，采用标准的 Fortran90 语言重新编写，具有很强的通用性，用户使用也比较容易，使用基于 ENDF/B–VI 等评价库的精细点截面数据与所有中子反应类型，对于热中子，可以选择自由气体和 S（α，β）两种模型处理，随着新的 ENDF/B 评价库的不断释放，基于 ACE 格式的温度相关中子截面库也相应得到更新。MCNP5 精心设计了计数功能，除了自带的标准计数外，用户还可以根据计算物理量的需求进行计算，同时包含了许多降低方差的技巧与大量的截面数据。

MCNP 程序应用的范围十分广阔，主要在核物理计算领域有着重要应用，通常有堆芯设计、临界安全计算、反应堆屏蔽计算，辐射探测与防护，个人剂量检测与物理保健，同时在医学物理与放射性治疗，乏燃料及废物处理也有较广泛的应用。

（二）系统热工水力安全分析程序

系统热工水力安全分析程序主要是用来分析核动力装置在事故情况下的热工水力参数的响应情况，目前在国内外获得广泛认可的程序系统主要包括堆芯子通道分析程序 COBRA、反应堆系统热工水力分析程序 TRAC 程序、ATHLET、RETRAN–02、CATHARE、RELAP5 等。下面分别进行介绍。

1. 堆芯子通道分析程序 COBRA（THAS）

COBRA–Ⅳ程序（国内开发版本称为 THAS–1）利用子通道分析法来确定稳态和瞬态工况下棒束内的焓和流量分布。它仍然保留了 COBRA–Ⅲ中使用的稳态和瞬态解法，以作为隐式解法选择方案。除此之外，它还增添了一种新的显式解法，该法可以计算倒流、环流、喷出和再注入流等恶劣瞬变工况，并适应压力或流量边界条件。该程序大大压缩了内存，减少了计算时间，从而可以计算包含数百个子通道的问题。

THAS–3 程序是以 THAS–1 程序（美国 COBRA–Ⅳ的国内开发版本）为基础发展起来的反应堆稳态和瞬态热工水力分析程序，它除了保留 THAS–1 的全部功能外，加强了板状元件堆芯性能分析。THAS–1 程序虽具有分析板状元件燃料温度场的功能，但不具备分析板状元件堆芯临界热流密度和流动稳定性等热工水力特性的功能。THAS–3 重点在这方面对 THAS–1 做了改进，完善了板状元件堆芯热工水力特性分析能力。

2. TRAC 程序简介

瞬态反应堆分析程序 TRAC 研制的主要目标是要得到一个先进的最佳估算轻水堆的系统程序，它应能够可靠地测算轻水堆各种事故的性状。我们要用广泛的实验数据对程序计算结果进行检验和评价，提高程序的可信度。为了达到上述目标，在研制 TRAC 程序时遵循下列原则：

（1）程序对各种实验工况都应该具有足够的测算精度。在从一种实验转到另一个实验时，不需要用户改变和调整模拟方案和参数变量。

（2）对重要的物理现象要尽可能从基本原理上去模拟，以便于外推到实验覆盖参数范围以外。这种模化方法还有助于给出系统热工水力特性更详细的结果。

（3）程序要有足够的灵活性，使之能够模拟轻水堆设计的各种方案和有关的实验构形。

根据上述原则研究开发的 TRAC 版本称作“详细计算”版本。已研制出来的有 TRAC－P1、TRAC－PlA、TRAC－PD2 等。TRAC 程序研究工作的另一个目标是提供一个“快速运算”版本。它能够用来进行参数研究、显示计算、安全审评，以及时间很长的瞬变过程（如小破口失水事故）。在这种版本中，通常用一些经验性的模型来缩短运算时间。目前已研究出来的快速运算版本有 TRAC－PFl、TRAC－PFl/MODl 和 TRAC－PFl/MOD2 等。

下面介绍 TRAC－PFl 及其新版本的一些重要特点。TRAC－PFl 具有以下特点：

（1）多维流体动力学模型

该程序对反应堆压力容器以外的部件用一维模型，而在压力容器以内采用完整的三维方程：这样就可以准确计算反应堆压力容器内部的许多复杂多维流动工况，例如应急冷却水的旁路现象、堆芯再湿过程中的预冷作用，以及堆芯下腔室中液位的上下振荡、再淹没期间上腔室脱水和积水回落等，都可以用三维流体动力学方程本身模化出来。这些过程对确定事故过程的行为起着重要作用。

在模化事故工况时，可以将容器内某些特定的流道边界堵塞住，使之能模拟下降段这类内部结构；也可以规定内部阻力，来模拟堆芯支撑板这类结构；还可以把一维部件与压力容器内网格单元的任一面（包括内部网格单元）相连接，以模拟相应的环接管等。在适当的工况下，压力容器内的三维处理可以简化维处理。

（2）非均匀不平衡态两相流模型

程序采用完整的两流体场方程来描述两相流动问题。在汽相中还附加了一个不可凝气体质量守恒方程，并认为蒸汽和不可凝气体组成的混合气体内部是平衡均匀流。这样，模型内一共有七个基本场方程。这种两相流模型可以描述汽液逆向流动、欠热水与过热蒸汽相互作用等重要物理现象。

（3）与流动工况有关的结构特性方程包

结构方程描述汽相与液相之间的质量、动量和能量传递以及两相与系统构件之间的相互作用。由于这些相互作用特性与流动工况有很大关系，因此在程序中编入了与流动工况有关的结构特性方程包。

（4）全面的传热分析能力

TRAC 中的传热模型包括计算结构材料和燃料棒内温度场的热传导模型，以及描述结构件与冷却剂之间传热的模型。两相传热用全沸腾曲线计算，该曲线是以局部表面条件和流动条件为基础的许多传热关系式构成的。

在燃料棒热传导模型中考虑了间隙热导率的变化、金属—水反应以及骤冷现象。燃料棒的轴向可以划分出更精细的网格节点，以便详细模化再淹没传热和跟踪燃料棒通道中的骤冷前沿。在 TRAC 初期版本中，骤冷前沿的推进速度是用经验关系式来描述。后来发现，这种关系式在模拟低淹没速率时误差较大。因此在 TRAC－PFl 中编入了一个新的再淹没模型，直接描述骤冷前沿附近的轴向热传导问题。

堆芯的总功率水平或者是查表取得，或者从包括衰变热的点堆中子动力学方程解得。空间功率分布由堆芯内径向和轴向功率分布形状因子加上燃料棒内的径向分布来确定。在堆芯每个网格单元中，只取一根“平均燃料棒”和一根“热棒”进行传热计算。所谓平均燃料棒是对该网格中的所有棒取平均数而得到的。

（5）模块化结构

TRAC 程序的结构完全是模块式的。程序中有许多部件模块。这些模块通过输入数据组装在一起，可以有效地模拟任何一个压水堆结构或实验构形。这种结构便于 TRAC 程序适应多种用途。该程序还可以在不影响其他模块的前提下改进、修改或增加一些部件模块。程序中已有的模块能模拟安全注射水箱、管道、稳压器、泵、蒸汽发生器、T 形部件、阀门、压力容器及其内部构件等。

TRAC 的功能也是模块式的。这就是说，主要的计算功能在一些独立的模块中实现。例如，基本的一维流体动力学解法、壁面温度场解法、传热系数选择以及其他一些功能都是在一些子程序中进行的。所有部件模块都存取这些子程序组。当可以得到更好的关系式或实验数据时，这种模块化结构使程序易于改进。

（6）强稳定性数值方法

程序场方程的处理包括两部分：一部分是对压力容器内的三维半隐式差分处理，另一部分是一维有限差分处理，TRAC—P 就采用了一种一维强稳定性两步法（SETS）的数值方法。这种方法由基本步骤和稳定化步骤组成，在差分处理时，相应地生成了基本方程组和稳定差分方程组。这种新的时间积分逼近法打破了传统的 Courant 稳定性条件限制，允许使用较大的时间步长，改善了解的稳定性，大大加快了运算速度。

（7）整个事故过程的协调分析

该程序能对包括初始条件在内的整个事故过程进行协调一致的连续分析。其稳态初始化功能为其后的瞬态计算提供协调一致的初始条件。瞬态计算中也无需人为地把过程分成几个阶段进行计算。如果有必要，一次运行就能够完成稳态初始化和瞬态计算。

（8）TRAC－PFl/MODl 和 TRAC－PFl/MOD2 的特点

TRAC－PFl/MODl 增加了第八个场方程，用来跟踪处理液相中的流动，例如水中的硼浓度问题就用这方法处理。此外它还改进了冷凝模型及膜态沸腾区的壁面传热模型，在功能方面也作了较多改进。修改了蒸汽发生器模型，可以更好地模拟蒸汽管道破裂事故；增加了二次侧汽轮机部件，能够更好地模拟二回路系统；允许用户输入从实验得到的压力容器内再淹没曲线；增加了新的汽水分离模型。总之，人们认为改进后的 MODl 版本模化能力有较多的改善。

TRAC—PPI/MOD2 采用了一种新的空泡份额分布模型，改进了传热计算。使用新发展的通用热力结构，可以模拟任何两个流体栅元间的导热通路。采用二维导热方程，可以模拟堆内任意形状物体的导热问题。它还采用了三维强稳定性两步法（3 DSETS）的数值方法，增大了计算使用的时间步长，使计算速度提高了约两倍。新采用的矢量化方法也使多维计算速度大为提高。

3. ATHLET

ATHLET 程序是由德国核安全中心 GRS 开发的热工水力学系统分析程序。该程序经过了全面详细的验证和不断改进，是国际上公认的用于核能系统热工水力学模拟和安全评价的可靠分析工具之一。ATHLET 程序获得德国和欧洲许多国家核安全权威机构认可，可以作为核设施执照申请安全分析程序。至今仍有许多国家的科研部门和机构在开展将该程序应用于先进反应堆（如改进的 VVER、EPR、ESBWR 和供热堆等）的验证和评价工作。

ATHLET 采用五方程漂移流模型，程序主要由热工流体力学模块、热传导模块、积水回落模块等组成。该程序可以对堆芯下腔室液位的上下振荡、堆芯的再淹没等复杂工况进行计算。ATHLET 程序的结构采用高度模块化设计，便于修改。

4. RETRAN－02

RETRAN 程序由美国电力研究所（EPRI）资助、能源公司（EI）编制。它在 RELAP4 的基础上发展起来，主要描述轻水堆系统的热工水力瞬态特性，可以计算分析核电站的许多事故和运行瞬态，为最佳估算程序。它采用了反应堆裂变能同衰变能计算、锆水反应、场方程、导热、材料特性、传热、临界流、汽水分离器、离心泵特性、喷射泵特性和阀门特性等 11 种计算模型。该程序还包括稳态初始化、一维（二维）时空中子动力学方程求解、透平特性计算、稳压器特性计算、控制系统模拟等特点。

该程序可以作为核电站业主和安全审批的两用程序。该程序对核电站设计、安全分析、运行瞬态计算和安全审批都十分有用，是一个比较理想，比较完整的核电站安全分析程序。

5. CATHARE

CATHARE 是由法国原子能委员会、法马通公司和法国电力公司共同研制并于 1999 年 4 月发布的最新版大型热工水力计算程序。

CATHARE 的应用主要涉及核电厂系统和部件设计、应急操作程序的定义和评估、新型堆芯管理研究、新型反应堆和系统设计以及实验项目的实验前预算分析和实验后的完善评估。该程序还是开发安全分析程序时用于计算程序预测结果不确定性的一种数学方法。

CATHARE 程序可模拟任何一种实验装置和压水堆（包括西方型压水堆和 WWER），还可用于其他类型的反应堆（聚变堆、RBMK 反应堆、沸水堆和研究堆）。目前，CATHARE 程序的应用范围正在向气体反应堆方向扩展（高温气冷堆、气体透平模块化氦冷堆等），很快将开发气体透平和气体压缩机的专用计算模块。CATHARE 程序还可以与 CRONOS（三维中子物理程序）、FLICA（堆芯热工水力分析程序）、ICARE2（分析裂变产物释放和堆芯熔毁的严重事故程序）等程序耦合使用。

CATHARE 程序以两流体六方程模型为基础。通过增加 1～4 个输运方程可模拟系统中出现的不可压缩气体的输运特性（如氮气、氢气、空气）。程序基本模拟了两相流的所有流型，只有两种过渡流型被明确地写入程序的几个封闭关系式中，使用这两种过渡流型分别是汽液分层与不分层流动之间的过渡态和环状流与雾状流之间的过渡态，这两种过渡流型主要描述从分离流向弥散流的过渡；环状流和反环状流采用 CCFL 模型（汽液逆止流限制）进行描述。程序可以对冷却剂与壁面和燃料棒之间的各种热传递过程进行计算；界面传热传质模型不仅可以描述由过热蒸汽引起的蒸发和过冷液体引起的冷凝现象，还可描述准稳态过冷蒸汽或过热液体引起的汽相冷凝和液体闪蒸现象。

CATHARE 程序的数值方法有以下特点：

（1）采用一阶有限容积、有限差分的方法。

（2）对时间的离散化，零维和一维模块采用全隐格式，而三维模块采用半隐格式。

（3）质量方程和能量方程采用守恒形式进行离散化。

（4）相的产生和消失问题通过使用剩余容积份额和界面质量、热量传递的近似条件来正确求解。

（5）壁面导热问题与水力计算耦合求解。

CATHARE 程序采用的数值方法经过了一系列数值标准实验的验证计算。验证计算证明，这种数值方法能够在宽的压力和温度范围内处理两流体六方程模型描述的带或不带不凝性气体的所有两相流流型问题，它可以解决大量界面传质和高流速条件下的不可压缩和可压缩流动问题，能够较精确地保证质量和能量的守恒，以及对压力波和密度波的传播进行精确求解，CATHARE 程序可以保证 CPU 运行时间满足工程需要。

CATHARE 程序用 Newton—Raphson 迭代方法求解非线性方程组，每次迭代包括以下 3 个步骤：

（1）每个单元的内部变量的增量作为接口变量增量的函数被消去。

（2）计算所有接口变量的增量，以获得变量新值。

（3）更新所有接口变量增量，并计算收敛性。

CATHARE 程序中有特点的是其三维模块模型，该模型最初是为了模拟反应堆事故工况下压力容器的三维状态。它主要用于计算三维现象明显的大破口失水事故时的喷放、再注水和再淹没等阶段。它还可以用于计算压水堆的其他瞬态情况（包括低压瞬态）、沸水堆瞬态情况、安全壳计算问题。此外，三维模块还可以被用于其他领域的实验分析中，如严重事故中压力容器的外部冷却、池式热交换器等。三维模块也可以与中子物理程序、堆芯热工水力程序、严重事故程序耦合。

6. FRAPCON－2

FRAPCON－2 是轻水堆核电厂燃料元件单棒稳态整体分析程序。主要用于分析长期辐照工况下燃料元件的行为，包括燃料和包壳温度分布、包壳的应力应变、包壳氧化、燃料的辐照肿胀和密实化效应、燃料棒的内压、燃料中裂变气体的产生和释放、包壳破坏率等，并可根据用户要求做输出参数的不确定度分析。该程序还是瞬态元件分析程序 FRAP－T6 的配套程序，其计算结果可为 FRAP－T6 和系统分析程序 RELAP4/MOD7 等提供初始条件。因此，该程序不仅是核电厂燃料元件设计、试验的有效工具，而且是核电厂安全审评不可缺少的手段。

7. RELAP5 程序简介

RELAP5 计算机程序是 Idaho 国家工程实验室（INEL）为美国核管理委员会（NRC）发展的一个轻水堆瞬态分析程序，可用于规程制定、审评计算、事故缓解措施的评价、操纵员规程评价和实验计划的分析等各个方面。RELAP5 也已成为核电厂分析器的基础。RELAP5 可以对轻水堆系统中诸如大破口失水事故、小破口失水事故、未能紧急停堆的预期瞬变过程（ATWS），以及给水丧失、失去厂外电源、全厂断电、汽轮机跳闸等进行模拟，即几乎可以覆盖核电厂所有热工水力瞬变和事故谱。

RELAP5 尽管仍沿用传统的 RELAP 名称，但应该注意到，RELAP5 与 RELAP4 差别甚大，它是一个全新的程序。RELAP5 以两相系统的非均相和不平衡态流体动力学模型为基础，它的基本场方程为两流体的六方程、不可凝气体的质量方程，采用快速半隐式数值方法进行求解。此外，RELAP5 还包括各种部件过程的模型，如管道、泵、安全注射箱、阀、电加热器、汽轮机、分离器、蓄压箱、控制系统部件；还对一些特殊过程建立了分析模型，例如流道面积突然变化、分支、壅塞流，硼跟踪、不凝气体迁移等引起的效应。

RELAP5 从 1967 年开始研制到 RELAP5/MOD3.3 投入使用，大约有 40 多年。RELAP5 已应用大量实例和各个国家许多实验计划的实验数据进行了验证和比较。RELAP5 的发展工作仍在进行当中，以便扩大功能，能够在先进型压水堆和东欧 WWER 堆型中得到应用。在 RELAP5/MOD3.4 这个最新版本中，集中了人们在两相流理论研究、数值求解方法、计算机编程技巧以及各种规模实验等方面取得的研究成果。

RELAP5/SCDAP/MOD3.2 合并了 RELAP5/MOD3.2 和 SCDAP 的模型。RELAP5 包括反应堆冷却剂系统热工水力、控制系统作用、中子动力学和不凝性气体等模型，SCDAP 用于严重事故下堆芯行为模拟。该程序对压水堆、沸水堆、研究堆和一般热工水力装置的热工水力瞬态行为都能模拟和计算。

RELAP5－3D 是在 RELAP5/MOD3.2 基础上开发的，包含三维流场的热工水力模型，可以对事故条件下反应堆、蒸汽发生器等重要部件的三维流场进行分析计算。除了点堆模型外，可以提供与堆芯三维时空中子动力学的接口。

RELAP5/MOD3.3 的程序结构包括：

（1）程序的输入

程序的输入卡用来描述计算研究对象与计算任务的基本构成。输入卡主要包括对计算对象与计算任务的描述、对一个新运行瞬态任务或程序再启动任务的判别、计算单位的选择、不可凝气体选择、计算时间步长的选择、逻辑触发与控制的输入、各控制体与流线参数的描述、热构件参数描述、中子动力学模型的选择等。

程序的输入卡需要根据计算对象控制体、流线与热构件的划分而完成。而控制体、流线、热构件等的划分方式对于计算任务的完成是至关重要的，这需要有经验的计算人员通过一定的计算敏感性分析获得。

（2）稳态初始化与瞬态计算

RELAP5 系列稳态初始化与瞬态计算功能主要是通过选择合适的计算时间步长来进行核动力装置的热工水力、控制逻辑、中子动力学的稳态初始化与瞬态计算。

稳态初始化是对输入卡中各控制体与流线状态参数的重新评估与计算。在初始的输入卡中，各控制体与流线的初始参数并不一定会满足各个场方程求解的收敛，也就无法进行下一步的瞬态计算，因此在进行瞬态计算之前必须要进行核动力装置的稳态初始化计算。

瞬态计算用于对用户提供的预期瞬态或事故进行计算。在瞬态计算时，用户需要根据计算瞬态或事故的事件序列进行各种逻辑触发的编排，通过瞬态计算生成的再启动文件完成对整个事件的计算分析。

（3）计算结果处理

计算结果处理主要对计算结果中各类瞬态参数进行图形绘制或者与其他程序模块进

行数据传递。

（三）多物理场多尺度程序耦合

轻水堆核反应堆物理场研究涉及到多个专业领域，主要包括核燃料、核反应堆物理、反应堆热工水力、辐射防护、工程热物理、材料学、力学、化学、自动控制、电气等。

核反应堆物理场研究在几何尺度可分为局部微观尺度、部件与设备尺度、系统尺度、装置尺度；物理现象与特性从时间尺度上可分为秒级、分钟级、小时级、天级、年级乃至百年以上。

核反应堆多物理场多尺度研究必定在内容、重点、方法上有很大差别。要完整、准确地描述核电厂或核动力装置各运行工况下的真实响应行为，需要进行多物理场多尺度耦合研究，通过构建一体化模拟程序，实现数字化反应堆、数字化核电厂的目标，这也是当前学术研究的热点与重点。

（1）反应堆点堆模型与一维热工水力系统程序耦合

早期乃至现在，很多系统程序如 RELAP 等，反应堆物理计算模型仍然采用点堆模型，数值计算采用四阶龙格库塔法或全隐式差分法，燃料温度反馈、冷却剂温度反馈、冷却剂密度反馈、反应堆平均通道轴向功率分布、反应堆热通道轴向与径向功率分布、反应堆停堆曲线、控制棒价值曲线等物理参数均由核物理程序计算后作为输入，热工水力计算过程中反馈系数、控制棒价值、停堆反应性等数据一般采用拟合公式或数据插值等形式获得，而功率分布因子不变。该方法比较简单，在大部分工况能够满足分析精度的需要。但在模拟反应性事故等方面存在严重不足。

（2）反应堆三维时空中子动力学模型与一维热工水力系统程序耦合

采用反应堆三维时空中子动力学模型，在每个计算的时间步长内，反应堆物理计算可以提供某个固定燃耗时刻的主要参数，包括归一化的核功率、反应堆三维空间的归一化功率分布、平均管径向归一化的功率峰因子、平均管轴向归一化的功率峰因子、热管径向归一化的功率峰因子及局部不均匀因子、热管轴向归一化的功率峰因子及局部不均匀因子等。反应堆热工水力程序利用这些参数进行热工水力计算与安全分析。某些反应堆三维时空中子动力学程序包含能够进行动态燃耗计算模型，能进行多燃耗点动态计算。这些时空计算程序通常基于一个组件尺度开展；中子动力学方程通常采用扩散计算模型或输运计算模型。

（3）反应堆三维时空中子动力学模型与三维热工水力系统程序耦合

三维热工水力系统程序能够实现反应堆三维空间热工水力特性模拟，基于组件尺度中子动力学与热工水力进行耦合计算，既能够模拟空间功率分布不均匀现象，也能够模拟流量分配不均匀性级组件相互搅混效应，对局部热点的模拟更加精准。

（4）反应堆三维时空中子动力学模型与堆芯子通道程序耦合

相比系统程序，堆芯子通道程序在模拟精度和模拟范围上有一定优势。子通道程序可以精确到 1/4 组件或者更细致。此时，三维时空中子动力学模型需要网格更小，输运计算程序或蒙特卡罗计算程序能够模拟到单根燃料棒，与子通道程序耦合，实现 PIN BY PIN 全堆芯中子物理与热工水力耦合计算。

（5）反应堆一维热工水力系统程序与堆芯单通道程序耦合

系统程序计算提供单通道计算程序需要的边界条件，堆芯单通道计算程序对平均组件、热组件、平均管通道、热管通道温度场、压力场、空泡份额、含气量、DNBR 等参数进行计算，这种耦合是单向的。

（6）反应堆一维热工水力系统程序与堆芯子通道程序耦合

系统程序计算提供子通道计算程序需要的边界条件，堆芯子通道计算程序如 COBRA 系列、VIPRE 系列、FLICA 系列等，可对全堆芯或 1/4 堆芯的温度场、压力场、空泡份额、含气量、DNBR 等参数进行计算，这种耦合是单向或双向的。

（7）热工水力系统程序、子通道程序+CFD 耦合

反应堆热工水力系统程序能够从系统尺度研究整个反应堆回路系统乃至核装置，如 RELAP5、TRACE、CATHARE 等。这些程序通常假设流体流动是一维的，采用集总参数的方法，可以对整个系统进行较快速的计算。子通道程序从部件尺度针对反应堆堆芯、蒸汽发生器或热交换器等具有多孔介质特征的部件进行模拟分析。这类程序中的水力学模型增加了横向流方程，可以较好地模拟通道间的交混现象。CFD 能够从局部尺度对具有强烈三维流动的大空间区域进行研究，如 FLUENT、CFX，STAR-CD 等。这些程序直接求解流体力学基本方程，并包含多种成熟的湍流模型，能够对空间进行精细的三维计算，可得到参数的三维分布。在传统的分析方法中，3 个尺度模拟几乎都是去耦合进行，通常由系统程序提供子通道和 CFD 分析所需的边界条件，而子通道和 CFD 计算的结果并不反馈到系统程序中。这往往需要引入较多的假设，从而影响了分析的精度和真实性。因此，可以通过三者间的相互作用关系将其耦合起来，综合利用各程序的优点，即所谓的多尺度耦合模拟。从数值求解的角度出发，可以将多尺度耦合分为强耦合与弱耦合两种。强耦合是将各尺度的基本方程联立求解，也称为基于求解的耦合；弱耦合是指每一尺度上利用单独的程序模拟，通过交界处的数据交换来实现耦合，所以也称为基于数据的耦合或者程序间耦合。强耦合将得到非常复杂的非线性方程组，一般而言数值求解特别困难。而弱耦合可以充分利用已有的程序，耦合实现也相对容易。但是，这样仅依靠边界条件的交换，有可能带来稳定性和收敛性的问题。目前，国内外的研究几乎都是采用弱耦合方式。

（8）系统程序耦合

主要包括反应堆系统程序与二回路流体网络系统程序、一回路辅助系统程序耦合；系统分析程序与控制系统、电气系统程序耦合；系统程序与安全壳程序耦合；设计基准事故分析程序与严重事故程序耦合，如 RELAP/SCADP，RELAP/MAPP，RELAP/MECOLE；热工水力程序与力学分析程序耦合；热工水力程序与水化学分析程序耦合等。

第二节 概率安全评价方法

1972 年，概率安全评价（PSA）第一次应用于核电厂，里程碑式的报告是发表于 1975 年的《反应堆安全研究：美国核动力厂事故风险评价》（WASH-1400）。自 WASH-1400 发表以来，PSA 方法得到了极大发展，已经成为一种用于核电厂安全评价的标准化工具，并涌现出一批常用的 PSA 软件。1979 年美国发生三哩岛核事故，人们发现 WASH-1400 报告中，已明确预测了这次核事故的发生、发展过程。自此之后，PSA 得到广泛承认，并应用于核电安全领域。在针对核电厂严重事故薄弱环节进行分析设计的过程中，人们可

以通过 PSA 来寻找其中的薄弱环节，进而对其进行设计改进、运行管理、安全监督、故障诊断和维修策略制定等方面，提高了核电厂应对严重事故的能力。目前，PSA 逐步发展为各工程领域进行安全决策和安全评价的重要工具。

一、概述

概率安全评价，又被称为概率风险评价（Probabilistic Risk Assessment，PRA），它是 20 世纪 70 年代后发展起来的一种系统工程方法。PSA 以概率论和可靠性工程为基础，可以对各种复杂工程系统的可能事故发生和发展过程进行全面分析，并从可能事故的发生概率以及造成的后果大小综合评价。

（一）概率安全评价与确定论的比较

目前有两种评价核电厂安全性的方法：一种是确定论方法，另一种是 PSA 方法。在核电发展的早期，长期使用的方法是确定论方法。PSA 是近年来发展的一种新的安全评价方法，以概率风险理论为基础，运用系统工程的方法，从不同角度对核电厂的安全性做出全面综合的分析和评价。

确定论方法采取一些保守的假设，并结合多年的应用经验，以此为基础，人为地将事故分为“可信”与“不可信”两类。以目前应用范围最广的压水堆核电厂为例，通常将主冷却剂管道冷管段双端剪切断裂设置为最大可信事故，设计时对此做了认真考虑，采取应急堆芯冷却系统等安全设施作为严密的设防手段。即使这种严重的始发事件发生，因为有严密的设防手段，反应堆未必会产生严重的后果。对于类似一回路管道小破口事故等后果较轻的事故，以及运行中发生的运行瞬变等状态，确定论方法并未对此进行深入研究。除此之外，对于核电厂的运行管理以及人员培训等方面，确定论方法也未给予应有的重视。事实上，三哩岛核事故的主要原因就是由于人们没有充分了解过渡工况和小破口失水事故，从而造成操纵员的误判断，使原本轻微的事故一再扩大，最终发展成为核电史上一次严重的堆芯损坏事故。三哩岛核事故的发生，暴露了确定论方法的缺陷。

PSA 方法认为事故并不存在绝对的“可信”或“不可信”，仅仅是事故发生的概率的大小有所差别，从而引入了风险的概念。对核电厂风险进行研究，表明向环境释放放射性物质的主要因素是堆芯熔化，而引起堆芯熔化的主要原因是小破口失水事故和运行瞬变。PSA 方法不仅能够确定各类不同始发事件造成的事故序列，还能够尽量真实地、系统地反映事故的发生频率和造成的后果。三哩岛核事故的教训说明，采用 PSA 方法对核电厂进行安全评价是必要的。

确定论方法以核电厂发生设计基准事故时，周围生活的居民接收的辐射剂量是否超过允许规定值作为核电厂安全与否的评价标准。但是，对于大多数公众来说，当辐照剂量超过允许规定值时，他们并不清楚将会导致何等程度的危害，因此公众无法直接将核电厂的危害与火电厂和水电厂等其他危害进行比较。PSA 方法引入了具有定量意义的风险概念，从而可以将 PSA 应用于社会活动的各个领域。这样，便具有了一个共性的平台，可以在同一个基准上比较人为因素或核电厂事故引起的社会风险，同样也能比较火电厂或水电厂引起的社会危害。

在确定论方法中，人们通过机理性的程序来研究事故工况下核电厂的物理过程。事故分析时，通常基于单一故障的基本假设，不考虑该事故发生的概率有多大，也不考虑事故出现后操纵员干预。而 PSA 方法则是一种系统的评价技术，以概率论和严格的数理逻辑推理为理论基础，为找出可信的事故序列，提供一种综合的、结构化的处理方法，对事故发生的概率及造成的后果进行相应的评价和描绘。

应该说，采用 PSA 方法对核电厂进行分析的过程，实际上是对核电厂进行一次全面审查和认识的过程。PSA 方法的分析对象不局限于设计基准事故，而是尽可能地考虑更为广泛的事件谱，并对这些事件的发生、发展过程进行全面分析，在此基础上进一步对风险进行量化，因此 PSA 方法可以较为现实地反映核电厂的实际状态。同时，PSA 方法也不局限于单一故障的基本假设，而是考虑事件进程中各种系统和设备发生故障的可能性，同时考虑了事件发生时人员干预失效的可能性以及系统、设备和人员之间的相关性。确定论方法与 PSA 方法之间的主要差别如表 7–2–1 所示。

作为一个系统的评价工具，PSA 尽管提供了许多有用的信息，但也应该看到其数值结果的局限性和不确定性，比如说 PSA 评价过程中很难对人的行为和人为破坏进行定量描述。

因而，对于具体的核电厂，进行设计时应坚持纵深防御和多道屏障的原则，预防事故发生，减轻事故后果；在确定论方法不能较好处理的某些方面，可采用 PSA 方法对其进行深入分析，从而使二者相辅相成。在《核动力厂设计安全规定》(HAF102）中明确提到确定论方法与概率论方法是“互补的技术”。在美国 NRC 于 1995 年发布的《概率安全评价方法在核管理活动中的应用最终政策声明》中同样也提到“通过以更有条理、更完整的方式来考虑风险，概率论方法是传统管理方法的扩展和提高”“概率安全评价方法在与确定论方法的关系中起着补充的作用”。

表 7–2–1 确定论方法与 PSA 方法的比较

评价方法	确定论方法	PSA 方法
基本假设	单一故障 不考虑人员失误	考虑多重故障 考虑人员失误
模型与参数	保守假设	尽量真实
分析程序	机理性	逻辑性
相关性	难以系统考虑	能系统考虑
最终结果	满足量化验收准则	检查最终风险

（二）概率安全评价分析步骤

根据《PSA 实施导则》(NUREG/CR—2300）确定，经过系统地总结和归纳，一个典型的 PSA 分析包括以下步骤。

1. 初始信息的收集

PSA 是一项内容广泛的整体性工作，需要有大量的信息，这些信息可以分为三类：①电厂设计、厂址和运行的信息；②一般性数据和电厂具体数据；③关于 PSA 方法的文件报告。

2. 系统分析

该任务包括确定事故序列、分析各系统及其运行特性，形成关于始发事件、部件失效和人因失误的数据库，评价事故序列的频率。系统分析包括多项分任务：①建造事件树；②系统建模；③人因可靠性和规程的分析；④数据库的形成；⑤事故序列的定量分析。

3. 安全壳分析

安全壳分析属于二级和三级 PSA 的分析内容，它包括物理过程分析和放射性核素释放与迁移的分析两项分任务。

4. 放射性核素在环境中的迁移和后果评价

根据安全壳分析结果提供的源项，利用厂址处局部的地形信息和具体的气象数据，分析放射性核素在环境中的迁移，计算核电厂周围居民受到的放射性剂量和造成的健康影响，给出放射性核素释放造成的各种后果。

5. 外部事件分析

目前国际上许多核电厂已经进行了如火灾、地震或水淹等外部事件的分析，并形成了比较成熟的分析方法。外部事件的分析结果要归入事故序列的分析中去。

6. 不确定性分析

不管分析的范围如何，不确定性分析都是 PSA 中的一个必要的组成部分。在 PSA 分析的每一步都有不确定性问题，不管是定性分析还是定量分析，都应该考虑数据的不确定性、模式化假设的不确定性以及分析的完整性。在可能的限度范围内，这些不确定性将通过分析被加以传播。

7. 灵敏度和重要度分析

灵敏度和重要度常常被认为是经典 PSA 分析的附加部分，但是绝大多数 PSA 报告都包括这两项分析。灵敏度分析是对不确定性分析的一个补充，它可以获得计算结果的可能范围；重要度分析是寻找最可能失效设备和系统的有效方法，利用它的结果可以帮助电厂设计和管理者把改进、维修和检测等工作的重点放在关键的设备和系统上。

8. 结果的获得与解释

列出对风险有重大贡献的事故序列及频率，建立电厂的累积分布函数，确定能反映事故序列不确定性的分布函数等是 PSA 结果获得的重要内容。

9. 形成结果文档

形成完整的结果文档是 PSA 分析中的重要步骤。

二、概率安全评价常用方法

传统的 PSA 分析通常采用事件树分析和故障树分析，通过事件树分析建立从始发事件到事故后果的路径，计算不同事故序列发生概率，通过故障树分析可以明确系统失效的原因以及系统失效的概率。随着系统安全分析需求的不断扩展以及 PSA 技术的不断发展，相应地出现了一些新的 PSA 分析方法。

（一）事件树分析

事件树分析（Event Tree Analysis，ETA）是系统工程中一种常用的演绎分析方法，起源于决策树分析。该方法从一个给定的始发事件开始，按时间进程采用追踪方法，对各缓解系统的状态逐项分析，直到最终后果，从而建成水平树状图用于表达各种事故序列，并进行相关分析。

核电站是一个非常复杂而大型的系统，其中设置了若干限制初因事件 l 不良后果的安全措施。在一个特定的事故类型 l 发生之后，由于安全措施接着失效的程度不同，所产生的事故过程和该过程的后果也必然不同。因此要计算事故类型 l 发生的概率 P_l 值，必须考察事故类型 l 发生后，可能产生的事故序列 I。每一个序列有一个发生的概率 P_{li}，故事故类型 l 的总概率便可用下式计算：

$$P_l = \sum_i P_{li} \tag{7-2-1}$$

一般说来，对于某种初因事件，如果有 N 种限制不良后果的安全措施，而且每一种安全措施又只能取正常或失效状态，那么这个初因事件造成的事故序列总数为 2^N 个。但是考虑这些序列之间有相依性，有许多序列是不可能出现的，或者是无意义的，这样一来，事实上应该分析的事故序列大大少于 2^N 个。

由已知的初因事件，用演绎推理的方法寻找可能发生的各种后果，常用事件树分析法。在核电站风险分析中，常用事件树分析法来寻找有一个特定的初因事件所有可能的事故序列。

一株事件树就是表述某一特定的起始事件发生而可能产生的各种后果，这些可能的后果取决于起始事件发生后可能发展的各种途径。事件树在原则上与进行企业决策所广泛使用的“决策树”相类似。由于事件树是由一起始事件开始发展的，所以它代表一种演绎逻辑推理过程。

图 7-2-1 中画出了一株事件树的轮廓，其中，起始事件是反应堆一回路主管道断裂事故，P_A 为发生这一事件的概率。概率 P_A 可由以后要介绍的故障树分析法求得。

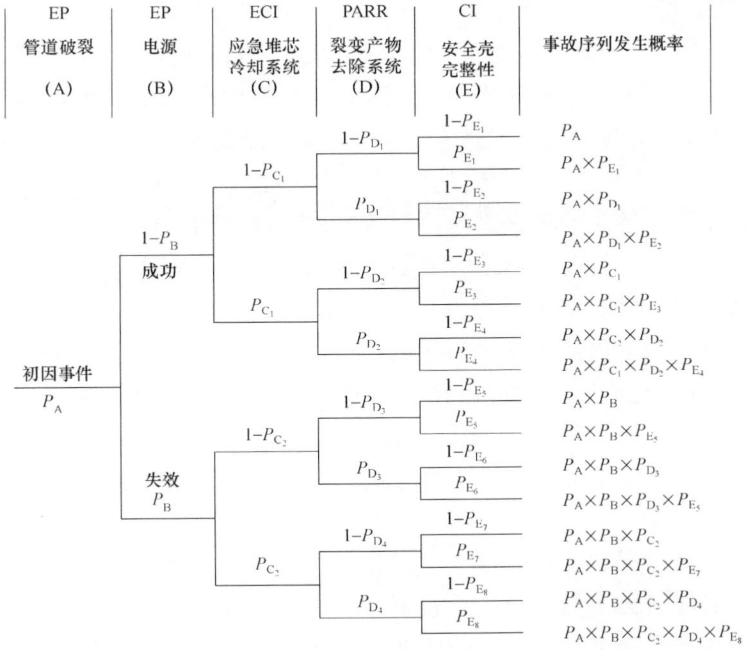

图 7-2-1　压水堆核电站失水事件树

第二步是考虑专设安全设施运行能否有电源供应。电源失效概率 P_B 也可由相应的故障树估算出来。如果电源（包括辅助电源）失效，则主动安全设施不能运行，从而堆芯将受到破坏，导致大量的放射性释放。因此如图所示，发生这一序列事件的概率为 $P_A \times P_B$。

若电源未失效，则需考虑下一事件，即应急堆芯冷却系统（ECCS）是否能运行，设 ECCS 失效的概率为 P_C。在此事件以后的可能发展途径为裂变产物去除系统与安全壳的密封性是否失效；假定它们的失效概率分别为 P_D 和 P_E。注意在每一环节的不失效概率均为 $1-P$，其中 $P=P_B$，P_C 等。

图 7-2-1 右端给出的事件链总概率等于该链内各环节条件概率之乘积。因此，倒数第二行的总概率内应包含因子 $1-P_{E8}$，而倒数第三行内应包含（$1-P_{D2}$）（$1-P_{E4}$）。然而，由于 P_i 概率很小，故在每一行内均将 $1-P_i$ 的取值为 1。

显然，若已知事件树内各子系统的失效概率，即 P_A，P_B 和 P_C 等，那么，由此可计算各个失效序列的总概率。

如果用下标 i 表示事件树上的序列，那么对于图 7-2-1 右边所表示的放射性释放量便可表示为 C_{li}。这样，第 l 类型事故中释放的可能量，就可用下式表示：

$$P_l C_l = \sum_i P_{li} C_{li} \tag{7-2-2}$$

根据式（7-2-2），由所有事故类型产生的反应堆总风险可表示如下：

$$R = \left(\sum_i \sum_i P_{li} C_{li} \right) D \tag{7-2-3}$$

必须指出的是，这里所描述的简化事件树只是为了阐明风险评价的普遍性原理。实际上图 7-2-1 中的若干系统还可以再细分为几个子系统，后者各有其本身的事件树。

（二）故障树分析

由方程式（7-2-3）和图 7-2-1 可知，计算总风险的问题归纳为计算事件树上各环节的条件概率，即计算初始事件的概率 P_A 和反应堆安全系统或设施失效的概率 P_i。计算系统失效概率的问题，必须知道系统的失效率。如果系统的失效率可以直接根据经验选取，那么往后的工作便很简单了。不幸的是要根据反应堆运行经验直接决定这些失效率 $\theta(t)$ 是极为困难的，即使在不久的将来也是没有希望的。这是因为核工业还很年轻，安全系统的失效率数据积累甚少；其次由于反应堆要求特别可靠，较重要的初始事件和安全系统失效率很小，要直接估计其失效率是很难办得到的。

但是，反应堆安全设施或系统中所用的设备，例如阀门、水泵、传动装置、开关和断路器等，在某些工业中已有多年的应用经验，并且已积累了大量的可供选取的失效率数据；用这些数据可以求出系统的失效率和失效概率。通过系统中所用设备的失效率求整个系统的失效概率，可用的方法很多，不过这些方法大多数要应用故障树分析法。为此，接下去介绍故障树分析法。

一个故障树系统就是描述引起系统失效的一系列部件失效模式的逻辑图。首先，假定系统发生某一意外事件或失效状态，这就是所谓的“顶端事件”；然后由此反推，逐步追溯导致此顶端事件的各种其他事件（或失效）的组合序列。在这样倒推许多步之后，可以找出一组初级失效事件，后者不可能（或不需）再进一步追溯其发生的原因。在许多情况下，一个复杂系统发生失效往往由于若干子系统的失效而引起。这时可以对各个子系统分别进行故障树分析，然后将这些结果作为总系统故障树的“初级”部分输入。

图 7-2-2 中画出了一株故障树的头几级。图中所示的顶端事件为压水堆安全壳内空间的冷却水喷淋水流量不足。该堆设置了两个冗余系统 A 和 B，其中每一系统都可以单独提供全部喷淋用水。因此，发生上述顶端事件的前提是两个系统同时失效。这一情况用逻辑符号“与门”（带圆顶的框）表示，它将次级事件与面端事件连接起来。喷淋系统失效的直接原因为连接到喷头的联箱流量不足，因此应以此为故障树的第二级事件。

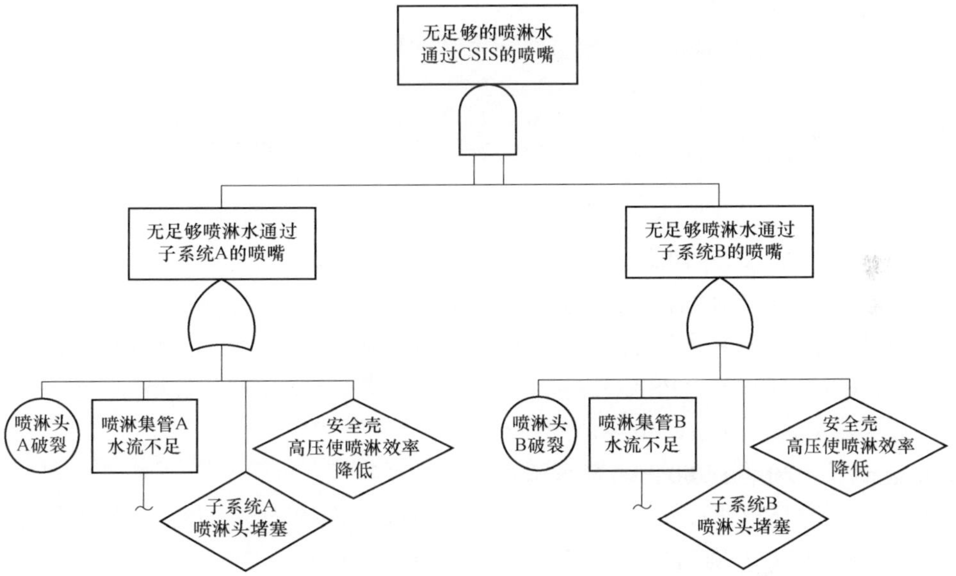

图 7-2-2 压水堆核电站安全壳喷淋系统故障图

在第三级中找到四种事件，每种都足以导致上述第二级事件。因此第三级的诸事件用一“或门”（带尖顶的框）与第二级相连接。用圆圈或菱形框表示的事件不需要进一步追溯其发生的原因。圆圈内的事件属于可以取得或求出失效概率的事件，而菱形框内的事件则属于一般性故障，由于其不太重要或缺乏资料而停止追溯原因。在长方框内的事件则属于必须向下追溯的事件。图 7-2-2 内没有画出第三级以后的故障树；而实际上，在某些情况下可追溯到二十级以上。

三、概率安全评价常用程序

PSA 方法从 20 世纪以来到现在得到了长足的发展，促使 PSA 软件也得到了蓬勃发展，国际上 PSA 软件的发展及市场化水平比较高，所发展的 PSA 软件各有特色。随着我国核电厂的大规模发展，国内 PSA 软件的自主化步伐也得以加速，从核心算法先进、软件性能突出、实用性强等角度而言，国内 PSA 软件实力已达国际先进水平。

（一）软件发展历程

随着 PSA 技术应用的不断深入，PSA 软件也逐渐开始普及。回顾国际 PSA 软件的发展历史，可将其大致分为如下三个阶段（如图 7-2-3 所示）。

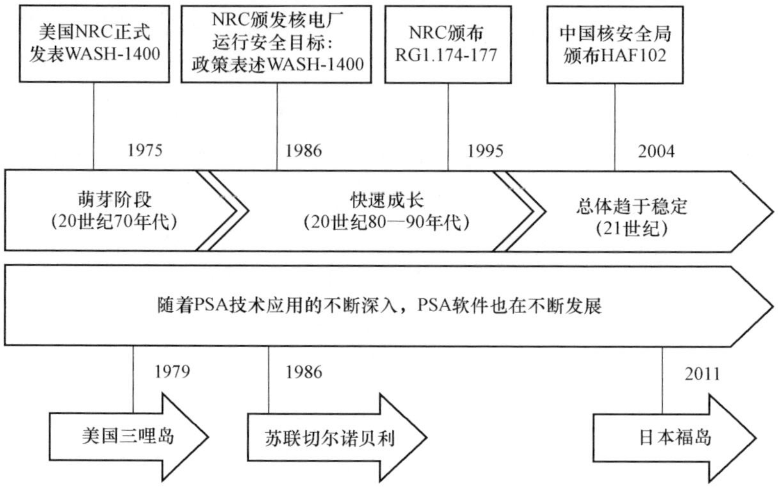

图 7-2-3　PSA 软件的发展历程

1. 萌芽阶段（20 世纪 70 年代）

从 20 世纪 70 年代开始，PSA 逐步在核能、军工和航天等领域获得广泛的应用，由于大型复杂系统的可靠性分析需求，少量的PSA软件开始出现，如Elraft、FAUNET、Supkit、Bit-Frantic，但这一阶段的 PSA 软件大多只有故障树分析功能，用户界面也比较简单，部分软件甚至没有用户界面，单纯依靠命令参数运行程序。

2. 快速成长（20 世纪 80—90 年代）

1979 年的三哩岛核事故和 1986 年的切尔诺贝利核事故对整个核工业影响深远，美国 NRC 在两次核事故后分别出版了《PSA 实施导则》（NUREG/CR-2300）及其配套报告、《核电厂运行安全目标：政策表述》《严重事故风险：5 座美国核电厂的评价》（NUREG-1150）及其配套报告等，对 PSA 发展起到了重要的指导作用，在世界范围内开始利用 PSA 技术对核电厂安全进行安全评价。1986 年，中国国家核安全局首次组织对正在设计建造的核电厂进行 PSA 研究，在 1995—1999 年间也完成了针对运行核电厂的第一份 PSA 报告。随着 PSA 逐步趋于成熟，PSA 软件得到迅速发展，多款经典 PSA 软件进入市场，形成百家争鸣的局面，如 Ftap、Aftp、Paft-F77、Ffta、Cafta+、RiskMan、ITEMtoolkit、FaultTree+、PTCWindchillFTA、Reliasoft、LESSEPS、RiskSpectrum、Kirap、LIPSAS、MetaPrime、Ftaes、FAMOCUTN&CUTQN、DIFtree、FORTE、PROFAT、Galileo 等。这一阶段的软件功能得到较多扩展，基本具有 PSA 分析的全部功能（包括用户界面），同时一些国家的核能管理机构也开始研发自己的审评用 PSA 软件。

3. 总体趋于稳定（21 世纪）

在这一阶段，PSA 技术的应用越来越广泛和深入，2002 年美国机械工程师协会正式颁布 PSA 标准（ASME-RA-S—2002），之后持续更新。2011 年日本福岛核事故的发生使得 PSA 方法更受关注，中国政府也于 2012 年发布《核安全与放射性污染防治“十二五”规划及 2020 年远景目标》，对 PSA 工作提出了新的要求和目标。PSA 软件经过多年的发展之后在行业内也呈现出了比较成熟的态势，少数比较经典的软件应用范围得到扩大，部分研发机构在原有的基础 PSA 功能上开始推陈出新，并出现开源软件。这一阶段的软件功能比较完善实用，架构相对稳定，用户界面也更加易用。此阶段也陆续出现了一些新的PSA 软件，例如 RiskA、CRISS、SAPHIRE、TREEZZY2、FTREX、RADYBAN、SAREX、NFRisk、MatCarloRe、XFTA。

目前从一个软件行业的角度来衡量，PSA 软件已经逐步发展成熟。从 20 世纪 80 年代以来，大量故障树分析相关的软件问世，但是经过多年发展，发展为成熟稳定且应用广泛的 PSA 软件却并不多，表 7-2-2 列出了国际 PSA 软件发展史中比较有代表性的一些 PSA 软件的概况及其特点。

表 7-2-2 国内外代表性 PSA 分析软件

名称	年份	国家	机构	特点
RiskMan	1980s	美国	ABS Consulting	整合专家系统，训练模块，绘图模块等
ITEM toolkit	1985	英国	ITEM	基本 PSA 功能，集成不同领域的标准分析包
Risk Spectrum	1985	瑞典	Relcon AB	以软件系列的形式集成全面的 PSA 功能
SAPHIRE	1993	美国	NRC & INL	由 IRRAS、SARA 组成，涵盖可靠性与 PSA
R&R Work Station	1995	美国	DS&S EPRI	有友好和直观的故障树建模分析界面（CAFTA 模块），可作为 PSA 工作站使用
RiskA	1999	中国	中国科学院核能安全技术研究所 · FDS 团队	集成 PSA 的全部功能，友好的故障树绘图界面，可独立发布的高速故障树计算引擎

（二）典型 PSA 软件介绍

RiskA 是由中国科学院核能安全技术研究所 FDS 团队自主研发的中国首款自主知识产权的大型商业 PSA 软件，相对于国内其他的单位有着可靠性高、技术成熟等比较大的优势。RiskA 具有故障树分析、事件树分析、不确定性分析、敏感性分析和重要度计算等核心功能，还提供多种主流模型智能互转、交互式图形建模、报表输出、多线程协同计算和网络化部署等特色辅助功能。该软件通用性强，目前已在 600 多家单位应用，已成功应用于核能、航天航空、电子、国防等众多领域，包括我国秦山第三核电厂风险监测、国际热核聚变实验堆 ITER 安全性评价与建造许可证取证、国家大科学工程——全超导托卡马克核聚变实验装置 EAST 可靠性分析、中国科学院战略性先导科技专项——ADS 嬗变系统安全分析、激光雷达系统安全分析、国家生态环境部核安全审评独立校核计算等重大安全分析与监测项目。

瑞典 Scandpower 公司开发的 RiskSpectrumPSA 软件目前在核电厂中应用较为广泛，RiskSpectrumPSA 是 RiskSpecturm 系列安全分析软件中的一款，可以进行故障树分析和事件树分析，其一体化分析工具 RSAT 可以用来处理大规模故障树模型，提供了 MCS、BDD、敏感度、重要度和时变分析等功能。

思考题

1. 阐述确定论安全分析基本逻辑与具体步骤。
2. 阐述确定论安全分析的具体方法及其相互关系。

3. 分布参数法和集总参数法各自特点和适用范围是什么？
4. 试分析核动力数值模拟技术遇到的主要挑战。
5. 试探讨核电厂运行经验反馈与现代信息技术结合应用前景。
6. 分析简化反应堆动力学模型的组成及运算过程。
7. 分析反应堆时空中子动力学方程的求解过程。
8. 核动力装置热工水力分析模型中，控制体和流线的概念和划分原则是什么？
9. 试分析热工水力两流体模型特点。
10. 分析堆芯物理分析程序组成与功能。
11. 采用节块法和细网有限差分法进行反应堆物理计算时，各自特点是什么？
12. 分析核物理计算程序 MCNP 系列的功能与特点。
13. 核动力热工水力系统分析程序主要包括哪些？先进热工水力分析程序具有哪些功能特点？
14. 试比较概率安全评价与确定论分析方法。
15. 阐述概率安全评价法的基本分析步骤。
16. 阐述事件树和故障树分析方法的功能和使用基本步骤。

第八章

核安全法律体系与监管

核安全是核能可持续发展的前提和基础，为保障核安全，必须要有一个法定的权威机构代表政府颁发和实施核安全规定，通过法律规范各种核活动，并建立独立的核安全审查和监督机制。核安全监管是为了保证核设施的安全所实施的国家监督管理活动。政府通过建立核安全法律法规，为监管提供法理基础；核安全监管机构行使独立的监督管理职权对核设施进行监管活动。正如国际原子能机构（IAEA）总结核动力实践经验，在其核安全实施法规《管理核动力厂的政府机构》所指出：对于一个实施核能计划的成员国来说，必须在开始建设第一个核设施时，先建立一个核安全管理机构，并制定有关法规。在国际上，所有已有核能或计划有核能的国家都已设立了核安全监督管理机构，且都已制定或计划制定核安全法规。本章介绍与核安全相关的法规、国际组织与机构、核安全监督管理。

第一节　核安全法规

核能的发展是以核安全为前提的，为了减少对公众和环境安全的风险，核活动必须通过法律加以规范，通过颁发和实施安全规定，进行安全审管和监督。核安全法律体系是指由调整因核安全领域相关活动所产生的社会关系的各种法律规范所组成的相互联系、相互补充、相互制约的统一整体。在国际上，所有已有核动力或计划有核动力的 30 多个国家都已设立了核安全监督管理机构，都已制定或计划制订核安全法规。

各个国家核安全法规体系有相同之处，也各有自身特点。例如，从层次上看，美国的核安全法规体系分为五个层次；日本与韩国分为四个层次；俄罗斯与加拿大分为三个层次；法国核安全相关的法律分布在不同的法律文件中，没有系统的层次。而从核能领域的基本法角度看，美国、日本、俄罗斯和韩国都有原子能法，以原子能法为起点，逐渐细化展开，对后续相关法律法规的制定有总则的作用；加拿大也有原子能法，但它仅针对核能利用和发展，并非核能领域的基本法，而核安全与控制法，是其最重要的核安全法律；法国目前还没有一部较为全面的原子能或核安全法，等等。尽管世界各国的立法体系不同，但在核安全立法方面有一些共性：核安全立法是国家法律的一部分，并与本国法律体系相匹配；立法的重点是国家如何对核设施、使用放射性物质的单位实施有效的审查、监督、检查、违规处罚、违法刑事处理、事故情况下的应急措施等；法律的内容世界各国相互参照，涉及可能发生放射性危害的各个领域，条款翔实，具有良好的操作性。以下就此问题作一简介。

一、国际核安全立法概况

目前，已有36个国家和地区颁布了《原子能法》或《辐射防护法》，既有美、俄等核工业发达的国家，也有缅甸、印尼等核工业发展水平较低的发展中国家；另外，至少有9个国家颁布了《核安全法》，12个国家发布设立原子能委员会或辐射委员会的法令。下面简要介绍美、法、俄、日的核安全立法情况。

（一）美国

美国的核安全法律法规是以美国1954年由总统签署的《原子能法》为中心展开的，它建立了其后所有核设施的法规框架，是世界上唯一一部同时规范核能军用与民用的原子能基本法。该法以保障公众安全和国防安全为立法目的，提供了总体的原则及概念，将细节问题留给美国核管理委员会（NRC）。NRC依据原子能法和能源改组法授予的权力，制定了包括执照申请、监督管理、核设施选址准则、设计准则、辐射防护准则等在内的一系列法规，在美国联邦法规第十章中有200个部分适用于NRC管辖所有核设施的许可证审批。NRC在进行运作和实行程序时，与行政程序法、净化空气法、资源保护及回收法、有毒物质控制处罚等23部法律有密切关系。美国核法律还包括1980年《核安全研究、发展以及演示法》和1982年《核废料政策法》等。这些法律鼓励核材料（含燃料）、核设施的开发与研究，同时也注重规范原子能工业各领域的活动，对组织管理、许可制度、信息管理、核损害责任、知识产权、司法程序、进出口制度、矿业开采与供应和军事领域等方面做出了详细规定。

（二）俄罗斯

俄罗斯的核安全法律法规体系主要由俄罗斯联邦宪法、联邦法律以及由总统颁布实施的政府法律法规和技术法规组成。其中《俄罗斯联邦原子能利用法》是俄罗斯原子能利用方面的基本法，以促进原子能科学与技术的发展、保护公众和环境安全为立法目的。以总统命令或者联邦政府命令形式，主要是对核能利用进行细则规定，其中总统命令主要包括《核材料、核装置与核技术的出口控制法令》《核电公用事业规定》和《核能企业私有化以及市场经济下的管理》等；政府命令主要包括《出口核能装置、材料和技术的文件规定》《保护核装置附近居民安全的措施》和《俄罗斯联邦核能企业重组法令》等。另外还有俄罗斯核安全监管当局颁布、实施的原子能利用领域的联邦标准和条例、行政管理条例、指导文件及安全指南等特殊的技术法规。

（三）日本

日本有关核能和核技术应用方面的法律由基本法令、核原料物质、核燃料物质及反应堆的规章、防止放射性同位素等引起的放射性危害等4部分组成。如，基本法律《原子能基本法》对核设施与活动的各个领域进行了规范；《核原材料、核燃料材料和核设施监管法》规定了全面的许可机制，对核原材料的富集、核燃料的制造与使用、核设施的建造运行与退役，放射性废物处置和其他核材料的国际控制进行许可管理，也对核动力船舶的运行实施许可管理，以及对核设施的建造、运行与退役实施监督和检查；《辐射防护法》主要对放射性同位素和产生电离辐射的装置的使用、销售、出租和处置等进行规范，以及对不符合法律相关规定的申请，有权暂停或撤销许可等；《原子能损害赔偿法》确定了运营商的唯一责任与无限责任；《高放废物处置法》规定了日本对高放废物的处理政策和最终处置计划的制订与实施、选址的条件和程序、承担实施责任的实体以及处置活动的资金机制，等等。

（四）法国

法国核工业比较发达，核能占总电力的 80%，形成了比较完整的法律法规体系。核安全规则的法规分为强制性和非强制性两类：强制性法规包括国会通过的法案、法令和部委命令以及法国核安全监管当局（ASN）的监管决定，非强制性法规主要包括 ASN 的基本安全要求和导则。核能相关法律主要包括：在放射性保护方面，1966 年《关于适用放射性保护的修订的欧洲原子能基本标准的法令》，1988 年修订，现为 2002 年《全面保护研人体免受电离辐射法令》所替代；在核设施管制制度方面，1963 年《重要核设施法令》，该法在 1973 年、1990 年和 1993 年修订，1999 年制定实施细则；在放射性物质与废物管制制度方面，1991 年《Bataille 法》和《核废物管理研究法》；在核电与环境保护以及核损害的责任等方面，1960 年《巴黎公约》、1963 年修订案《布鲁塞尔公约》及其 1982 年的两个议定书。另外还有《核民事责任法》《核材料保护与控制法》《信息透明与核电安全法》和《放射性材料和废物可持续管理规划法》等。法国核安全体系覆盖范围广泛，涉及放射性防护、核设施监督、放射性材料管理、放射性医疗、核辐照加工、核贸易出口、第三方核责任、核废料管理、核事故应急等方面。同时，法国的环境保护法、水污染防治法、大气污染防治法与公共卫生法中都有关于规范核电利用的规定。

（五）加拿大

加拿大核安全相关法律主要由议会制定并发布的法律，以及总督批准发布的条例、政府部门批准的许可证、许可证文件、核安全委员会（CNSC）发布的监管文件。前者包括《核安全与控制法》《核损害赔偿法》《原子能法》《放射性废物法》《环境影响评价法》等。后者包括对《核安全与控制法》说明支撑的法律文件，例如《核安全与控制综合条例》等。另外还有为执照持有者提供如何满足核安全委员会法规所设定的指导性文件。

（六）韩国

韩国核安全相关法律包括《原子能法》《防护与辐射紧急情况法》《核责任法》《核损害赔偿法》《核损害赔偿法修正案》和《环境政策框架协议》等。《原子能法》作为韩国核能安全领域的基本法，对其他原子能相关法律起总则的作用，并为核能利用活动管理和监督提供了基本的制度框架。其他 5 个法律由总统授权并发布，对《原子能法》进行了详细规定，包括《原子能法》实施步骤、方法和其他必要规定。

二、中国核安全法规

中国在广泛收集、仔细研究核电先进国家的核安全法律、法规，参照国际原子能机构的核安全基本法则、安全要求及安全导则的基础上，1986 年开始陆续颁布核安全法规，逐步确立了中国的核安全法规体系。主要包括 10 多部法律，几个行政法规，20 多项部门规章，70 多项相关的导则，180 多项技术文件、综合报告和核安全译文，5 个国际公约等。

中国的核安全法规体系可划分为法律、行政法规、部门规章、指导性文件和标准规范五个层次，如图 8–1–1 所示。

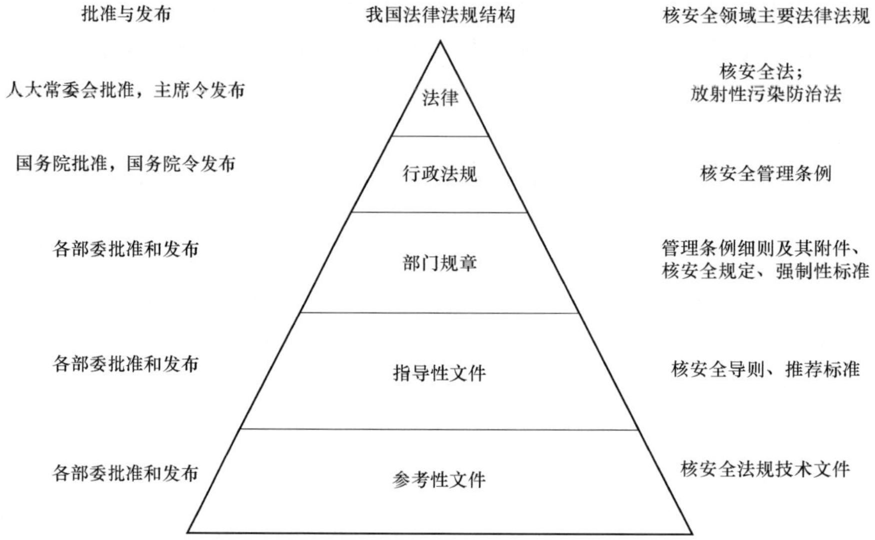

图 8–1–1　中国核安全法规体系层次图解

（一）法律

第一层次，也是由全国人民代表大会常务委员会批准，国家主席发布的法律。法律是用来调整核能发展及其安全以及环境保护等基本问题的，由国家立法机构为建立核安全监管机构，确立基本监管制度而制定的具有法律约束力的文件，由全国人民代表大会常务委员会通过并发布。它为监管机构制定法规、导则，实施独立监管等奠定法律基础。在有些国家也采用法令、命令、条例等名称。现有的适用于核安全领域的相关国家法律主要有以下几个：

1.《中华人民共和国核安全法》

《中华人民共和国核安全法》，2017 年 9 月 1 日由第十二届全国人民代表大会常务委员会第二十九次会议通过，中华人民共和国主席令第 73 号公布。《中华人民共和国核安全法》总共有总则、核设施安全、核材料和放射性废物安全、核事故应急、信息公开和公众参与、监督检查、法律责任、附则 8 章 94 条内容，该法是完善核安全法律体系的需要，有利于增进社会公众对核安全的了解和信心，有利于强化核安全监管工作，并促进我国核安全国际合作。

《中华人民共和国核安全法》将“理性、协调、并进”的核安全观写进法律，确定其为指导思想。“理性”旨在突出核能事业安全与发展之间的辩证关系。目前，我国能源结构正处于转型期，核能利用比重逐渐上升，经济发展对核能源需求迫切，我国核电在建规模占世界核电在建规模的 40%左右，切实保护好核能安全是我国责无旁贷的发展重任和历史使命。但是要以确保安全为前提发展核能事业。为发展求安全、以安全促发展。任何以牺牲安全为代价的核能发展，都难以持续，都不是真正的发展；“协调”旨在阐明核安全领域国家自主与国际合作的关系。核安全首要责任应该由各国政府承担，各国政府要强化核安全意识，加强机制建设，提升技术水平，根据本国国情采取最适合的核安全政策和举措，履行有关国际义务。核安全也是全球性课题，要吸引更多国家加入国际核安全进程，加强交流、互鉴、共享，有关多边机制和倡议要统筹协调、协同努力。以尊重各国权益为基础推进国际核安全进程，以互利共赢为途径寻求普遍核安全；“并进”旨在阐明四个方面的并重：发展与安全并重、权利与义务并重、自主与协作并重，以及治标与治本并重。目前国际社会在核安全领域所作的努力，包括自身能力建设和开展国际合作以及制定和落实国际规范等，更多的是一种应对性层面的努力，但是应当关注产生这些问题的根本性因素及其解决之道，完善核安全政策举措，坚持核材料供需平衡，深化打击核恐怖主义国际合作，营造和平稳定的国际环境，从根源上消除或者尽量减少来自核安全领域的威胁与挑战，实现核能持久安全和发展。

2. 其他法律

《中华人民共和国国家安全法》。随着国内核能和核技术的发展，核安全受到了更为广泛的关注，核安全上升为国家安全战略的重要组成部分。2015 年 7 月颁布的《中华人民共和国国家安全法》第 31 条明确提出：国家坚持和平利用核能和核技术，加强国际合作，防止核扩散完善防扩散机制；加强对核设施、核材料、核活动和核废料处置的安全管理、监管和保护；加强核事故应急体系和应急能力建设，防止、控制和消除核事故对公民生命健康和生态环境的危害。

《中华人民共和国放射性污染防治法》，2003 年 6 月 28 日由第十届全国人民代表大会常务委员会第三次会议通过，中华人民共和国主席令第 6 号公布，是为了防治放射性污染，保护环境，保障人体健康，促进核能、核技术的开发与和平利用而制定的专项法律。

《中华人民共和国环境保护法》，1989 年 12 月 26 日由第七届全国人民代表大会常务委员会第十一次会议通过，2014 年 4 月 24 日第十二届全国人民代表大会常务委员会第八次会议修订，是为保护和改善环境，防治污染和其他公害，保障公众健康，推进生态文明建设，促进经济社会可持续发展，制定该法。

（二）法规

第二层次，是由国务院发布的政府法规或条例。法规一般是指由政府或由政府授权，核安全监管机构为奠定许可证审批制度和确立核安全基本要求而制定的具有行政法规约束力的文件。有些国家把许可证及许可证条件也列为法规文件。核安全管理条例规定管理范围、管理机构及其职权、监督管理原则及程序等重大问题的法规，由国务院颁布，属行政法规，是具有法律约束力的文件。例如，《核安全管理条例实施细则》根据核安全管理条例，规定某一具体方面实施办法的规章，由国家核安全局颁布，属部门规章，是具有法律约束力的文件。《核安全规章》是规定核安全目标和基本安全要求的规章，由国务院批准或国家核安全局批准颁布，也属于部门规章，是具有法律约束力的文件。

总之，国务院发布的行政法规是规定管理范围、管理机构及其职权、监督管理原则及程序等重大问题的规章，具有法律约束力，该部分以管理条例形式发布。

我国现行的核安全管理条例主要有以下几个：

《中华人民共和国民用核设施安全监督管理条例》（1986 年 10 月 29 日，国务院发布），是为了在民用核设施的建造和营运中保证安全，保障工作人员和群众的健康，保护环境，促进核能事业的顺利发展而制定的条例。

《中华人民共和国核材料管制条例》（1987 年 6 月 15 日，国务院发布），是为了保证核材料的安全与合法利用，防止被盗、破坏、丢失、非法转让和非法使用，保护国家和人民群众的安全，促进核能事业的发展而制定的条例。

《核电厂核事故应急管理条例》（1993 年 8 月 4 日，国务院发布，2011 年 1 月 8 日修订），是为了加强核电厂核事故应急管理工作，控制和减少核事故危害而制定的条例。

《放射性同位素与射线装置安全和防护条例》（2005 年 8 月 31 日，国务院发布，2019 年 3 月修订），是为了加强对放射性同位素与射线装置安全和防护的监督管理，保障从事放射工作的人员和公众的健康与安全，保护环境，促进放射性同位素和射线技术的应用与发展而制定的条例。相关的还有《放射性物品安全运输管理条例》和《放射性废物安全管理条例》等。

（三）部门规章

第三层次，是由国务院下属各部门制定的规章。部门规章主要包括实施细则和安全规定。实施细则是根据核安全管理条例，规定具体实施办法的规章，由国家有关部门发布，具有法律约束力。核安全法规按其所覆盖的技术领域划分为 8 个系列，其编号的标准格式为“HAF xxx/yy/zz”，其中：HAF 为“核安全法规”汉语拼音的缩写；“xxx”的第 1 位为各系列的代码，第 2 位和第 3 位为顺序号；“yy/zz”为核安全条例或规定的相应的实施细则及其附件的代码。

核安全法规各系列的编排如下：

HAF 0xx/yy/zz——通用系列；

HAF 1xx/yy/zz——核动力厂系列；

HAF 2xx/yy/zz——研究堆系列；

HAF 3xx/yy/zz——核燃料循环设施系列；

HAF 4xx/yy/zz——放射性废物管理系列；

HAF 5xx/yy/zz——核材料管制系列；

HAF 6xx/yy/zz——民用核承压设备监督管理系列；

HAF 7xx/yy/zz——放射性物质运输管理系列。

现有实施细则包括《中华人民共和国民用核设施安全监督管理条例》（HAF001）、《中华人民共和国核材料管制条例实施细则》《核电厂核事故应急管理条例》等。

（四）指导性文件

第四层次，是核安全领域的指导性文件。指导性文件主要是来说明或补充核安全规定以及推荐实施安全规定的方法和程序的指导性文件。核安全导则是推荐性的，执行核安全技术要求行政管理规定应采取的方法和程序，在执行中可采用该方法和程序，也可采用等效的替代方法和程序。安全导则是由核安全监管机构制定，但不具有法律约束力的文件，是根据实践经验，针对如何满足基本要求和原则提出建议的指导性文件。核安全导则是说明或补充核安全规定或推荐方法和程序的指导性文件，在不遵照导则而采用其他的方法和程序时，必须向国家核安全局论证其安全性。

（五）参考性文件

第五层次，是核安全领域的参考性文件。参考性文件主要是核安全法规技术文件，它表明核安全当局对具体技术或行政管理问题的见解，在应用中参照执行。包括核安全相关的国家标准、行业标准以及国际标准等技术文件。

第二节　国际核安全相关的组织

世界上与核安全监管相关的国际组织或机构主要包括 IAEA 和 OECD/NEA。虽然这些国际组织对各国家的核安全监管没有强制的约束力，但是对世界核能的和平利用起到了一定的促进作用。同时，世界各核能拥有国通过国际合作等手段缔结一系列的国际公约，以保证世界范围内核能的安全利用。

一、国际原子能机构

1953 年，美国总统艾森豪威尔在联合国大会发表了题为《和平应用原子能》的演讲，倡导成立国际原子能机构 IAEA，这一提议得到了参会的 81 个国家的一致赞同。

经过世界各国 4 年的努力，1957 年 7 月 29 日 IAEA 正式成立，总部设在奥地利维也纳。IAEA 不是联合国的专门机构（为联合国系统内核科学技术的专门机构），它是隶属联合国系统的一个独立的政府间组织，但该机构与联合国签订有关系协议，同联大、经社理事会和安理会有直接联系，主要表现在，尊重《联合国宪章》，执行联大决议，每年向联大提交工作报告，必要时，向安全理事会报告。该机构也是唯一的推动核能和平利用的政府间国际组织。

IAEA《规约》规定，该机构有两大目标：“谋求加速和扩大原子能对全世界和平、健康及繁荣的贡献”，以及“尽其所能，确保由其本身，或经其请求，或在其监督或管制下提供的援助不致用于推进任何军事目的”。与此相应，IAEA 的活动分为两部分：促进核能和平利用，实施保障监督。

任何国家不论是否为联合国的会员国或联合国专门机构的成员国，经机构理事会推荐并由大会批准入会后，交存对原子能机构规约的接受书，即可成为该机构的成员国。

IAEA 的组织形式包括：由全体成员国联合大会（简称大会）、理事国会（简称理事会）和秘书处组成，详细组织结构如图 8–2–1 所示。

大会和理事会是 IAEA 的决策机构。由大会和理事会共同协商制定 IAEA 的工作方案、执行预算及任免 IAEA 的总干事。秘书处由总干事直接领导，是 IAEA 的执行机构。IAEA 就重要议题形成的相关报告由秘书处负责组织完成，再由总干事向理事会和大会报告，并就重要问题形成决议，决议对秘书处和所有成员国都具有约束力。

大会每年召开一次，一般在 9 月，为期一周。必要时举行特别会议。大会还下设全体委员会和总务委员会，其主要职能包括：选举理事会理事国，核准加入申请，审议理事会提出的年度报告、预算和决算，向联合国提交报告，核准总干事的任命，就理事会提交大会的事项作出决定等。

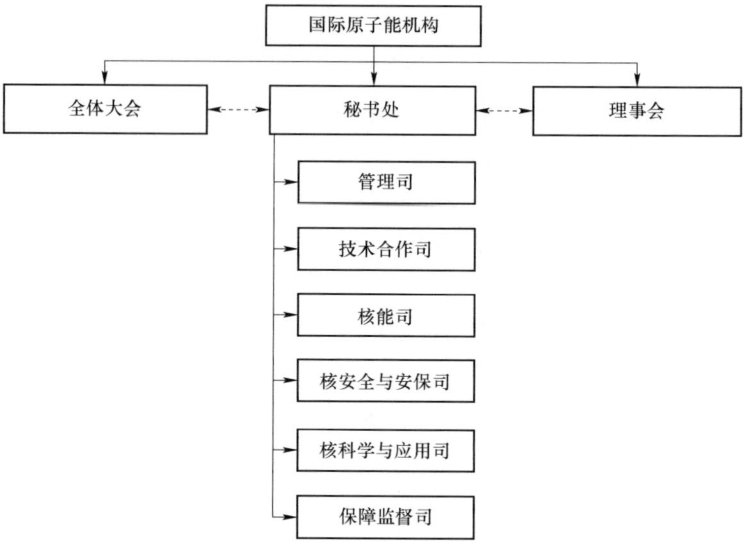

图 8-2-1　IAEA 组织结构图

理事会由 35 个理事国组成，其中，13 个为指定理事国，22 个为选举理事国。指定理事国，由世界核技术（包括原材料生产）最先进国家（10 个）和有关地区最先进国家（3 个）担任，任期一年。但事实上除了西欧（不包括英、德、法）和拉丁美洲两个地区的指定理事国有轮流担任的情况外，其他指定理事国都是常任的，因为这些国家每年都被指定为理事国。中、英、法、俄、美均为指定理事国。选举理事国，按地区平衡分配的原则由大会选举产生，每年改选一半，任期两年。

秘书处为日常执行办事机构，行政首长——总干事，受理事会管辖。总干事由理事会任命、大会批准，任期四年。IAEA 总干事的职责是依大会和理事会的决议或决定履行职责。秘书处下设 6 个司：管理司、技术合作司、核能司、核安全与核安保司（内部又下设核设施安全处；辐射、运输、废物安全处；应急中心和核安全与安保协调科）、核科学与技术应用司、保障监督司，还设内部审计和评价支助办公室。

IAEA 有三个研究单位，塞伯斯道夫实验室（奥地利），的里雅斯特国际理论物理研究中心（意大利），国际海洋放射性实验室（摩纳哥），职工：共有 2 000 多名工作人员。

IAEA 的费用来源是各成员国按分摊比例交纳的会费。技术援助和合作经费，主要来自各成员国的自愿捐款。

IAEA 的主要活动包括：（1）技术援助，向成员国提供技术援助，帮助它们开展和平利用核能的研究和应用；（2）安全条例，组织研究和制定有关核能利用的安全条例，并向世界各国推荐使用；（3）科学研究合同，与有关成员国或专门国际机构签订科学研究合同；（4）科技会议和资料交流，召集各种科技会议；（5）通过建立情报网、图书馆和出版书刊等方式组织关于原子能和平利用的资料交流；（6）保障监督，与有关国家和国际组织订立“保障监督协定”，对以下项目实施保障监督，以确保这些项目不用于任何军事目的：对由机构本身或经其介绍提供的技术援助项目，以及对成员国或其他国际组织以及根据核不扩散义务委托监督的项目。

此外，IAEA 还设有国际核安全专家咨询组（INSAG），设立于 1985 年，专家组由世界各国推荐的核能领域的权威专家组成，其主要职能是国际层面上的重要核安全问题的情报交换，为 IAEA 和总干事提供核安全方面的咨询。INSAG 不定期就国际核安全方面的重要议题撰写报告，由 IAEA 发布，如 1986 切尔诺贝利核事故发生后，组织事故后评价专家会、事故原因分析报告书等；1988 年组织编写核电厂基本安全原则文件；1991 年组织编写安全文化（Safety Culture）报告书；1999 年组织编写全部放射源安全管理原则文件等。至 2016 年已发布了 26 份 INSAG 报告。

IAEA 的核安全工作可以分为安全标准的制定、国际同行评议、知识管理和能力建设、组织技术会议等。

制定并推广安全标准是 IAEA 的一项重要工作。IAEA 的安全标准在纵向上分为 3 个层次，从高到低依次是：安全基本原则（Fundamental）、安全要求（Requirement）和安全导则（Guide）。安全基本原则是纲领性文件，安全要求是确保安全必须达到的标准，而安全导则是推荐性的。IAEA 的安全标准对成员国不具有强制性，但是很多国家的安全监管当局采用了 IAEA 的安全标准，使其在国内具有法律约束力。

在同行评议方面，IAEA 组织各类国际专家同行评议，对成员国某个领域进行专家评估并给出建设性的意见。评议意见并不具有强制性，但有很大的影响力。目前 IAEA 所有同行评议都是基于成员国自愿原则进行的。在福岛核事故发生后，一些国家曾建议成员国必须定期接受综合监管审评服务。

在知识管理和能力建设上，IAEA 作为国际核领域唯一的政府间组织，通过多年的积累，拥有大量的各式数据库、专题报告、培训材料和会议记录等，形成了一个巨大的知识库。

在组织技术会议方面，IAEA 是讨论各类技术问题的平台，与全球各个领域的高水平专家保持着密切联系。组织的重要技术会议在全球范围具有很大的影响力，比如福岛核事故发生后，IAEA 在核安全行动计划框架内组织召开的讨论事故经验教训系列专家会，已经成为最具影响力的福岛核事故研讨平台。

1983 年 9 月，中国政府正式提出申请加入 IAEA，于 1984 年 1 月 1 日起正式成为 IAEA 成员国。加入 IAEA 使得中国有更多的机会了解世界核工业的发展动向，并开展与国际核技术先进国家的合作与交流，同时也为 IAEA 和世界各国了解中国核工业的发展提供便利。作为成员国，中国也有更多的机会参与国际原子能法律的起草和修订，以此为契机，能够代表国家与其他发展中国家利益发声，并为促进核能和平利用与保障机制的平衡发展，协调各方立场，发挥大国在世界和平与发展中的作用。

IAEA 成立以来，在国际原子能法框架下，在安全保障机制的建立和核能和平利用领域做了大量的工作，先后主持并制定了 11 项与辐射安全、放射性废物管理和核损害责任制度等核安全有关的国际条约；在此基础上，组织制定了大量核安全导则和标准，并积极向国际推广；同时 IAEA 在促进国际核安全监管和核能和平利用等方面的科学与技术合作也发挥着出色的协调作用。如，1987 年 2 月生效的《早期通报核事故公约》《核事故或紧急辐射情况下援助公约》与《核材料实物保护公约》，中国分别于 1987 年 9 月和 1989 年 1 月批准了这些公约；以及 1996 年 10 月 24 日生效的《核安全公约》，中国常驻国际原子能机构代表团于 1996 年 4 月正式向国际原子能机构总干事布利克斯递交了中国参加《核安全公约》的批准书，从而使中国成为第 18 个递交批准书的国家。

二、经合组织与核能机构（OECD/NEA）

（一）经合组织（OECD）

经合组织是经济合作与发展组织的简称，英文缩写为 OECD。经合组织是一个从事经济和社会发展政策研究的政府间国际经济组织。目前已有 70 多个非成员国和地区。据统计，在全世界核能发电量中，OECD 国家占 80%。

经合组织的前身是 1948 年 4 月成立的欧洲经济合作组织。经合组织 1961 年在法国巴黎正式宣告成立。其工作重点始终是放在加强其成员国内部之间的政策协调上。进入 20 世纪 90 年代，该组织改变了传统的工作方法，开始积极地发展同非成员国，特别是一些“富有活力的非成员经济体”的关系，目的在于透过对话与合作，谋求在世界经济发展中发挥更大的作用。非成员国家和地区中，中国、俄罗斯、巴西、印度和印度尼西亚被称为“五大国”，是经合组织对话合作的重点对象。经合组织下设 200 多个专业委员会和工作组；它的工作涉及经济、社会问题，包括宏观经济、贸易、教育、发展、科学和革新等方面。主要以它的出版物和统计著称。我国不是经合组织的成员。我国于 1995 年 7 月与经合组织正式建立起政策对话合作关系。

（二）核能机构（NEA）

核能机构（核能署）NEA，前身是 1958 年成立的欧洲核能机构（ENEA）。最初只有欧洲国家参加，后来准许欧洲以外的六个 OECD 成员国家中的五国参加，1993 年 5 月准许韩国参加。这标志着核能署成为促进核能合作与发展的全球性组织，其总部设在巴黎。核能署的主要职能是制定国际研究和发展规划，交换科学和技术经验与情报等方式，促进核能和平利用；与 IAEA 合作，对世界铀资源、生产、需求、核燃料循环的经济和技术问题，进行持续不断的核查。

核能署下设 7 个专业委员会（见图 8-2-2），分别为核设施安全委员会、核监管活动委员会、放射性废物管理委员会、辐射防护与公众健康委员会、核科学委员会、核能发展与核燃料循环技术经济研究委员会和核法律委员会。

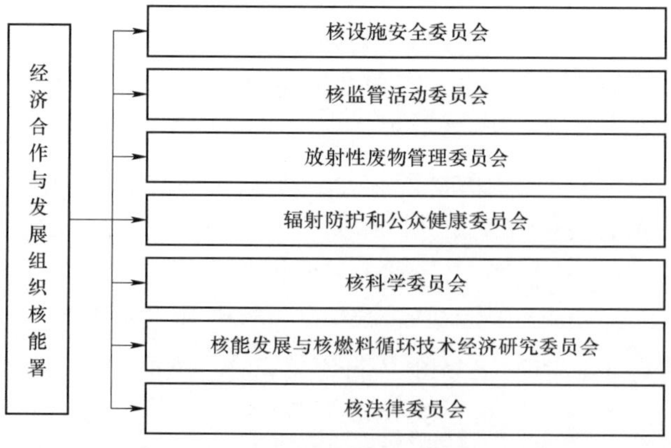

图 8-2-2　OECD-NEA 组织结构图

核设施安全委员会的职能是协助各成员国更好地评估核反应堆以及核燃料循环设施的安全性。委员会由各国核安全监管部门或技术研发部门的代表，或承担安全技术及科研项目的资深科学家及工程师组成。

核监管活动委员会负责指导核能署在核设施安全领域的法规、许可和监督领域开展的活动，由成员国核安全监管机构的高级代表组成，具体任务包括监管机构信息和经验交流、评估可能影响核安全监管的最新进展以及评估当前实践和运行经验等。

中国目前还不是 NEA 的成员国，目前的合作主要是参与核设施安全委员会、核监管活动委员会以及多国评价计划项目框架下的活动。

三、其他国家核组织

除了上述的重要国际核组织，还有一些其他的国际核组织，包括世界核能协会（WNA），国际辐射防护协会（IRPA），国际辐射研究协会（IRRA），国际辐射防护委员会（ICRP），联合国辐射效应科学委员会（UNSCEAR），国际核运输组织，世界卫生组织（WHO），世界核大学，太平洋地区核理事会等。另外，世界上重要的核国家也成立了相关的核管理机构。

（一）美国

主要有美国能源部（DOE），美国核学会（ANS），美国核管理委员会（NRC），美国核能研究所（NEI）等。美国核管理委员会（NRC），简称核管会，为美国的核安全管理当局，前身为美国原子能委员会（USAEC），成立于 1946 年，1975 年改为核管理委员会。其职能是负责全美的民用核设施、核材料实施独立的核安全监督管理。委员会设主席 1 人，委员 4 人，任期 5 年，由总统任命。现有 2 900 多名职员。主要职能部门包括：反应堆监管局（NRR），核材料安全–保障措施局（NMSS），核能监管研究局（RES），反应堆安全咨询委员会（10 人），核废物咨询委员会，核安全和执照申请顾问小组。

美国核能研究所（NEI）是一个有关核能政策的研究机构，总部设在华盛顿，经常提供有关美国核能政策方面的各种信息。

（二）日本

内阁府下有原子能委员会，其中委员长 1 人，委员 4 人；原子能安全委员会，有 5 名委员。主要职责是规划、审查和决定核能安全监管政策、制定安全审查指南、许可证审查、核燃料和反应堆的安全规章、危害防止、放射性物质引起的危害调查等，直接向总理和行政长官提供报告和建议。

经济产业省下有原子力安全—保安院（NISA），600 多人。主要职责是起到对能源设施及其工业活动形式核安全和工业安全监管职能，预防事故的发生，包括核能、电力、民用燃气、供热、爆炸物、液化石油气及采矿诸领域。

另有文部科学省负责其他类型研发反应堆、研究试验堆及由放射性核等造成的辐射危害的核安全监管。

（三）法国

主要有法国原子能和替代能源委员会（CEA），有 1 万 6 千多名员工，之前为法国原子能委员会，2009 年改为现有名。它代表法国政府参加国际原子能机构等国际组织核事务，主持法国核电企业国际化发展，积极开展国际科研合作。同时，还负责管理法国各种核研究与核活动，发布各种要闻及其所属的各研究中心，实验室及核工业活动的各种信息。

（四）加拿大

主要有加拿大核能安全委员会（CNSC），是负责核安全监督管理的机构，由 7 人组成的委员会。下设咨询组织——放射性防护及反应堆安全咨询委员会，执行机构——反应堆监管局（DRR）与核燃料循环－核材料监管局（DFCMR）。核安全委员会（CNSC）的主要职能是，对议会负责，通过法规管理各种与核有关的活动，重点是与核能应用有关的安全问题，对公众健康的影响、环境保护等；对各种核活动颁发许可证。

第三节　核安全监督管理体制

关于国家核安全监管体制和管理体制的规定，《中华人民共和国核安全法》中第六条指出：国务院核安全监督管理部门负责核安全的监督管理。国务院核工业主管部门、能源主管部门和其他有关部门在各自职责范围内负责有关的核安全管理工作。国家建立核安全工作协调机制，统筹协调有关部门推进相关工作。

核安全监督管理体制主要是指对核安全监督管理的职责分配。核安全领域的国际法都强调独立监管，我国加入的《核安全公约》《乏燃料管理安全和放射性废物管理安全联合公约》以及国际原子能机构《基本安全原则》，均强调国家核安全监管体系是国家核能与核技术利用事业发展的制度框架的基石。比如：《核安全公约》第 8 条规定，（1）每一缔约方应建立或指定一个监管机构，委托其实施第 7 条中所述的立法和监督管理框架，并给予履行其规定责任所需的适当的权力、职能和财政与人力资源。（2）每一缔约方应采取适当步骤确保将监管机构的职能与参与促进或利用核能的任何其他机构或组织的职能有效地分开。《乏燃料管理安全和放射性废物管理安全联合公约》第 20 条也明确规定，每一缔约方应建立或指定一个监管机构，委托其执行第 19 条提到的立法和监管框架，并授予履行其规定责任所需的足够的权力、职能和财力与人力。

我国的核安全体制经历多次改革，形成了目前的格局，同时我国的核安全管理体制又具有独自的特点，是多年来经验积累的结果。根据长期以来行之有效的国务院部门职责分工，法律予以确认，即明确国务院核安全监督管理部门负责核安全的监督管理。核安全法主要针对民用核安全管理的规范。国务院其他有关部门在各自职责范围内负责有关的核安全管理工作。

核安全有关活动不仅涉及国家核安全监督管理部门，还涉及公安、交通、安全生产等其他有关部门，这些部门分别在安全保卫、运输、安全生产等方面对核能开发利用活动行使相关的管理职能。此外，地方人民政府也有义务采取一定的措施对确保其管辖区域内的核安全。

一、国外主要有核国家监管机构

国外的核安全监管机构有着多年的监管经验，大多由政府或者国家首脑直接领导，具有很强的独立性，而独立性恰恰是核安全监管机构发展中的重要方向。为什么要建立相对独立的核安全监督管理体系呢？对于一个正常人来讲，无论其责任心如何，他工作的初衷都不会想将安全处于失控的状态。但是他们会受生活环境的影响，不可避免会有一些因素影响他们对安全的投入，如企业可能会为扩大市场份额过分降低成本、或因工期、资金周转期的过分要求而放松对产品质量的严格要求，技术员可能因为繁重工作负担而降低对产品的实验检验。而核事故的发生往往就是“屋漏偏逢连夜雨”，是一连串不幸的组合造成的，任何的疏忽都可能置安全于失控的状态。而安全监管的首先职责就是从源头把不具备资格的单位和个人剔除在涉核活动之外，并不断地去提醒从业人员忽视安全将导致最终失去一切，这比他们事故后再醒悟更加重要；另一职责就是提醒从业人员重视未遂事件，建立规范秩序，重视安全的前期投入，而非“亡羊补牢”。因此，美国和日本等，为了加强监管的独立性，都经历了监管机构的不断拆分与重组过程，从具有监管与促进发展的双重职能的机构，拆分为监管与促进两类独立机构；法国为了加强监管机构的独立性，出台了核安保与透明法案，成立独立的监管机构；俄罗斯监管机构由联邦政府直接管辖，不受其他部门领导；加拿大的核监管机构为了保证其独立性，还被赋予了监管职责以外的司法权；韩国将技术科学部下属的监管机构改组为总统直接领导，就是为了加强监管机构的独立性。

（一）美国

美国的核安全监管机构源于1946年成立的美国原子能委员会（AEC），其主要职责是促进核能在科学及科技上的和平利用，没有监管责任。1954 年美国国会通过的原子能法案修正案，赋予了AEC核安全监管的权力。由此可见，AEC既要实施严格管制、保护公众与环境安全，又要提供激励条件，促进核能产业的发展。这种即管生产又负责监管的职责，使得AEC兼具“裁判员”和“运动员”的双重身份。

AEC 在核安全监管过程中，为了不阻碍核工业的发展，并没有对核设施的管理进行过多的干预与限制，这种监管方式在美国引起了很大的争议。20世纪60年代，在监管辐射标准、反应堆安全、电厂选址以及环境保护等方面，AEC 受到了越来越多监管不严格的指责。因此，1974年国会通过《能源重组法》，将AEC的业务进行了重组，美国核管理委员会（NRC）负责核安全监管；能源研究与发展局（DOE）负责促进核能开发与利用。

NRC作为美国政府的一个独立机构，主要行使对全美民用核设施和核材料（含燃料）的核安全监管活动，具有政、监分开的特点，其目的是能更好地对工作人员、公众的健康与环境进行保护，并确保国家安全。NRC 主要监管范围包括商用核电厂、研究堆、试验堆、核燃料循环设施、医疗学与工业用放射性同位和放射性废物的处理处置及运输等。

NRC设有“核安全咨询委员会”“核废物咨询委员会”2个非常设机构，前者的职责是对核电厂及有关核设施活动进行审评、监督以及就重要核安全问题和相关研究项目提出咨询意见。后者的职责是对核废物贮存、处置设施及有关安全问题提出咨询意见。另外，NRC还设有“核安全与执照审议团”常设机构，主要负责NRC在核安全以及核废物安全监督管理活动中的各种关于听证的活动。

（二）俄罗斯

俄罗斯的核安全监管由联邦环境、工业和核安全监管局（简称俄罗斯监察局）负责，成立于2004年，隶属于俄罗斯联邦政府。俄罗斯监察局受联邦政府委托制定并执行国家政策和发展规划，制定核与辐射安全监管领域的法令法规（民用核能的利用方面），对核能利用实施全面的核安全监管。

俄罗斯监察局由总部、地区核与辐射安全监督管理部门和技术支持单位及培训中心组成。总部设有 7 个职能部门、2 个核安全监管部门、6 个工业和能源监管部门。地区核与辐射安全监督管理部门包括 6 个地方监督管理局。与此同时，31 家地方工业安全监督局也参与地区核与辐射安全监管工作。俄罗斯在核安全监管领域有 2 个技术支持单位以及 1 个分析实验室。

（三）日本

在福岛核事故之前，日本核监管活动分别由原子能安全委员会、核安全委员会和原子能安全保安院三个部门负责。原子能安全委员会与核安全委员会隶属于内阁办公室，前者负责核能的研究、开发以及利用相关的工作。后者则负责涉及核安全的相关事宜。

原子能安全保安院隶属于经济产业省，负责核电执照、核能发电审查、核事故预防等工作。由于经济产业省的职责还包括能源的供给和推进核能的发展，因此其下的原子能安保院，表面上行使对核设施安全的独立监管，但是它也难以摆脱兼具“裁判员”和“运动员”的双重身份之嫌疑。

在福岛核事故后，日本政府为了理顺机制，明确责任，于 2012 年对核监管机构进行了重组，将上述的三个部门合并为一个独立的核监管机构（NRA）。NRA 由秘书处、核监管部、辐射防护部、地方组织和合作机构组成，隶属于环境省，专门负责核安全的监管。

（四）法国

为加强核安全监管，2002 年法国政府将原工业部核设施安全局和原卫生部辐射防护部门进行合并，成立核安全与辐射防护总局（DGSNR）。DGSNR 主要职责包括制定并实施除军事领域以外的核领域安全相关的政策和措施，并具有代表国家行使核与辐射防护安全监督的权力。DGSNR 由直属单位、地区监督站、辐射防护与核安全研究院与常设专家组等技术后援单位组成。

2006 年，为了进一步加强核安全监管机构的权威和监管力度，成立了法国核安全局（ASN）。ASN 下设 11 个地区监督机构和 8 个管理部门，负责法国境内民用核设施和活动的监管。11 个地区监督机构分布在巴黎、里昂、马赛等城市，8 个管理部门分别为核电厂部、核承压设备部、运输与源项部、废料与燃料循环设施部、电离辐射与健康部、环境与应急部、国际关系部和公众交流与沟通部。

（五）加拿大

加拿大的核安全监管由核安全委员会（CNSC）负责，成立于 2000 年，下设 6 个部门，包括法律服务部、运行监管部、技术支持部、监管服务部和协作服务部。CNSC 对核安全事务具有监督权，其主要职责包括加拿大核能的发展、生产和使用；放射性物质的持有和使用；核装置与核信息的管理与控制；避免对国防安全产生不合理的风险；向公众传达客观、科学、技术和监管方面的信息，以及关于委员会的活动和效果的信息和履行国际承诺等；另外 CNSC 还具有司法权，可以传唤、询问证人、检查产品、查阅记录。在必要时实施强制执行；核安全委员会享有准立法权，委员会的任何决定或命令可被视为联邦法院或各省高级法院的规则、命令或判决，并与之享有同等效力，并对联邦法院和省高级法院具有约束力。

（六）韩国

1959 年，韩同成立了原子能局来负责核安全监管，隶属于教育科学技术部，下辖辐射安全处、核安全应急处和核安全处。为了加强核安全监管，1997 年，韩国成立了国家核安全委员会，下设核安全特别委员会和特别调查委员会，重点负责重大核安全政策和事务的国家决策。2011 年，为加强核安全监管的执行力度，韩国政府整合了核安全委员会和原子能局，成立核安全与安保委员会（NSSC）。该委员会直接向总统负责，业务涉及核安全监管、核安保与核不扩散。NSSC 下设核监管局与辐射应急局，前者设有核安全政策司、核安全司和许可证检查司；后者设有辐射安全司、环境辐射安全司、核应急司、核保障与出口管控司。

二、中国核安全监管机构

《中华人民共和国核安全法》指出，国务院核安全监管部门负责核安全的监督管理，依法对核设施、核活动实施全寿期、全过程监管。根据“中华人民共和国民用核设施安全监督管理条例”（HAF001）规定，中国大陆核设施的核安全管理分为三个层次，核安全监管机构，核工业主管部门，核设施营运单位。以下主要介绍前两个层次。

国务院核安全监督管理部门负责核安全的监督管理。国务院核工业主管部门、能源主管部门和其他有关部门在各自职责范围内负责有关的核安全管理工作。国家建立核安全工作协调机制，统筹协调有关部门推进相关工作。

（一）核安全监管机构

1. 国家核安全局

国家核安全局于 1984 年 10 月成立，原由国家科委代管，现隶属于生态环境部。作为国务院核安全监管部门，国家核安全局分别对核设施选址、设计、建造、运行、退役等不同阶段进行审评，并颁发相应许可证件。实现核与辐射安全监督全过程全方位控制。国家核安全局六个地区监督站对辖区内核设施的建造质量、设备制造质量、人员资质、运行安全等进行日常、例行和非例行核与辐射安全监督，保证对核设施实施有效的监督。

国家核安全局通过对核设施的放射性排放和周围环境的监督性监测，监督核设施运行对环境的影响。一旦发生事故，国家核安全局还通过督促核设施、核活动的主体责任单位（营运单位和承运人）有效启动应急机制，控制和缓解相应后果，以达到保护环境和公众健康的目的。

国家核安全局对核设施、核活动安全开展全方位安全监管，并不排斥国务院其他有关部门按照各自职责开展监督执法工作。国务院公安部门、卫生主管部门、环境保护主管部门、交通主管部门、安全生产主管部门等其他有关部门，在各自的职责范围内分别对与核设施、核材料和放射性废物有关的活动，在环境保护、工业安全、职业健康、道路运输安全、消防管理、特种设备安全等事项实施监督管理。

其基本职责可以概括为：

（1）负责核安全和辐射安全的监督管理。拟定核安全、辐射安全、电磁辐射、辐射环境保护、核与辐射事故应急有关的政策、规划、法律、行政法规、部门规章、制度、标准和规范，并组织实施。

（2）负责核设施核安全、辐射安全及辐射环境保护工作的统一监督管理。

（3）负责核安全设备的许可、设计、制造、安装和无损检验活动的监督管理，负责进口核安全设备的安全检验。

（4）负责核材料管制与实物保护的监督管理。

（5）负责核技术利用项目、铀（钍）矿和伴生放射性矿的辐射安全和辐射环境保护工作的监督管理。负责辐射防护工作。

（6）负责放射性废物处理、处置的安全和辐射环境保护工作的监督管理。负责放射性污染防治的监督检查。

（7）负责放射性物品运输安全的监督管理。

（8）负责输变电设施及线路、信号台站等电磁辐射装置和电磁辐射环境的监督管理。

（9）负责核与辐射应急响应和调查处理。参与核与辐射恐怖事件的防范与处置工作。

（10）负责反应堆操纵人员、核设备特种工艺人员等人员资质管理。

（11）组织开展辐射环境监测和核设施、重点辐射源的监督性监测。

（12）负责核与辐射安全相关国际公约的国内履约。

（13）指导核与辐射安全监督站相关业务工作。

国家核安全局下设 3 个监管司、6 个核电监督站和 5 个技术支持单位。

2. 生态环境部

生态环境部隶属于国务院，对全国生态环境保护工作实施统一监督管理。相关的主要职责是：

（1）负责核电厂环境管理法规、标准的制定和监督实施。

（2）负责核电厂环境影响报告书的审批。

（3）负责放射性环境监测。

（4）负责放射性废物的监督管理。

（5）参与应急响应。

3. 国家卫生健康委员会

国家卫生健康委员会隶属于国务院，对全国卫生健康工作实施统一的监督管理，相关的主要职责：

（1）负责与核设施工作人员和公众健康有关的卫生法规和标准的制定。

（2）负责放射工作人员和公众的受照剂量监督。

（3）负责核污染对人体健康评价的审批。

（4）负责放射损伤的防治。

（二）核工业主管部门

从核能开发利用的主管部门来看，主要有国务院有关核工业、能源主管部门，还有其他有关部门。核电发展规划、准入条件、技术标准、核电布局、重大项目审批、科研以及对核行业的管理等都可能对核安全产生一定的影响。如过快的发展速度可能会对核安全监管的能力形成一定的压力，不利于核电站的安全；核电站引进技术的安全性也直接影响到了该（批）核电站的安全水平；核电厂的布局与环境、人口分布、能源需求等有关，特别是核电厂布局中的选址，涉及核事故应急等诸多安全问题；对于核能开发利用的有关科研工作，也会对我国的核安全水平产生影响。

1. 国防科技工业局

国防科技工业局，隶属于工业和信息化部。根据目前的部门职责分工，国防科工局在核能开发利用监管方面的主要职责是拟定核工业生产和技术的政策、发展规划，实施核行业的管理，审查、颁发核材料许可证等，其具体的相关职责包括：

（1）对所属核设施的管理：负责所属核设施的安全管理；保证给予所属核设施营运单位必要的支持；对其进行督促检查。

（2）有关核安全法规、标准制定：参与有关核安全法规的起草和制订；组织制订有关核安全的技术标准，并向国家核安全局备案。

（3）应急管理：组织所属核设施的场内应急计划的制订和实施；参与场外应急计划的制订和实施。

（4）培训与考核：负责对所属核设施中各类人员的技术培训和考核。

（5）科研组织：组织核能发展方面的核安全科学研究工作。

2. 国家原子能机构

国家原子能机构（CAEA）的基本职能是，负责中国和平利用原子能事业的发展、有关法规的制定、核材料管制；代表中国政府参加国际原子能机构及其活动。其职责包括：

（1）负责核领域政府间及与国际组织的交流与合作，并牵头负责国家核事故的应急管理工作。

（2）负责研究、拟定中国和平利用核能事业的政策和法规。

（3）负责研究、制定中国和平利用核能事业的发展规划、计划和行业标准。

（4）负责中国和平利用核能（除核电外）相关项目的论证、审批、监督、协调项目的实施。

（5）负责核安保与核材料管制。

（6）负责核进出口审查和管理。

（7）负责核领域政府间及与国际组织的交流与合作，代表中国政府参与国际原子能机构事务。

（8）承担国家核事故应急管理办公室的日常工作，负责研究制定国家核事故应急预案并组织实施。

（9）负责核设施退役及放射性废物管理。

3. 国家能源局

国家能源局的主要有关职责包括：负责核电管理，拟订核电发展规划、准入条件、技术标准并组织实施，提出核电布局和重大项目审核意见，组织协调和指导核电科研工作，组织核电厂的核事故应急管理工作。

4. 其他有关部门

除了上述的主管部门外，相关部门还有公安部门与交通运输部门等。前者在核设施、核材料、核技术利用的安全保卫、核事故应急、放射性物品运输安全等方面具有相关管理职责。后者在放射性物品运输安全方面具有相关的管理职责。另外，还有安全生产部门，其负有依照安全生产法的规定，对核能开发利用中的一般工业安全具有监督管理职责，如对核电厂中的特种设备的安全进行监管。

按照“管行业必须管安全”的原则，上述政府部门在制定产业政策、产业发展规划、工业生产计划、项目立项、进度控制和成果验收等活动中，必须将核安全作为首要目标，并为其所管辖单位的核安全负有管理责任。

三、核安全管理的主要方式

我国对核安全管理的主要方式为实行许可证制度（许可证申请和审批程序）、开展必要的核安全审评与核安全监督。

（一）许可证制度

关于核设施安全许可制度及其具体形式的规定，《中华人民共和国核安全法》第二十二条指出，国家建立核设施安全许可制度；核设施营运单位进行核设施选址、建造、运行、退役等活动，应当向国务院核安全监督管理部门申请许可；核设施营运单位要求变更许可文件规定条件的，应当报国务院核安全监督管理部门批准。

核安全直接关系到国家安全、环境安全和公众健康。必须采用全过程、全方位的严格许可制度，加强管控。许可管理是我国核安全监管的支柱之一。我国对核设施的核安全监管采用安全许可制度。对于可能对人员和环境安全存在潜在危害的活动，核设施营运单位必须事先向国务院核安全监督管理部门申请许可。

世界各国在核能利用相关立法中也普遍将核设施安全许可制度作为实现安全目标的首要立法目标和法律原则，即全面建立以一般禁止为基础的许可制度，明确任何未经许可的核能利用活动均为非法。这种监管制度是国际上各有核国家核安全监管的通行做法。《核安全公约》也要求缔约方的立法和监管框架应包括“对核设施实行许可制度和禁止无许可的核设施运行度”。

1. 核设施建造许可证

核设施的所有者在核设施建造前十二个月，向国家核安全局提供有关许可证申请文件，申请核设施建造许可证。在得到国家核安全局颁发的核设施建造许可证后，核设施的所有者才能浇灌第一罐混凝土，开始建造工作。

2. 核设施运行许可证

业主在核设施从满功率运行之日起，经十二个月的试运行后，向国家核安全局提供有关许可证申请文件，申请核设施运行许可证。在得到国家核安全局颁发的核设施运行许可证后，按照许可证规定的条件开展运行工作。

3. 核设施操纵员执照

核设施的主要操作人员，必须取得国家核安全局颁发的核设施操纵员执照。操纵员执照包括操纵员执照与高级操纵员执照。而操纵员执照考试必须在国家核安全局严格监督下进行。

4. 核材料许可证

核设施的所有者必须在接收和持有核材料之前的 6 个月，向“国家核材料管制办公室”提交核材料许可证申请报告，经国家核安全局核准后，颁发核材料许可证。

5. 核承压设备活动资格许可证

核承压设备活动资格许可证包括：核承压设备设计资格许可证、核承压设备制造资格许可证与核承压设备安装资格许可证。许可证申请者向国家核安全局提交许可证申请，经国家核安全局审查后发给许可证，设计、制造、安装单位只有持有许可证才能进行相应的活动。

6. 其他需要批准的文件

核设施某些重要操作或活动必须在得到国家核安全局的许可后方可执行。国家核安全局颁发相应活动的批准文件主要有：核电厂厂址选择审查意见书、核电厂首次装料批准书、核电厂首次临界批准书、核电厂退役批准书等。

7. 环境影响报告书

国家核安全局负责审批核电厂各个阶段的环境影响报告书。环境影响报告书审批文件是颁发许可证的必要条件之一。

（二）许可证申请和审批过程

1. 选址

关于核设施选址阶段安全许可申请的规定，《中华人民共和国核安全法》第二十三条指出，核设施营运单位应当对地质、地震、气象、水文、环境和人口分布等因素进行科学评估，在满足核安全技术评价要求的前提下，向国务院核安全监督管理部门提交核设施选址安全分析报告，经审查符合安全要求后，取得核设施场址选择审查意见书。

核设施的一些基本设计参数，包括一些安全设计基准取决于场址特征。在事故情况下，场址特征也将直接影响放射性物质的迁移和应急计划的实施。因此，对核设施选址设置安全许可是必要的。核设施选址安全许可是核设施分阶段安全许可的第一步，目的是确认所选场址与拟建核设施之间的适宜性，避免那些难以通过工程和管理措施解决的场址不利条件，包括场址条件对核设施安全的影响和核设施对场址周围人口和环境的影响，从而保障核设施安全，保护公众和环境免受过量辐照射。

2. 建造

目前，我国采取分阶段许可的核安全许可制度。营运单位在获得核设施场址许可之后，还需获得建造许可方可正式开工建造核设施。对核设施建造许可申请进行审评的主要目的，是确认核设施的设计符合相关法规的要求，安全重要构筑物、系统和设备的设计以及安全重要规程能够保证核设施核安全。

关于核设施营运单位提交建造申请的规定，《中华人民共和国核安全法》第二十五条指出，核设施建造前。核设施营运单位应当向国务院核安全监督管理部门提出建造申请，并提交下列材料：核设施建造申请书；初步安全分析报告；环境影响评价文件；质量保证文件；法律、行政法规规定的其他材料。

根据本条的规定，核设施营运单位必须在核设施建造前申请建造许可；未取得许可的，不得开展核设施建造活动。其中，初步安全分析报告是在核设施营运单位完成核设施初步设计的基础上，对于其拟建造的核设施能否符合核安全法规标准的全面评价，是国家核安全局颁发建造许可的重要依据。环境影响评价文件是对核设施建造和运行所产生的环境影响进行评价的文件。核设施建造阶段环评的主要目的是论证工程设计能否满足环境保护的要求，从设计上保证环境保护设施得到落实。质量保证文件是指《核设施质量保证大纲（设计和建造阶段）》。国家核安全局发布已制定相应文件可以用于具体指导核设施质量保证文件的编写，并对其内容和要求进行规范。

3. 运行

关于核设施运行许可申请的规定，《中华人民共和国核安全法》第二十七条指出，核设施首次装投料前，核设施营运单位应当向国务院核安全监督管理部门提出运行申请，并提交下列材料：核设施运行申请书；最终安全分析报告；质量保证文件；应急预案；法律、行政法规规定的其他材料。核设施营运单位取得核设施运行许可证后，应当按照许可证的规定运行。

核设施运行许可的目的是确认核设施已按照认可的设计和质保要求建造完成、调试结果满足设计要求、相应的运行规程能够满足安全管理的要求，确定其在首次装投料（运行）后应该遵循的许可条件等。其中，应急预案是指营运单位负责制定的场内应急预案，该预案经国务院核安全监督管理部门审查批准后，按照核安全法第55条第2款规定，报国务院核工业主管部门、能源主管部门和省、自治区、直辖市人民政府指定的部门备案。

另外，关于设施申请延长运行许可证有效期申请的规定，《中华人民共和国核安全法》第二十七条指出，核设施运行许可证有效期届满需要继续运行的，核设施营运单位应当于有效期届满前五年，向国务院核安全监督管理部门提出延期申请，并对其是否符合核安全标准进行论证、验证，经审查批准后，方可继续运行。

4. 退役

核设施退役是核设施达到或超过设计寿期或者因为其他原因终止运行后所应采取的行动，通过退役可将残留的放射性物质和其他有害物质的危害作用减少到可以接受的水平，实现场址有限制使用或无限制开放和使用。核设施退役许可的目的是确认核设施的退役安排和退役过程中的实际状态满足退役有关的核安全和环境要求。以核电厂为例，核电厂退役可以采取三种形式：一是停止运行后立即拆除，并清除反应堆的放射性物质；二是将反应堆封存几十年，待其放射性自然衰减后再拆除；三是在反应堆外建造一个混凝土外壳，将反应堆长期罩起来。

核设施退役是一个相对较长的过程，退役所需要的费用通常较高。为做好核设施退役工作，核设施营运单位应从选址、建造阶段就要及早研究退役计划，并根据运行和实际情况不断完善，直至退役活动完成。

关于核设施退役申请的规定，《中华人民共和国核安全法》第二十五条指出，核设施退役前，核设施营运单位应当向国务院核安全监督管理部门提出退役申请，并提交下列材料；设施退役申请书；安全分析报告；环境影响评价文件；质量保证文件；法律、行政法规规定的其他材料。

核设施营运单位在取得核设施退役许可批准后，方可开始核设施退役活动。

关于作出准予许可的决定，《中华人民共和国核安全法》第三十二条指出，国务院核安全监督管理部门应当依照法定条件和程序，对核设施安全许可申请组织安全技术审查，满足核安全要求的，在技术审查完成之日起二十日内，依法作出准予许可的决定。国务院核安全监督管理部门审批核设施建造、运行许可申请时，应当向国务院有关部门和核设施所在地省、自治区、直辖市人民政府征询意见，被征询意见的单位应当在三个月内给予答复。

许可证申请和审批过程如图 8-3-1 所示，申请人向国家核安全局提交民用核设施许可证申请文件及其执照申请文件。国家核安全局首先进行形式审查，形式审查后如需技术审评，国家核安全局将组织技术支持单位进行技术审评并提出审评问题，申请人对审评问题应及时做出回答、解释或对资料作相应的必要补充或修改。如果对审评提出的技术问题得到落实和基本解决后，技术支持单位编制技术评价报告，上报国家核安全局。必要时国家核安全局向国务院有关部门及核设施所在地省级人民政府征询意见后，组织核安全与环境专家委员会进行审议，形成咨询意见。对符合条件的建设项目，国家核安全局做出批准决定，书面通知申请人，并抄送有关部门；对不符合条件的建设项目，国家核安全局做出不予批准的决定，并书面通知申请人。

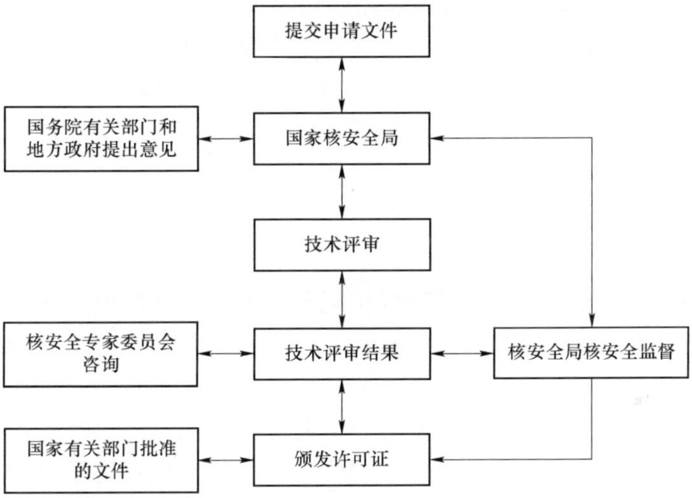

图 8-3-1　许可证申请与审批流程

（三）核安全审评

在许可证申请和审批过程，必须开展核安全审评。核安全审评由国家核安全局负责组织，核安全中心进行技术审查，必要时可以请国际、国内专家和组织提供咨询意见。

核安全审评的目的就是通过对核设施的设计、建造、调试、运行状况，核设施的管理，核设施发生的事件等事项进行技术审查，决定核设施的安全状况和管理是否满足核安全法规的要求。审评结论是颁发各类许可证和批准核设施进行相关活动的主要依据。

现有重要的核安全审评包括：核设施初步安全分析报告的审评；核设施最终安全分析报告的审评；核设施设计修改的审评；核设施特许申请的审评；核设施事件的审评等。审评的依据主要有：中国的核安全法规；国家原子能、辐射防护、环境保护、公安、卫生和交通等有关的其他法律与法规；核安全局认可的国家技术标准（如 GB 系列）和国际通用的技术规范（如 SRP、ASME、RCC 规范等）。

（四）核安全监督

核安全监督检查的目的就是要及时发现核设施的安全问题，包括核安全管理要求方面存在的问题与核设施存在的核安全隐患，并督促营运单位及时纠正问题，例如，不满足核安全法规的问题、不满足国家核安全局审查批准的技术文件要求的问题等。必要时可以采取强制措施，如停止运行等。

监督检查的范围包括：审查所提交的安全文件或资料是否符合实际；监督是否按照已经审查批准的设计建造；监督是否按照已批准的质保大纲进行管理；监督核设施的建造和运行是否符合有关核安全法规、技术规范标准和国家核安全局批准的各种文件的要求；考察营运单位是否具有安全运行及执行应急计划的能力。

监督形式分为日常监督与例行/非例行检查。日常监督是核安全监督检查的主要形式，其目的是及时掌握核设施的安全状况和发现安全问题。日常监督检查就是地区监督站派遣监督（员）组常驻核电厂现场，对核设施进行现场检查。监督员每个工作日在核电厂现场所开展的工作包括：跟踪监督，对影响安全的重要活动、物项和记录进行检查；发现核设施存在的安全问题；根据核安全法规要求进行处理等。

例行/非例行检查是核安全局或地区监督站组织检查组，按预先制定的检查计划，按照一定的程序对营运单位各阶段（包括选址、设计、建造、调试、运行、退役等阶段）的安全重要活动所进行的有计划的核安全检查。

思考题

1. 各主要国家核安全法规体系有什么相同之处与特点？请简要叙述。
2. 中国核安全法规体系都有哪些层次？目前已颁布核安全相关的国家法律主要有哪几个？
3. 《中华人民共和国核安全法》是哪一年通过和开始实施的？包含哪方面的内容？
4. 《中华人民共和国核安全法》确定的核安全观是什么？简要说明其内涵。
5. 国际核安全相关的重要组织都有哪些？
6. 中国国家核安全监管体制和管理体制是如何规定的？
7. 中国国家核安全局基本职责有哪些？
8. 中国国防科技工业局在核能开发利用监管方面的主要职责是什么？
9. 我国对核安全管理的主要方式有哪些？
10. 核安全监督检查的目的是什么？监督检查的范围包括哪些？

第九章

辐射安全及防护

自19世纪末人类发现放射性以来，核辐射和放射性核素的应用已有百余年历史，相关的研究、开发与应用也得到了广泛而迅猛的发展，给人们的生产、生活带来了巨大的便利。但它也是一把双刃剑，在使用不当时也会对人体健康造成一定程度的影响和危害。从1895年伦琴发现X射线后不久，研究人员就发现，长期接受X射线照射的人会发生皮肤起红斑、肿胀或溃疡、眼痛或结膜炎、毛发脱落、白细胞减少等症状，后来发现镭等天然放射性物质也会引发皮肤癌、肺癌等恶性疾病，引起人们对辐射危害的重视和研究。为了既保障人们的健康与安全，确保环境的安全，又使辐射的应用工作得以顺利开展，这就要了解辐射对人体的基本作用及所引发的效应，使人们对核辐射的危害有一个正确的了解，既要消除不必要的恐惧，又要引起十分重视；必须确立辐射防护的基本原则，并制定必要的辐射防护标准，积极做好辐射监测工作，采取有效措施，减少或避免不必要的伤害。

第一节　辐射源

所有生物体每时每刻都受到自然界中始终存在的电离辐射的照射，人体受到照射的辐射源有两类，即天然辐射源和人工辐射源。在地球上生命体的形成和人类诞生及生活的整个历史阶段中，时时都受到宇宙射线和地球环境中存在的放射性物质发出射线的照射，这种天然放射性是客观存在的，通常称为天然本底照射。天然本底照射是迄今人类受到照射的最主要来源。半个多世纪以来，由于医疗照射及核能与核技术的开发与应用，以及核动力生产、核试验等，产生了不少新的放射性物质和辐射照射，这类照射称为人工辐射源照射。

一、天然辐射源

天然辐射源根据其来源的不同，可分为宇宙射线、地球辐射源及人体辐射源三类，这些辐射源通过各种方式时时刻刻地作用于人体，形成了天然本底辐射。

（一）宇宙射线

宇宙射线可分为初级宇宙射线和次级宇宙射线，从地球外层空间进入地球大气层的射线称为初级宇宙射线，主要成分是质子和α粒子，以及少量重粒子。初级宇宙射线与大气层作用产生的次级粒子或辐射称作次级宇宙射线，包括 μ 介子、电子、光子和中子等。

初级宇宙射线绝大部分被大气层吸收，到达地球表面的几乎全是次级宇宙射线。

由于大气层的阻挡吸收作用，宇宙射线的强度随海拔高度增加而增加，如位于赤道附近海平面的城市，剂量贡献每年约有 0.35 mSv，而像丹佛的高原城市，每年约 0.9 mSv，地球最高居住区每年高达 30 mSv，珠穆朗玛峰山顶每年约 80 mSv。宇宙射线穿过大气层时受地球磁场作用的影响，会从赤道偏离向两极聚集，所以赤道地区的宇宙射线强度比南北两极地区小一些。

（二）地球辐射源

地球辐射源是指地球大气、岩石、土壤等物质中含有的天然放射性核素，分为宇生放射性核素和原生放射性核素两类。

宇生核素是由宇宙射线和大气中的靶原子核相互作用产生的放射性核素，主要包括 ^{3}H、^{7}He、^{14}C、^{22}Na、^{24}Na 等，但它们对地面的剂量贡献甚微。

原生核素是地球形成之初业已存在的天然放射性核素，由于地球寿命已达 40 多亿年，现在仍存在的只剩下极长半衰期的放射性核素及其衰变子体，主要是以 ^{238}U（半衰期约 45 亿年）、^{232}Th（半衰期约 120 亿年）、^{235}U（半衰期约 7 亿年）为首的三个放射系和 ^{40}K（半衰期约 12.8 亿年）、^{87}Rb（半衰期约 475 亿年）等，广泛分布于整个地壳。自然存在的所有材料均混有一定量的放射性杂质，土壤中主要含有铀、钍和钾等天然放射性核素。由于其半衰期极长，且在各种物质中的放射性一般非常微弱，对人类生存和健康的影响几乎观察不到。但在一些要求较高的实验中，必须设法减弱其对测量的影响。

（三）人体内的辐射源

由于饮食、呼吸的需要，人体与自然界存在物质交换与循环，不可避免地含有一些放射性核素，但含量非常少，剂量率贡献极低，对健康的影响完全可以忽略。人体含有较高比例的碳、氢、钾等元素，占比最大的放射性核素主要是 ^{40}K、^{14}C、^{3}H 等，铀、钍及其衰变子体也有一定含量，衰变子体镭的化学性质与钙相似，通常聚集在骨髓中。

（四）天然本底辐射

以上几类辐射源的共同作用，构成了地球上所有人无法回避的天然本底辐射，它在自然界中一直存在，且相对稳定，其强度基本不随时间变化。但不同地区的天然本底辐射有所差异，平原地区的天然本底辐射水平较低，海洋表面更低，含有各种岩石的山区的辐射水平较高。

居民受到天然辐射的剂量与其居住地点、住房种类、海拔高度等有关。世界多数地区居民受照剂量变化范围较窄，只有少数地区天然本底高。主要原因是或居住在土壤岩石中放射性含量高地区，或居住在氡气浓度高的建筑物内，或居住在高海拔地区，或食入的食物所含放射性高。

二、人工辐射源

人工辐射源是指人工加工制造的放射性物质或装置，以及被人工改变的天然辐射源，主要包括核武器，反应堆，加速器，X 光机，医用辐射，X、γ 探伤核素辐射源，辐照器，原子示踪核素辐射源，用于工业产品分析、测量和控制的 α、β、γ、X 及中子源，以及消费品辐射和放射性废物等。

人类活动、实践和涉及辐射源的事件已导致放射性物质向环境释放并使人和动植物受到辐射照射。当今世界使人类受到照射的主要人工辐射源是核能生产、医疗照射和核爆炸。

1. 核能生产

根据国际原子能机构 2020 年 8 月发布的数据，截至 2019 年年底，全世界共有 442 台核电机组在运行，总装机容量为 402.3 GW，核能发电量 2 657 TWh，核电约占全世界电力供应的 17%。截至 2020 年 8 月 21 日，全球可运行的核反应堆 441 座，总装机容量为 391.7 GW；全球在建核反应堆 54 座，有 3 台核电机组永久关闭。目前核电已有几十年的发展历史，为此也相应地产生了大量的人工辐射源。

用核反应堆生产电能是以核燃料循环为先决条件的。核燃料循环包括铀矿石的开采和水冶，转变成不同的化学形态；^{235}U 同位素含量的富集；燃料元件的制造；通过核反应产生能量；受照燃料的储存和后处理；乏燃料中易裂变和有用物质的循环利用和回收；核燃料循环不同阶段、不同设施之间放射性物质的运输；对放射性废物的处置。虽然核动力生产中产生的所有人工放射性核素几乎都存留在受照过的核燃料中，但是上述过程的每一环节都有少量放射性物质被释放入环境。由于其中大多数放射性核素的半衰期较短，在环境中的迁移速率较低，因此释放到环境的放射性物质多半只在局部或本地区产生影响，当然也有一些半衰期很长或在环境中弥散较快的放射性核素可分布到全球，从而在世界范围内使人类和环境受到照射和污染。核电生产所致的年集体有效剂量和人均有效剂量的值都不大。1980 年由于核电生产所致的人均当量剂量仅为天然辐射源照射水平的十万分之五，即使到 2500 年也不过是天然辐射源照射水平的百分之一。

2. 医疗照射

当今，世界人口受到的人工辐射源的照射中，医疗照射居首位，因为一百多年来，电离辐射在医学领域的应用与日俱增，它已成为诊断和治疗的重要手段。医疗照射来源于 x 射线诊断检查、体内引入放射性核素的核医学诊断，以及放射治疗过程。

当病人到医院看病，进行诊断显影时，如接受 X 射线、CT、PET、核磁共振、同位素治疗等仪器的诊断而受到一定的照射。这些辐射本身具有一定危害性，但如果不是频繁使用的话就没有关系。例如肺部透视一次辐射剂量为 0.02 mSv，拍一次胸片的照射剂量为 0.12 mSv，作一次 CT 检查的照射剂量为 10 mSv。

3. 核试验

大气层核试验是环境中人工辐射源对全球公众产生照射的最主要原因。核试验在大气中形成的人工放射性物质最初大多进入大气层的上部，然后从大气层上部缓慢地向下部转移，最终降落到地面，称之为落下灰。它可通过外照射和吸入引起内照射。核试验始于 1945 年，1954—1958 年及 1961—1962 年间曾在大气中进行过大量的核试验，最后一次在 1980 年 10 月，共进行 543 次大气层核试验，440 Mt 当量。地下核试验共进行了 1 876 次，90 Mt 当量，地下核试验造成环境的污染相对较小。虽然核试验可以产生几百种放射性核素，但其中多数不是产量很少就是半衰期很短，对世界居民的有效剂量贡献大于 1%的只有 7 种，按对人体照射水平的递减顺序，它们是 ^{14}C，^{137}Cs，^{95}Zr，^{90}Sr，^{106}Ru，^{144}Ce 和 ^{3}H。但从 1965 年起，^{137}Cs 和 ^{90}Sr 是剩余累积沉积中主要的核素。落下灰对居民的照射水平，因居住地所处的纬度而异，一般南半球居民受到的照射要比北半球低。核试验对居民照射的主要途径是食入，其次是外照射。1980 年底前由大气核试验造成的集体有效剂量相当于当今世界人口额外受到大约 4 年的天然本底辐射的照射。就核试验引起的人均年剂量而言。1963 年最大，相当于天然辐射源所致平均年剂量的百分之七。1966 年则下降到百分之二，目前则低于百分之一。

第二节　常见射线的性质与危害

本节介绍常见的电离辐射有 γ 射线、β 射线、α 射线和中子射线的性质与危害。

一、γ 射线的性质与危害

从本质上讲，γ 射线就是一种能量极高的电磁辐射，一般是由能态较高的原子核向较低能态跃迁时（γ 衰变）发射出来的。γ 光子是电中性的，静止质量为 0，γ 衰变和核裂变放出的 γ 光子的能量通常不高于 20 MeV，与物质发生的相互作用方式主要有光电效应、康普顿效应和电子对效应等三种，其他方式的发生概率一般可以忽略不计。

与 α、β 等带电粒子相比而言，γ 射线与物质发生作用的概率要小得多，两次相互作用之间的平均距离很大，因而穿透能力很强。几兆电子伏的 γ 射线能够穿透几厘米至十几厘米的金属，几百米的空气层，能够完全贯穿人体骨骼。γ 射线穿过物质时，其强度按指数规律衰减，物质的密度越大，原子序数越高，减弱 γ 射线的效果越好。

由于 γ 射线的直接电离能力很弱，穿透能力很强，相对而言，在实际工作中，γ 射线的外照射危害更大，必须采取物质屏蔽、控制时间、增加距离等方法加以防护。

二、β 射线的性质与危害

β 射线实际上是高速的电子流（e^- 或 e^+），与电子没有本质区别，只是来源不同，通常 β 射线是从原子核发出的，而电子是从原子核外壳层轨道放出的。

β 射线与物质作用的主要方式有两种：（1）与核外电子发生弹性或非弹性碰撞，但与 α 粒子不同的是，每次碰撞之后运动方向发生较大改变，损失能量也很大；（2）与原子核发生相互作用，β 射线损失的能量以韧致辐射的形式（即 X 射线）释放，这种情况在 β 射线能量较高、作用物质原子序数较高时比较明显。

在同种物质中，β 射线的射程比 α 射线长得多，β 射线在空气中的射程大约几米至几十米，在混凝土内约为几毫米，能够完全穿透人体皮肤。与中子或 γ 射线相比，β 射线的外照射危害较轻，但也能对皮肤和眼结膜等造成比较严重的伤害，采用有机玻璃、铝片等轻物质可以有效屏蔽 β 射线。β 射线的直接电离能力比较强，若通过呼吸或饮食等途径进入人体内部，将会对人体组织器官造成较大伤害。所以，应谨防 β 放射性物质进入人体，具体措施与 α 放射性物质的防护方法类似。

三、α 射线的性质与危害

α 射线又称 α 粒子，实际上是高速运动的氦原子核，由两个质子和两个中子组成，一般是由原子序数大于 82 的放射性核素发生衰变时发射出来的，能量常在 4～7 MeV 范围。

α 衰变可表示为：${}_{Z}^{A}X \rightarrow {}_{Z-2}^{A-4}Y + \alpha + E$，其中 ${}_{Z}^{A}X$ 为母核，${}_{Z-2}^{A-4}Y$ 为子核，E 为衰变过程释放的总能量。α 衰变产生的 α 粒子的能量是单能的，可以通过测量其能量反推出母核的种类。

α 粒子与物质发生作用的主要方式是直接与原子核外的电子发生弹性或非弹性碰撞，由于α 粒子质量远大于电子，当它的速度比较高时，其运动方向改变很小，轨迹近似为直线，可以近似认为射程等于其路径长度。α 粒子在其行进的路径上会使许多原子或分子发生电离，产生大量的离子对，能量很快损失殆尽，因而射程很短，在空气中一般只有几厘米的穿行距离，一张普通的打印纸就可以完全挡住。因此，不需要考虑体外 α 放射源对人体造成的伤害。但由于它的电离能力很强，若通过呼吸或饮食等途径进入人体内部，将会对所在位置的人体组织器官造成很大伤害。所以，应严格防止 α 放射源进入人体，一般采用口罩、面具、手套、防沾染服等可有效防止 α 放射性物质接触皮肤或通过呼吸道进入人体，同时应禁止在放射性工作场所进食、饮水、抽烟等，以防止 α 放射性物质通过口腔食道进入人体。

四、中子的性质与危害

中子是一种不带电粒子，质量比质子稍大。原子核中受到核力约束的中子是稳定的，但自由中子是不稳定的，半衰期约为十几分钟，会自发地衰变为质子，同时产生一个电子和一个反中微子。

中子与物质发生相互作用的反应截面也很小，其大小主要与中子能量、作用物质的原子核种类（包括质子数和中子数）等有关。中子与物质发生相互作用的类型及截面大小与中子能量大小存在着强烈的依赖关系，在某些能量区域，作用截面很小，而有些能量区域，作用截面则大出许多，在某些较窄的能量范围，截面有可能出现突然的急剧增加。

中子的穿透能力很强，虽然直接电离能力很弱，但间接电离能力很强，因而中子的外照射危害和内照射危害都很大。从工作实际的角度出发，中子内照射的情况极少出现，主要的实际危害是外照射。能够有效屏蔽中子的材料有水、石蜡、聚乙烯以及含有中子吸收截面较大的如硼等材料的复合材料等。

第三节　常用辐射量与单位

为了定量描述射线与物质的相互作用以及它对人体的伤害，需要用到一些特殊的物理量。由于对象是电离辐射，所以常称为辐射量。以下介绍四个工作中常用的辐射量，放射性活度、吸收剂量、当量剂量、有效剂量。为了便于理解，如果将放射性物质比作弹药库，贮存各类武器弹药，那么放射性活度可以比作弹药库单位时间向外发射的各种武器弹药的总数量，吸收剂量可以比作落在阵地上的各种武器弹药的总爆炸当量，当量剂量则可以比作阵地工事、武器装备、人员等具体对象所受到的损伤，而有效剂量可以比作整支部队所遭受的战斗力损伤。

一、放射性活度

放射性活度（radioactivity，简称活度，常用 A 表示）是指一定量的放射性物质在单位时间内发生某种放射性衰变或核跃迁的次数的期望值，可表示为 $A=\mathrm{d}N/\mathrm{d}t$，$\mathrm{d}N$ 是在时间间隔 $\mathrm{d}t$ 内，放射性物质发生放射性衰变或核跃迁次数的平均值。

放射性活度的国际制单位为 1/s，专用单位为贝可勒尔，简称贝可，英文符号 Bq，1 Bq=1/s，1 Bq 表示放射性物质在 1 秒内发生了 1 次放射性衰变或核跃迁。放射性活度还有一个曾用单位居里（Ci），$1\ \mathrm{Ci}=3.7\times10^{10}\ \mathrm{Bq}$。

放射源的活度 A 与放射性核素的原子或原子核的数量 N 之间的关系为 $A=\lambda N$，可以将活度 A 简单直观地理解为单位时间内处于活动状态的放射性原子核的数目。

放射性活度同样服从指数衰减规律，即 t 时刻的活度 $A(t)=A_0\mathrm{e}^{-\lambda t}$。

在实际工作中，通常需要知道或区分单位面积、单位体积或单位质量的放射性活度。

单位面积上的放射性活度称为表面活度，用 A_S 表示，国际制单位为 $\mathrm{Bq/m^2}$，常用单位 $\mathrm{Bq/cm^2}$，被放射性物质沾染的设备表面、地面等常用表面活度表征其放射性强弱。

单位体积或单位质量物质的放射性活度，称为放射性活度浓度，单位体积物质的放射性活度有时简称为体积比活度，单位质量物质的放射性活度有时简称为质量比活度。体积比活度常用 A_V 表示，国际制单位为 $\mathrm{Bq/m^3}$，常用单位 Bq/L，如核设施运行、维修、退役或事故过程中产生的放射性废水以及放射性气体或气溶胶的放射性强弱常用体积比活度表征。质量比活度常用 A_m 表示，国际制单位为 Bq/kg，常用单位 Bq/g，如被中子活化的反应堆结构或屏蔽材料、固态标准放射性物质等的放射性通常使用质量比活度表征。

二、吸收剂量

吸收剂量（absorbed dose，常用 D 表示）是剂量学的一个基本量，指单位质量物质受到电离辐射照射后吸收电离辐射能量的多少，即

$$D=\frac{\mathrm{d}\epsilon}{\mathrm{d}m} \tag{9-3-1}$$

$\mathrm{d}\epsilon$ 是电离辐射授予质量为 $\mathrm{d}m$ 的物质的平均能量，吸收剂量的国际制单位为焦耳/千克，即 J/kg，吸收剂量的专用单位为戈瑞（Gray），用 Gy 表示，1 Gy=1 J/kg，常用 mGy、μGy。

吸收剂量适用于任何物质、任何类型的射线或粒子、任何照射方式。物质被电离辐射照射后可能发生的效应与单位质量的该物质所吸收的辐射能量大小，即吸收剂量，有非常重要的关系，如某些生物体组织接受的吸收剂量达到一定值后可能会发生损伤或死亡，有些金属材料接受的吸收剂量超过一定值后，其脆性、韧性等性质会发生明显变化。

吸收剂量率是单位时间内吸收剂量的变化，即

$$\dot{D}=\frac{\mathrm{d}D}{\mathrm{d}t} \tag{9-3-2}$$

吸收剂量率的国际制单位为戈瑞/秒，即 Gy/s，或焦耳/（千克·秒），即 J/（kg·s），

常用 mGy/h、μGy/h 等。

吸收剂量率常用于表征中子、γ射线等产生的外照射辐射水平。

三、当量剂量

当量剂量是吸收剂量的加权平均，但此处的吸收剂量是指各种辐射照射后，某个组织器官整体吸收剂量的平均值，而不是某一点的值。假设某种辐射 R 对组织器官 T 产生的平均吸收剂量为 $D_{T,R}$，则 T 所受当量剂量 H_T 为各类辐射对 T 产生的平均吸收剂量的加权和，即

$$H_T = \sum_R \omega_R D_{T,R} \tag{9-3-3}$$

ω_R 为辐射 R 的辐射权重因数（radiaiton weighting factor），表示辐射对人体组织器官的相对危害程度。由于辐射权重因数无量纲，因此当量剂量与吸收剂量国际单位制相同，也是 J/kg，但表示的含义完全不同，因此赋予当量剂量一个专门的专用单位为 Sv。表 9–3–1 给出了常见射线的辐射权重因数。可以看出，光子和电子的辐射权重因数均为 1，而 α 粒子、中子和重粒子则很高。

由于当量剂量是对某个组织器官整体所受平均吸收剂量的加权，因而更能比较全面、客观地反映组织器官受照射后可能产生的危害，也正由于当量剂量是针对组织器官整体的，所以当量剂量一般用于表征组织器官受辐射照射后发生的确定性效应（或称组织效应）的概率和严重程度。

表 9–3–1　常见射线的辐射权重因数

辐射类型及能量范围		辐射权重因数
光子（所有能量）		1
电子及 μ 子（所有能量，但不包括由原子核向 DNA 发射的俄歇电子）		1
中子	能量低于 10 keV	5
	能量介于 10～100 keV	10
	能量介于 100 keV～2 MeV	20
	能量介于 2～20 MeV	10
	能量高于 20 MeV	5
质子（反冲质子除外，能量高于 2 MeV）		5
α 粒子、裂变碎片、重核		20

四、有效剂量

辐射照射对生物体组织器官产生的危险，不仅与辐射种类、能量有关，还随受照射的组织器官的不同而变化。为统一衡量生物体受照射后可能产生的危险，对生物体各组织器官所受的当量剂量根据组织器官的不同进行加权求和，即为有效剂量（effective dose）。

有效剂量用于评价受电离辐射照射后人体整体所受的损伤，定义为人体各组织器官的

当量剂量乘以相应的组织权重因数后的和，即

$$E=\sum_T \omega_T H_T=\sum_T \omega_T \sum_R \omega_R D_{T,R} \tag{9-3-4}$$

其中，ω_T 是组织器官 T 的组织权重因数，表示人体各组织器官对辐射的相对敏感性，人体所有组织器官的组织权重因数之和为 1。由于权重因数均为无量纲参数，有效剂量的国际制单位也是 J/kg，专用单位为 Sv。表 9－3－2 给出了一些组织或器官的加权系数，从中可以看出，重要且敏感的组织器官的权重更大一些，这与我们的直观感觉是一致的。

表 9－3－2　ICRP 推荐的组织权重因数

组织或器官	组织权重因数	组织或器官	组织权重因数
性腺	0.20（0.08）	食道	0.05（0.04）
（红）骨髓	0.12（0.12）	甲状腺	0.05（0.04）
结肠	0.12（0.12）	皮肤	0.01（0.01）
肺	0.12（0.12）	骨表面	0.01（0.01）
胃	0.12（0.12）	脑	（0.01）
膀胱	0.05（0.04）	唾液腺	（0.01）
乳腺	0.05（0.12）	其余组织或器官	0.05（0.12）
肝	0.05（0.04）	总计	1.00（1.00）

注意，括号外的数值是 ICRP1991 年第 60 号出版物的推荐值，而括号内的数值则是根据最新研究成果和实验数据进行修改后的 ICRP2007 年第 103 号出版物的推荐值。不难看出，新出版物大幅降低了性腺的权重，同时提高了乳腺的权重，这表明过去可能高估了遗传效应的风险，而低估了乳腺受照后的风险。

第四节　电离辐射对人体健康的影响

一、电离辐射对细胞的作用过程

细胞是生物体的形态结构与生命活动的基本单元，主要由细胞核、细胞质、细胞膜等部分组成。细胞核内含有染色体，染色体由蛋白质和脱氧核糖核酸（DNA）等组成。电离辐射作用于生物体时，可能会产生一些特殊的生理效应，称为电离辐射的生物效应。电离辐射产生的生物效应首先体现在与细胞的相互作用过程及其对细胞产生的后果上。

电离辐射对生物的损伤，在细胞层面主要是细胞生命周期的变化（如分裂延迟或分裂中止）、增殖受到抑制、染色体畸变、细胞突变、巨细胞形成、细胞死亡等。

研究和实验表明，对绝大多数细胞而言，细胞的辐射敏感性与其增殖能力成正比，与其分化程度成反比。也有个别例外，如淋巴细胞和卵原细胞都是高度分化的细胞，但却有高度的辐射敏感性。一般来讲，不断更新的细胞群体（分裂中的细胞）对辐射最敏感，而

生长状态的细胞群（可逆性分裂后细胞）对辐射较不敏感，稳定状态的细胞群体（分裂后细胞）对辐射不敏感。对机体危害最大的是更新细胞群体的辐射损伤，其次是生长状态细胞群体的辐射损伤。

DNA 是细胞增殖、遗传的物质基础，是引起细胞生化、生理改变的关键性物质。DNA 是电离辐射作用的靶分子，在细胞辐射损伤中起重要作用。研究和实验表明，诱发 DNA 损伤是电离辐射产生生物效应的主要机制，DNA 含量高的细胞比 DNA 含量低的细胞受电离辐射损伤的可能性更大，DNA 修复能力有缺陷的病人的细胞往往对电离辐射更为敏感。

电离辐射对 DNA 的作用后果主要是改变 DNA 分子结构或影响 DNA 分子的代谢，从而对细胞产生损伤。

二、电离辐射生物效应的分类

电离辐射产生的生物效应多种多样，可以根据不同的方式加以分类，如图 9–4–1 所示。

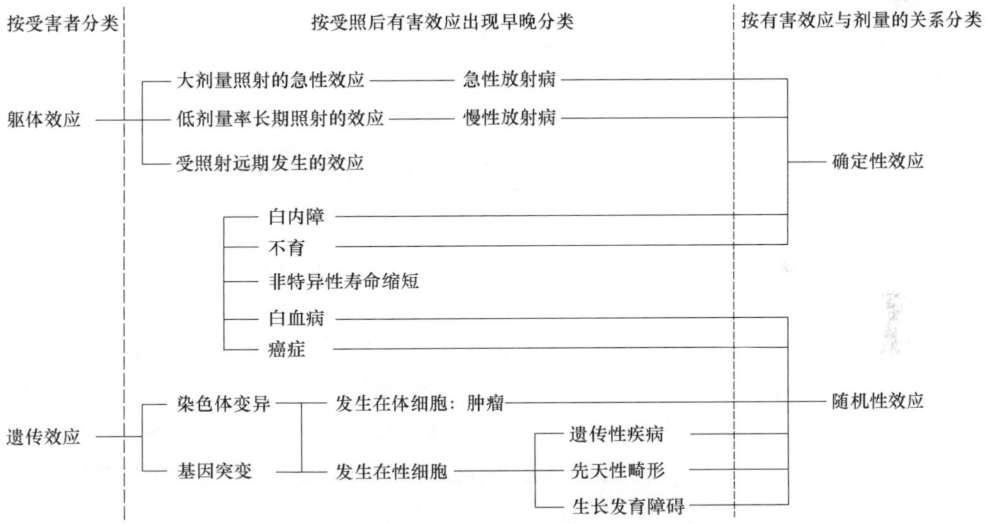

图 9–4–1 辐射生物效应的分类

按照受照射后有害效应发生主体的不同，即受害者的不同，将辐射生物效应分为躯体效应和遗传效应。躯体效应是指生物效应发生在受照者本人身上，如受照后呕吐、皮肤起红斑、皮肤溃烂、脱发、癌症等。遗传效应是指生物效应发生在受照者后代身上（一般仅限两代以内），如受照者后代先天性畸形、生长发育迟缓或障碍等。

按照受照后有害效应出现时间早晚的不同，将辐射生物效应分为早期或急性效应和远期效应。早期或急性效应是指受照后辐射效应在较短时间内（受照后几小时、几天或几周内）显现出来，如受照后呕吐、皮肤溃烂、脱发等，早期或急性效应一般仅在发生意外或事故时接受大剂量照射后才可能发生，正常条件下不会出现早期或急性效应。远期效应是指辐射效应在受照后数月、数年甚至数十年之后才会显现，如白血病、癌症、遗传病等。

按照辐射生物效应发生概率、严重程度与受照剂量的关系，将辐射生物效应分为随机性效应和确定性效应。随机性效应是指辐射生物效应发生的概率与受照剂量大小有关，但严重程度与受照剂量大小基本无关，而且不存在剂量阈值，很小的受照剂量也可能引发随机性效应。确定性效应是指辐射生物效应发生的概率和严重程度均与受照剂量大小有关，且均随受照剂量的增加而增加，而且存在一个剂量阈值，受照剂量低于阈值时不会发生确定性效应。应该注意的是，不同组织器官的确定性效应，其剂量阈值不同。如眼晶体较为敏感，发生确定性效应的剂量阈值较低，而皮肤发生确定性效应的剂量阈值则较高一些。

（一）随机性效应

随机性效应的发生概率与受照剂量大小的关系十分复杂，尤其是在低剂量区间，各国研究人员和机构提出多种模型。但对于正常条件下的低剂量（率）照射情况，从辐射防护的角度出发，常假定随机性效应的发生概率与受照剂量之间存在线性关系，即线性无阈假设（linear，no threshold，LNT）。图 9-4-2 给出了随机性效应发生概率与受照剂量关系的示意图。随机性效应的具体表现形式可分为两类：致癌作用和遗传效应。

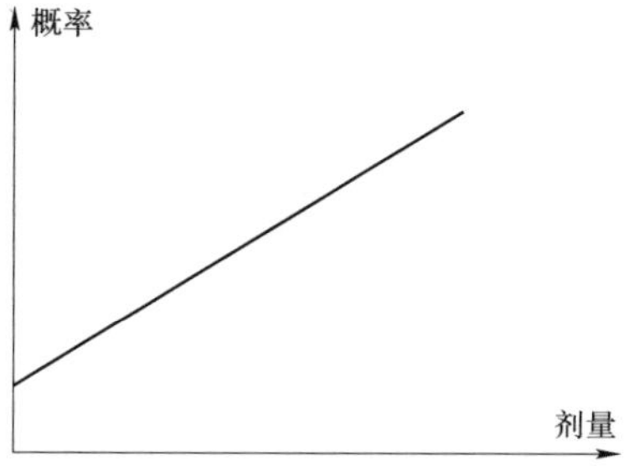

图 9-4-2　随机性效应发生概率与受照剂量的关系

1. 致癌作用

对受照者本人而言，电离辐射诱发癌症是最主要的危险，也是辐射防护的主要问题。由于存在多种致癌因素，而且癌症的发生、发展过程十分复杂，人类目前尚无法十分清楚而准确地掌握其规律。为了研究电离辐射致癌的风险，一般采用对照人群的流行病学方法，即利用统计学方法研究特定受到电离辐射照射的人群与未受到电离辐射照射的人群的癌症发生情况（包括病例数及其分布等），以此来评估电离辐射致癌的风险。一般做法是：调查受照人群组，包括总人数、受照剂量、癌症发病数等，同时观察一组未受照人群，要求未受照人群除未受电离辐射照射外，种族、年龄、性别、生活环境、饮食、地理、社会等条件基本相同。通过对比研究两组的癌症发病情况，估算出单位受照剂量所带来的癌症风险。为了提高研究结论的可信度，调查的人群组人数基数越大越好，照射剂量以外的对照条件应尽可能相同，同时应充分考虑癌症自然发生发展概率受年龄、性别甚至职业等因素的影响。

2. 遗传效应

遗传效应是随机性效应发生在受照者后代身上，一般认为起源于产生精细胞的睾丸或产生卵细胞的卵巢受到照射损伤。电离辐射可能导致睾丸、卵巢或生殖细胞发生突变，最终在受照者后代中产生有害效应。一般认为，突变的发生是由于受照者单个生殖细胞的 DNA 结构发生改变，并被遗传到下一代所造成的。遗传效应的严重程度变化范围很宽，从早期夭折和严重智力缺陷，到微小的骨骼异常和新陈代谢失调等。

动物实验研究表明，辐射诱发的突变会导致有害的遗传效应，但人类接触的环境中还有许多因素也可能引起突变，并导致遗传性疾病发生。至今尚未在人类中找到可归因于天然辐射或人工辐射所导致的遗传性缺陷的确凿证据。日本曾对在原子弹爆炸时受过照射的七万余名父方或母方的子女与对照人群进行了流行病学调查，尚未发现具有统计学意义的差别。1967 年曾对七千多名日本原子弹爆炸幸存者子女进行细胞遗传学调查，发现其体细胞染色体异常的发生频率较高，但未出现与对照人群具有统计学意义的差别。许多研究结果表明，之前估计的风险因子可能偏高。

（二）确定性效应

如果受照剂量较大，会有大量细胞被杀死，某些组织器官可能产生临床上可观测到的变化。这些源于大量细胞被杀死导致组织器官损伤的辐射生物效应称作确定性效应。要产生临床可观测的组织器官损伤，必须有相当比例的细胞被破坏或杀死，因此，电离辐射产生确定性效应，必须超过一定的剂量阈值，而且确定性效应的发生概率和严重程度均与受照剂量的大小有关。图 9–4–3 给出了确定性效应发生概率与受照剂量关系的示意图。

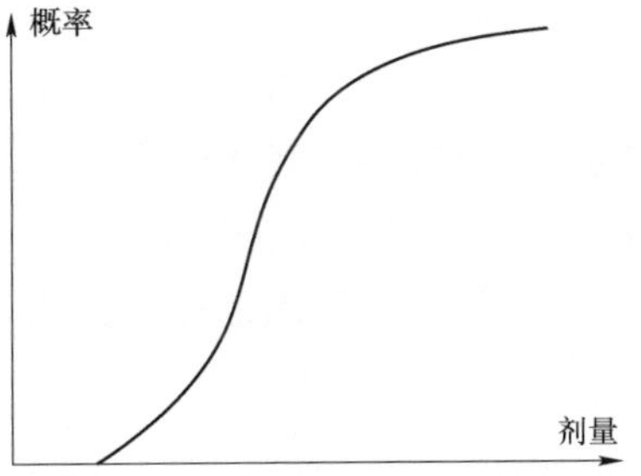

图 9–4–3　确定性效应发生概率与受照剂量的关系

确定性效应可能发生在照射后的早期（受照后数小时到几周）或晚期（受照射后数月）。确定性效应最早被称作非随机性效应，以与随机性效应相对应。后来发现，当受照剂量达到一定水平时，细胞死亡数量达到一定比例后，这种效应确定会、必然会发生，因此 ICRP60 号将非随机性效应这一术语改为确定性反应。

表 9–4–1 给出了人体部分辐射敏感组织器官发生确定性效应的剂量阈值，但这些值并非实验值，而是从不同放射治疗实验和事故照射数据中推出来的，总的来说，多次照射的损伤程度要低于单次急性照射。应该注意的是，剂量阈值是指 1%受照者发生确定性效应所接受的剂量值，而非所有受照者发生确定性效应所需的剂量值。

表 9–4–1　成年人部分辐射敏感组织器官的确定性效应剂量阈值

组织或器官	组织效应	剂量阈值		
		单次或短暂照射的总剂量/Gy	多次或长期照射的总剂量/Gy	多次或长期照射的年剂量率/Gy · a^{-1}
睾丸	暂时不育 永久不育	0.15 3.5～6.0	NA(1) NA	0.4 2.0
卵巢	不育	2.5～6.0	6.0	>0.2
眼晶体	可检出的混浊 视力障碍（白内障）	0.5～2.0 2～10	5 >8	>0.1 >0.15
骨髓	造血机能低下 致死再生障碍	0.5 1.5	NA NA	>0.4 >1.0

注：（1）NA 表示不适用，因为阈值依赖于剂量率而不依赖于总剂量。

三、长期小剂量照射对人体健康的影响

“小剂量”是指多大剂量尚未明确统一规定，通常指有效剂量限值以下的职业照射或

放射性物质污染环境对广大居民形成的照射。

长期小剂量照射的生物效应特点：

①生物效应主要是远期效应，对人引起的损害主要是随机性效应。

②发生率低。常用统计学方法进行群体调查。

③低剂量、低剂量率照射下躯体效应唯一潜在危险是诱发癌，其发生率随剂量增加而增加。

④当量剂量限值以下的小剂量和小剂量率照射下，寿命缩短、眼晶体混浊、生殖力降低等效应不予考虑，即低于剂量限值的照射剂量，确定性效应是极少出现的。

⑤机体损伤与修复同时存在。

长期小剂量照射的辐射效应极不明显，没有特异性，影响剂量与效应关系的因素很多，人的小剂量辐射效应的直接经验极少。小剂量辐射对人究竟有害有益是人们长期争论的问题，至今尚无明确结论。

四、影响电离辐射生物效应的因素

影响电离辐射生物效应的因素主要有辐射因素、生物因素与环境因素等方面。

1. 辐射因素

（1）辐射品质。不同种类、不同能量的辐射有不同的生物效应，辐射品质因数越大，辐射生物效应越显著。

（2）剂量。受照剂量大小与生物效应之间的关系总的规律是，剂量越大，效应越显著。

（3）剂量率。一般而言，剂量率越高，生物效应越显著，但在 $0.1\ Gy \cdot h^{-1}$ 到 $1\ Gy \cdot min^{-1}$ 之间比较明显，低于 $0.1\ Gy \cdot h^{-1}$ 或高于 $1\ Gy \cdot min^{-1}$，变化不太明显。对同种辐射的相同剂量，分次小剂量照射比一次大剂量率照射的生物效应小得多，即当某一辐射剂量分散成两次或两次以上的剂量份额时，其生物效应可能减低。可能原因是分次照射使机体辐射损伤有时间进行自我修复，如人一生（50 年）全身均匀照射累积剂量为 2.5 Gy，并不会发生急性辐射损伤，但如果一次急性照射剂量为 2.5 Gy，在临床上就会出现急性放射病。因此，在进行剂量控制时，应在尽可能低的剂量率水平下分散照射。

（4）照射部位和面积。全身照射 6 Gy 可能致死，而相同剂量照射手或足等局部，甚至不出现放射病的症状。在相同剂量和剂量率照射下，辐射敏感性高低排序为：腹部＞盆腔＞头部＞胸部＞四肢。所以，特别要注意腹部防护。照射紧要器官还是一般器官，如果受照部位是关键器官，则造成损伤可能严重，所以，应尽量防止要害部位、大面积或大剂量全身照射。

（5）照射条件和方式。在总剂量及剂量率等照射条件相同情况下，一次照射的效应比分次照射的效应显著，分次越多效应越轻，各次间隔时间越长，效应也越轻。不同的照射方式产生的生物效应严重程度大致顺序为：外照射 $n>\gamma$、$X>\beta>\alpha$；内照射 α、$P>\beta$、γ、X。

2. 生物因素

在辐射因素条件相同时，不同机体对辐射作用的反应强弱可能不相同，与诸多因素有关。

（1）生物种系的敏感性。不同种系生物的辐射敏感性有很大差异，总的趋势是种系演化越高级，机体组织结构越复杂，其敏感性越高。多细胞生物比单细胞生物敏感，哺乳类比鸟类、鱼类、两栖类敏感。同类动物中不同品系之间敏感性也有较明显的差异。

（2）个体敏感性。同一种体系不同个体的辐射敏感性也不尽相同，与年龄、性别、生理状态、遗传特性、营养状态等均有关系。同一个体在其发育的不同阶段，对辐射敏感性亦有显著的差异。总的趋势是随着个体的发育过程，其敏感性逐渐降低。一般胚胎期较胎儿期敏感，幼年较成年敏感，但老年较青年敏感，孕妇应尽量避免做下腹部与骨盆部位的放射学检查，尤其是怀孕早期阶段。

（3）组织器官和细胞的辐射敏感性。成年动物机体各种细胞的辐射敏感性与其功能状态有密切关系，对绝大多数细胞而言，细胞的辐射敏感性与其增殖能力成正比，与其分化程度成反比，但也有个别例外。

第五节 辐射防护体系与标准

辐射防护体系的核心是辐射防护三原则，即实践的正当性、防护的最优化和个人剂量限制。正当性是前提，最优化是目标，剂量限制是限制条件。

其中正当性和最优化两项原则是源相关的，且适用于所有照射情况，而剂量限值和约束的原则是个人相关的，只适用于计划照射的情况。

一、辐射防护的基本原则

1. 实践的正当化原则

任何改变照射情况的决定都应当是利大于弊。这意味着通过引入新的辐射源，减少现存照射，或减低潜在照射的危险，权衡利弊，人们能够取得足够的个人或社会利益以弥补其引起的损害。所考虑的后果应当不限于辐射危害，还应包括其他危险和代价及利益，辐射危害有时只是全部危害的一小部分，因此正当性原则常常超过了辐射防护的范围，此时要选出最佳方案，这可能已超过了辐射防护部门的职责范围。

2. 防护的最优化原则

在考虑了经济和社会利益因素后，要使遭受照射的可能性、受照人数以及个人所受剂量大小均应保持在可合理达到的尽可能低的水平。这意味着在主要情况下防护水平应当是最佳的，取利弊之差的最大值。为了避免这种优化过程的严重不公平的结果，应当对个人受到特定源的剂量或危险，采用剂量约束或危险约束，以及参考水平来加以限制。

防护的最优化应考虑到技术和社会经济的发展，既要定性的判断，也需要定量的判断，应当系统、谨慎地构建此过程，以保证所有的相关方面得到考虑。但防护最优化不等于剂量最小化，最优化的防护是仔细地对辐射危害和保护个人可利用的资源进行权衡评估的结果。社会影响的评估经常影响放射防护水平的最终决定，决策过程还包括社会关注和道德方面，以及公开透明的考虑，经常需要利益相关方的参与。

3. 剂量限制和剂量约束的应用原则

剂量限制仅适用于计划照射情况（不包括患者的医疗照射），它不适用于应急照射情况。剂量约束和参考水平和防护最优化一起用于对个人的剂量限制。定义这种水平的初步目标是保证个人剂量不超过或保持在这一水平，最终目标是要在考虑到经济和社会因素以后，把所有的剂量降低到可合理达到的尽量低的水平。剂量约束用于计划照射情况（患者医疗照射除外），而参考水平用于其他照射情况。对后者，最优化过程可使用高出参考水平的初始个人剂量水平。

剂量约束或参考水平的选定依赖于所考虑照射的环境。必须强调的是，无论是剂量限值、剂量约束还是参考水平都不代表“危险”与“安全”的分界线，也不表示改变个人相关健康危害的梯级。

二、辐射防护相关的法律法规标准

根据 ICRP、IAEA 等国际组织发布的建议书或出版物并结合我国国情，国家相关部门先后制定发布或颁布了相关法律、法规、导则、技术标准等。

国家层面与电离辐射防护相关的法律主要有《中华人民共和国职业病防治法》（2019年）、《中华人民共和国放射性污染防治法》（2003 年）、《中华人民共和国核安全法》（2018年）、《中华人民共和国环境影响评价法》（2018 年）等。国务院及其相关部门发布的相关法规、条例主要有《放射源分类方法》（2005 年）、《射线装置分类》（2017 年）、《放射性废物安全管理条例》（2012 年）、《放射性同位素与射线装置安全和防护条例》（2019 年）等。

2002 年颁布实施国家标准《电离辐射与放射源安全基本标准》（GB 18871—2002），取代 GB 4792—1984 和 GB 8703—1988，该标准以 ICRP 第 60 号出版物的相关建议为基础，结合我国国情，成为当前电离辐射与放射源安全防护的基本标准。

GB 18871 规定了日常工作中常用的辐射防护标准限值，主要包括剂量限值和表面污染限值。表 9–5–1 给出了 GB 18871 职业工作人员和公众个人的剂量限值。限制有效剂量的主要目的是降低随机性效应发生的概率，而限制当量剂量的目的是防止眼晶体、皮肤、手足等器官发生确定性效应。需要强调的是，表中规定的是由审管部门批准指定的 5 年时间，特别注意该 5 年时间一定不能做任何超出原定期限的追溯性的平均。表 9–5–2 给出了职业工作相关的表面污染限值。

表 9–5–1　GB 18871 关于职业工作人员和公众个人的剂量限值

应用范围		剂量限值	
		职业工作人员	公众个人
有效剂量		5 年内 100 mSv，在规定的 5 年内平均每年 20 mSv，任一年不超过 50 mSv	每年 1 mSv，如连续 5 年平均值不超过 1 mSv，单独一年可略高于 1 mSv 一些
年当量剂量	眼晶体	150 mSv	15 mSv
	皮肤	500 mSv，任何 1 cm^2 面积上平均标称深度为 7 mg/cm^2	50 mSv 任意 1 cm^2 皮肤上平均
	手和足	500 mSv	—

表 9–5–2　表面污染限值

污染表面名称	α 放射性物质污染/（Bq/cm^2）	β 放射性物质污染/（Bq/cm^2）
手、皮肤、内衣、工作袜	4×10^{-2}	4×10^{-1}
工作服、手套、工作鞋	4×10^{-1}	4
设备、地面、壁面	4	4×10

三、辐射防护的基本方法

辐射对人体的照射方式分外照射和内照射两类，其中外照射是指辐射源在人体外部释放出射线、粒子对人体产生的照射，内照射则是指放射性核素进入人体内，在体内衰变释放出射线、粒子对人体产生的照射。与此相对应，辐射防护的基本方法也分为外照射防护和内照射防护两类。

（一）外照射防护的一般方法

1. 控制受照时间（时间防护）

由于受照剂量的大小与受照时间成正比，也就是说，在一定的照射条件下，照射时间越长，受照剂量就越大。因此在满足工作需要的条件下，应当尽量缩短受照时间。具体方法很多，如熟练业务，提高作业效率，特别是对于较为复杂的操作，还必须事先进行不加放射性物质的空白操作演练，以提高操作熟练程度和操作速度，从而达到有效缩短受照时间的目的；当辐射水平高、操作时间长时，可采取轮换作业的方式，限制每人的操作时间，减少受照剂量；避免在放射源旁作不必要的停留。

2. 增大辐射源与操作人员之间的距离（距离防护）

外照射剂量与距辐射源的距离直接相关。对于一个点源来说，在某点处产生的照射剂量同该点与辐射源之间的距离的平方成反比，即距离增加一倍，照射剂量降低为原来的1/4。可见，距离增大，人员所受剂量明显减少，这种方法称为距离防护。在实际工作中，可使用远距离操作工具，如长柄钳、机械手、远距离自动控制装置；人员经常活动的场所应与放射源保持足够的距离。

3. 利用屏蔽材料（屏蔽防护）

时间防护和距离防护虽然是十分有效而经济的方法，但存在着局限性。有时，当操作的空间有限或辐射源的强度较大时，单靠缩短时间和增大距离不能满足安全防护要求。需要在人和辐射源之间设置防护屏障，这种方法叫屏蔽防护。选择什么屏蔽材料主要取决于射线种类，如屏蔽γ射线的材料可以根据情况选用水、土壤、岩石、铁矿石、混凝土、铁、铅等。而对β射线的屏蔽，则一般选用有机玻璃等轻材料，外面适当包以重材料。

（二）内照射防护的一般方法

由于内照射是放射性物质进入体内产生的，所以控制内照射的基本原则是防止或减少放射性物质进入体内。放射性物质进入体内的途径有呼吸进入、口腔食入和皮肤进入等几种，针对不同的途径有各自具体的防护措施。

1. 防吸入的一般措施

尽量防止和减少空气污染；对已污染的空气要进行净化和稀释，降低空气中的放射性核素的浓度到规定的水平；采用手套箱或通风柜操作放射性物质；使用个人防护用品等。

2. 防食入的一般措施

禁止在放射性工作场所吃、喝和吸烟；操作放射性物质时，必须戴手套，事后要认真洗手；不许穿工作服进入食堂和宿舍；防止食用水源受到污染等。

3. 防皮入的一般措施

手或皮肤有小创伤时，要妥善包扎好并戴上手套；不允许用有机溶剂洗手，避免增加皮肤的渗透性等。

思考题

1. 何谓天然辐射源、人工辐射源？它们的来源主要有哪些？
2. 电器辐射有哪几个？
3. γ、β、α与中子射线各有哪些性质，它们的危害主要体现在哪方面？
4. γ射线与物质作用时主要有哪三种效应？
5. 放射性物质的放射性水平是如何表示的？其单位是什么？被放射性物质污染的设备或地面表面的放射性如何表示？其单位又是什么？
6. 常用的辐射量有哪些，它们有什么不同？
7. 简要说明电离辐射对细胞的作用过程。
8. 什么叫躯体效应、早期或急性效应、远期效应？
9. 何谓随机性效应和确定性效应？各有哪些特征？
10. 长期小剂量照射的生物效应特点有哪些？
11. 影响电离辐射生物效应的因素有哪些？
12. 辐射防护三原则是指什么？
13. 内、外照射防护的一般方法有哪些？

第十章

核安全文化简介

核安全是核行业安全事业的生命线，而核安全文化则是灵魂。核安全文化水平是核行业安全发展程度的标志，关系到从业人员的前途与命运，关系到行业能否可持续发展，关系到国家的核能“走出去”战略能否实现，甚至关系到国家安全总体目标能否实现。本章对核安全文化的起源、发展、定义、基本要素以及核安全文化的地位作用、实践作一介绍。

第一节　核安全文化的起源

核安全工作的发展历史到目前为止可以划分为四个阶段，即全球核电发展初期、三哩岛核事故后、切尔诺贝利核事故后以及福岛核事故后，随着 2011 年福岛核事故的发生，核安全工作进入了一个新的阶段。回顾核安全观念的演变历史，有助于我们了解核安全文化的历史背景，更有助于我们理解倡导核安全文化的作用和意义。

一、核电发展初期

这个阶段的特点是重视设计的保守性和设备的可靠性，实施纵深防御原则。1942 年，恩利克·费米领导建成了世界上第一座实验型原子反应堆。为了防止发生不可控的链式裂变反应，该堆装备有一根强中子吸收材料制成的吸收体，随时准备快速掉入堆芯，核反应可控的问题就是最初的安全问题。

值得注意的是，作为曼哈顿计划首站工程负责人的费米，对核安全格外重视。当时费米堆在首次临界试验中出现了故障，经过工作人员维修排查后，时间已过 12 点。费米在这一刻做出了让工作人员吃完饭后再重新开始试验的决定，让工作人员紧张亢奋的情绪得以缓和，在进度和安全之间毅然选择了安全。下午 3 时 35 分，反应堆达到临界点，人类历史上第一次链式反应开始正式运转。

1947 年，美国反应堆安全委员会在第一次会议上讨论了关于在反应堆外围设立一个密封安全壳的提案，这种安全壳能在事故工况下防止放射性物质向环境释放。安全壳的概念是核安全技术发展的一块重要基石。

1955 年，第一届日内瓦和平利用原子能会议召开，反应堆安全是一个重要议题。会议论文集中收录的报告清晰地描绘了反应堆设计、安全壳、选址等基本安全原则。同时，厂外放射性后果问题也引起了人们的关注。

1971 年，美国原子能委员会公布了轻水堆安全系统的基本设计准则，包括一套假想的极限事故。核电厂安全系统必须能处理这种事故而不发生明显的放射性后果。至此，核安全管理已奠定了厂址远离人口稠密区、安全壳和设计基准事故三块基石。设计基准事故的原则反映了确定论安全分析逻辑，没有考虑假想事故的发生概率，更没有考虑严重事故的发生概率。

20 世纪 70 年代中期，概率风险评价技术逐步成熟，美国国会要求对核电厂进行概率风险评价分析，由此产生了著名的拉斯姆森报告——WASH－1400《反应堆安全研究》。在报告中首次将概率风险评价技术引入反应堆安全分析，提供了以事件发生概率进行事故分类的方法，并且建立了安全壳失效模式和放射性核素向环境释放的模式。在此阶段，核安全管理集中于设计、安装、调试和运行各个阶段技术的可靠性，即设计和程序质量。在设计方面，考虑设计的充分性，强调保守设计，重视设备可靠，还需考虑系统设备的冗余性和多样性，以防止事故的发生并限制和减小事故的后果。在程序方面，所有工作都使用程序，按程序办事。同时确立了许多基本原则：纵深防御、固有安全性和故障安全原则、单一故障准则和安全系统的多样性与多重性原则。

二、三哩岛核事故后

这个阶段的特点是开始加强人机接口，考虑严重事故的预防和缓解。

1979 年 3 月 28 日发生的美国三哩岛核电厂事故对核安全历史的发展产生了重要的影响。

三哩岛核事故使核工业界得到很多的教益，人们认识到严重事故是可能发生的，且往往是由多重设备故障和人因错误综合作用而造成的。三哩岛核事故证明核电厂设计的纵深防御概念在严重事故下依然有效，同时也证实了《反应堆安全研究》的预言。此次事故促成了两件事：一是概率安全评价技术在核能界的广泛应用；二是人们对超设计基准事故分析和安全壳行为研究的关注。

核电工作者意识到应当关注安全工作中的非技术因素，如组织、管理、程序、人员培训、通信、宣传、应急准备等问题。为了防止和减少人的失误，采取了如下的措施：加强运行人员的培训，在运行值以外增设“安全工程师”岗位，以便在扰动工况下提供人为的冗余，周期性地使用监督程序对堆芯的状态进行监督，并决定采取相应的措施，限制或延缓堆芯的损伤；改善主控室人机接口，引入“控制室”系统的新概念；将必要的信息集中在安全监督盘系统，操作员、安全工程师各拥有一个终端；考虑严重事故的预防和缓解，并将研究成果纳入到核安全法规、标准及核电厂改进中，从而提高核安全水平。

三、切尔诺贝利核事故后

这个阶段的特点是开始大力倡导培育核安全文化。

1986 年 4 月 26 日，苏联切尔诺贝利 4 号机组发生了强烈爆炸，堆芯的大量放射性物质从核电厂释放出来，造成环境污染，大量人员撤离。这引起了社会的恐慌，并在相当长一段时期内，影响了世界核电的发展。

切尔诺贝利核事故发生的主要原因是该电厂所采用的堆型存在严重的设计缺陷，直接原因是运行人员执行的试验程序考虑不周和违反操作规程，但追溯其根本原因应归于苏联核电主管部门缺乏安全文化。关于这种堆型设计的缺陷早已为人所知，在同类型电厂调试中已发现过问题，并向有关主管部门专门写了报告。主管部门和有关方面非但没有重视，还在引起事故的整个试验过程中，解列了安全保护系统。

核能界对此事故作了深刻的反思和总结，对核安全管理有了进一步的重视，并在全面总结事故原因的基础上，形成了核安全文化理念。1986 年，国际核安全咨询组织发布的《关于切尔诺贝利事故后评估会议的总结报告》（INSAG－1）中，强调管理和人的因素对安全性能的重要影响，并首次提出“安全文化”的概念，指出不仅是运行阶段，在核电厂寿期其他阶段，包括设计、制造、建造和监管阶段，安全文化的不足最终导致了切尔诺贝利核事故的发生。

四、福岛核事故后

这个阶段的特点是开始重新审视核安全问题，高度重视核安全文化体系的建设和维持。

2011 年 3 月 11 日，日本福岛核事故的发生举世震惊，核能与核安全问题再次引起世人瞩目。在事故发生后的最初一段时间里，媒体与公众对事故发展进程的关注、对辐射危害的恐慌和对核安全的疑虑，无疑给有关国际组织、各国核管理当局和政府以及核电运营者带来了极大的压力，也促使人们进一步思考、研究目前核安全体系所面临的深层次问题以及核能发展的政策问题。

福岛核事故的发生促使我国核安全文化步入一个崭新的历史阶段，其中一个最为显著的特征就是，从政府层面高度重视、积极倡导、大力推进核安全文化的培育和发展。从核安全规划首次推动核安全文化建设到中国核安全观的形成，再到《核安全文化政策声明》《核安全文化特征》的发布，形成了核安全文化自上而下的良好发展局面。

第二节　核安全文化的定义与特征

“核安全文化”是国际原子能机构（IAEA）在总结苏联切尔诺贝利核事故经验教训的基础上，基于“核安全是核能与核技术利用的进步基础和世界和平与发展所必需”的这一国际共识，提出的超越国家、组织和员工传统的、保证核安全的共同价值观和行为方式。核安全文化的提出使不同社会制度的国家、不同层次的组织和不同文化背景的员工有了一个为核安全作贡献的统一行为准则。

国际社会上不同的国家和组织对核安全文化的定义有不同的表述，但追根溯源，均是在 IAEA 论述基础上结合本国国情或行业实践略加修改而成。IAEA 国际核安全咨询组（INSAG）的报告 INSAG－4《安全文化》给出了“安全文化”的经典定义：安全文化是存在于组织和员工中的种种特性和态度的总和，它建立了一种超出一切之上的观念，即核电厂的安全问题由于它的重要性要得到应有的重视。在 IAEA 后续的安全报告丛书 No.11《发展核活动中的核安全文化》中，又对安全文化的实质做了更加明确的解释，即“是价值观、标准、道德和可接受的规范的统一体”。表 10－2－1 给出了不同组织机构与国家对核安全文化的定义以及核安全文化应该具有的特征、属性和原则。

表 10-2-1　不同组织机构与国家对核安全文化的定义及核安全文化的特征、属性和原则

序号	定　义	特征、原则
1	出自 1991 年 IAEA 核安全咨询组报告“INSAG-4”《安全文化》：安全文化是存在于组织和个人中的种种特性和态度的总和，它建立了一种超出一切之上的观念，即核电厂安全问题由于它的重要性而要保证得到应有的重视	1994 年 IAEA 提出核安全文化的 5 项主要特征： （1）安全已成为一种公认的价值观。 （2）对安全事务的管理者是明确的。 （3）承担安全的责任是明确的。 （4）安全已落实到组织所有的活动。 （5）安全已成为一种学习的动力。 INSAG-15 安全文化的关键要素（2002 年） （1）安全承诺。 （2）程序的使用。 （3）保守决策。 （4）报告文化。 （5）挑战不安全行为和条件。 （6）学习型组织。 （7）沟通、明确的优先次序和组织。
2	出自 2004 年 11 月，美国核电运行协会《卓越的核安全文化原则》：组织领导者设定并内化于各层级员工的价值观和行为方式，由之确定了核安全至高无上的优先地位	INPO（2012 版） （1）个人责任机制。 （2）质疑的态度。 （3）有效沟通聚焦安全。 （4）管理层的安全价值观和行为。 （5）决策制定。 （6）相互尊重的工作环境。 （7）持续不断地学习。 （8）问题的识别和解决。 （9）可随时提出问题的氛围。 （10）工作流程。
3	出自 2011 年美国核管理委员会（NRC）《安全文化最终政策声明》：来自于领导和成员所集体承诺的核心价值观和行为模式，强调以安全为首要，优先于其他竞争目标，确保对公众与环境的保护	（1）领导的安全价值观和行为。 （2）问题的识别和解决。 （3）个人责任心。 （4）工作流程：执行活动计划与控制的流程，确保安全得以保持。 （5）持续学习。 （6）可提出安全忧虑的环境。 （7）有效的安全信息交流。 （8）相互尊重的工作氛围。 （9）质疑的态度。
4	出自 2006 年世界核电运营者协会（WANO）《卓越核安全文化的八大原则》：一个组织的价值观和行为，以领导为楷模，并内化为员工的行为，致力于使核安全处于最高优先的地位	（1）核安全人人有责。 （2）领导做安全的表率。 （3）建立组织内部的高度信任。 （4）决策体现安全第一。 （5）认识核技术的特殊性和独特性。 （6）培育质疑的态度。 （7）倡导学习型组织。 （8）评估和监督活动常态化。
5	2013 年，中广核集团引入 INPO 核安全文化评价体系，并提出核安全文化的十大原则	INPO（2012 版） （1）个人责任机制。 （2）质疑的态度。 （3）有效沟通聚焦安全。 （4）管理层的安全价值观和行为。 （5）决策制定。 （6）相互尊重的工作环境。 （7）持续不断地学习。 （8）问题的识别和解决。 （9）可随时提出问题的氛围。 （10）工作流程。

续表

序号	定 义	特征、原则
6	2010 年中核集团采用 WANO 2006 版的卓越核安全文化八大原则，2015 年 4 月新增两条，形成《卓越核安全文化十大原则》	(1) 核安全人人有责。 (2) 领导做安全的表率。 (3) 建立组织内部的高度信任。 (4) 决策体现安全第一。 (5) 认识核技术的特殊性和独特性。 (6) 培育质疑的态度。 (7) 倡导学习型组织。 (8) 评估和监督活动常态化。 (9) 沟通关注安全。 (10) 构建和谐的公共关系。
7	出自 2015 年国家核安全局、能源局、国防科工局《核安全文化政策声明》：核安全文化是各有关组织和个人以“安全第一”为根本方针，以维护公众健康和环境安全为最终目标，达成共识并付诸实践的价值观、行为准则和特性的总和	(1) 决策层的安全观和承诺。 (2) 管理层的态度和表率。 (3) 全员的参与和责任意识。 (4) 培育学习型组织。 (5) 构建全面有效的管理体系。 (6) 营造适宜的工作环境。 (7) 建立对安全问题的质疑、报告和经验反馈机制。 (8) 创建和谐的公共关系。

从 1991 年 IAEA 年第一个定义可以看出，核安全文化仅针对核电厂，是为核电厂量身定做的，且将核安全定位为“要保证得到应有的重视”。随后美国核管会将核安全文化逐步推广应用于所有与核能利用相关的管理部门、设备制造厂、建造单位、研究院所等单位和组织，也逐步确立了“核安全至高无上的优先地位”。世界核电运营者协会更强调领导者在核安全文化中的表率和楷模作用，也均认同核安全文化具有“价值观和行为模式”的特征。

第三节 核安全文化的发展

一、国际核安全文化发展

“核安全文化”是由 INSAG 在 1986 年 IAEA 出版的安全从书《关于切尔诺贝利事故后审议会议总结报告》(INSAG-1) 中首次提出的管理术语，为方便起见，本书把核安全文化发展进程中的重要事件及内容归纳在表 10-3-1 中。

表 10-3-1 核安全文化发展历程

时间	重要事件及内容
1986 年	IAEA 提出了“安全文化”的概念。
1988 年	IAEA 在《核电安全的基本原则》中强调核安全的重要性，其理念是安全高于一切，核电厂所有工作必须以安全为前提。把安全文化作为一种基本管理原则。
1991 年	IAEA 出版了《安全文化》一书，对安全文化进行了深入的论述。世界许多国家的许多行业接受了安全文化的概念，安全文化得到广泛的认同。
1994 年	IAEA 制定《组织安全文化的评价指南》(1996 年修订)，用于对安全文化进行评估。

续表

时间	重要事件及内容
1998 年	IAEA 出版了《在核能活动中发展安全文化：帮助进步的实际建议》。该报告论述了核安全文化发展的 3 个典型阶段。
1999 年	IAEA 出版了《用于核电厂的基本安全原则》，提出了安全文化第一阶段的一些特点和原则。出版了《核电厂运营安全的管理》，提出了安全文化第二阶段的安全价值观和安全目标，建立了达到第二阶段目标的方法和程序。
2001 年	IAEA 出版了《在强化安全文化方面的关键性实践的问题》提出了安全文化发展第三个阶段的目标和特征，以及达到第三个阶段的方法和路径。
2011 年	美国 NRC 在 2011 年 6 月发布了“安全文化政策声明”，阐述了核安全文化的理念、性质、内涵、作用、要求等涉及核安全文化的重要问题。

1988 年，IAEA 在出版的《核电厂基本安全原则》（INSAG–3）中对核安全文化做了进一步阐述，核安全文化被强调为基本的管理原则。1999 年，INSAG–3 升版为《核电厂基本安全原则》（INSAG–12）。2006 年 11 月，IAEA 将 INSAG–12 的主要内容写入了由联合国环境规划署和世界卫生组织等 9 个国际组织出版的核安全基本标准《基本安全原则》（SF–1）中。在这个报告里，IAEA 提出了基本安全目标和 10 项相关安全原则。IAEA 认为国家政府为了履行国家的核安全国际义务，应负责在国家法律框架下通过立法、监管、标准管理以及行政措施实施管理，并负责成立独立的监管机构。

1991 年，IAEA 为了使核安全文化这一理念更好地发挥作用，出版了《安全文化》专门报告（INSAG–4）。INSAG–4 深入论述了核安全文化的定义、特征和本质，目的是使相关机构和个人对核安全文化有一个共同的理解。该报告还阐述了安全文化对决策层、管理层和员工响应三层次的要求；并提出一系列问题和定性的“指标”，用以衡量所达到的不同层次的安全文化水平，给看起来抽象的“安全文化”赋予了物化的内容，为安全文化的实际应用做出了十分有意义的探索与指导。

INSAG–4 奠定了核安全文化的基础，这一报告至今仍是核能界推行核安全文化的经典报告。核安全文化作为一项高境界的管理原则，在全球核能界已得到倡导、实施和推广，并且不断发展和完善，在创造核电厂优良业绩中发挥了重要的作用。

1994 年，IAEA 制定了《ASCOT 指南》，用于对核安全文化进行评估。2008 年，IAEA 在《ASCOT 指南》的基础上，正式发布了《SCART 指南》（安全文化评价指南，SS–16），系统地提出了核安全文化评价的目的、评价的基础、评价的方法和评价的过程。该指南提出了核安全文化的 5 项主要特征和 37 种有形表征，系统地建立了核安全文化评价指标。

1998 年，IAEA 出版了《在核能活动中发展安全文化》（安全报告丛书 No.11），论述了核安全文化发展的三个阶段：第一阶段，仅以满足法规要求为基础；第二阶段，良好的安全绩效成为组织的一个目标；第三阶段，安全绩效总是不断得到提高。

1999 年，IAEA 在发布的《核电厂运行安全管理》（INSAG–13）中提出核安全管理体系。在这个文件中，IAEA 要求运行核电厂最高管理者建立和实施完善的核安全管理体系，确保能够定期讨论和审议安全绩效、监督安全绩效、推进核安全文化的持续改进。

2001 年，IAEA 出版了《在强化安全文化方面的关键实务》（INSAG–15），提出核安全文化发展第三阶段的目标和特征，以及达到第三阶段的方法和路径。

长期以来，美国 NRC 一直强调在核能与核技术利用领域中“安全第一”对公众健康和安全的重要性，并将其反映在两个早期发表的政策声明中，即 1989 年 1 月 24 日发表的《对核电厂运行管理的政策声明》（54FR3424）和 1996 年 5 月 14 日发表的《核工业界职工有提出安全问题而不担心受到打击报复的自由》（61FR24336）。经过近 10 年的努力，2011 年 6 月美国核管会（NRC）最终正式发布了《核安全文化政策声明》（NRC–2010–0282）。

2002 年，美国 Davis Bessee 核电厂事件引起了北美核电业界的高度关注。美国核动力运行研究所（INPO）以此为契机，于 2003 年提出了《卓越核安全文化原则》。美国核电厂联盟（United Station Alliance，简称 USA）基于该原则推出了核安全文化评估准则，在得到 INPO 和美国核能研究所（NEI）认可后，目前已在全美所有核电站实施。2006 年世界核电运营组织（WANO）以其名义发布了《卓越核安全文化原则》（WANO GL2006–02）。

2006 年 2 月，IAEA 在南非 PBMR 开展了第一次核安全文化评估活动。2008 年 3 月，日本核技术协会（JANTI）发布了“核安全文化七大原则”及评估方法。

二、国内核安全文化的发展

从中国建造第一座核电厂开始，我国政府对安全文化的研究和发展就十分重视。1991 年，我国开始引进、研究和推广安全文化。1993 年以来，国内开展了包括核安全文化、企业安全文化在内的大量安全文化的学术研讨，引起了安全科技界及政府管理决策层的关注。近年来，安全文化得到了不断地深化和提高。

国家核安全局积极倡导和大力推进各核能与技术利用单位开展以“安全第一、质量第一”为核心的核安全文化建设，在历次核安全监督检查活动中，都将核安全文化建设与评价作为重要的工作内容。自 IAEA 提出“核安全文化”以来，我国核活动相关单位以核安全文化的基本原则为指导，进行了大量的探索和实践。近年来，我国核安全监管当局与核电企业组织举办了许多核安全文化研讨活动，充分总结和交流核安全文化建设相关经验。

我国的秦山核电站在 1994 年投入商业运行时，就提出“安全是核电厂的生命”。从 1995 年开始就进行核安全文化教育，逐步建立核安全文化体系。1996 年，从秦山二期主体工程开工之日起，秦山二核就牢固树立“安全第一、质量第一”的根本方针，坚持本质安全、人机保护、分级管理、人群安全、保守决策、监护操作等安全文化理念。秦山三核牢固树立“安全第一、质量至上，是三核人对公众的庄严承诺”的理念，逐级建立完善安全责任制、安全保障体系和核安全监督体系。出版了《核安全企业的灵魂》等有关安全文化的著作。

田湾核电站建立一开始就提出了“安全第一，质量第一”“人人都是安全的一道屏障”等目标和要求，努力营造安全文化氛围，积极提高全员安全文化素养，将确保安全作为核电员工对全社会的庄严承诺。中国核能电力股份有限公司在学习借鉴美国 INPO 的评估方法后，依据 WANO《卓越核安全文化原则》于 2011 年 8 月对秦山核电一期进行国内首次核安全文化评估活动，并于 2012 年 7 月对田湾核电站进行了第二次核安全文化评估活动。

我国大亚湾核电站自起步伊始，就主动吸纳国际核电同行的安全质量理念，逐步建立与国际接轨的安全管理体系和制度，按“领导层示范、骨干推进和渗透、全体员工参与”的思路积极推进安全文化建设。在“安全第一，质量第一”的总目标下，结合安全管理的实际情况和特点，扩展并提炼出本地化的安全文化核心理念。其中，“核安全高于一切”的理念是大亚湾核电厂安全文化政策层、管理层承诺的中心思想。保守决策、透明原则、“四个凡是”是大亚湾核电厂安全文化管理层承诺的指导思想。“按程序办事”“一次把事情做好”“人人都是一道屏障”“现场操作要STAR”体现了大亚湾核电厂安全文化个人承诺的指导思想。近年来，在学习国外先进管理理念和总结实际运行经验的基础上，大亚湾核电站根据中国国情积极开展两个文明建设，把思想政治工作与安全文化建设紧密结合，在我国核电事业发展的不同时期，充分考虑了实际国情、民族的文化历史、行业的特殊性以及大亚湾毗邻香港的敏感性等特点，结合现代管理制度和压水堆核电站丰富的运行经验反馈，建设和发展了符合自身需求的核安全文化，并编写和出版了《大亚湾核电站安全文化良好实践》一书。随着我国核行业的迅速发展，核安全文化的探索与建设工作进一步加快。2014年3月24日，习主席阐述的“理性、协调、并进”的中国核安全观，把核安全推向了一个新的高度，我国核安全文化的发展进入了新的阶段。

2015年1月，国家核安全局、国家能源局和国防科工局首次联合发布《核安全文化政策声明》，旨在阐明对核安全文化的基本态度、培育和实践核安全文化的原则要求，在全面总结我国30年核安全文化建设良好实践的基础上，揭示了核安全与核安全文化的内涵，阐述了培育和实践良好核安全文化的八大特性，提出了持续推进核安全文化的倡议。

第四节　核安全文化的地位与作用

一、核安全文化与核安全的关系

核安全是指对核设施、核活动、核材料和放射性物质采取必要和充分的监控、保护、预防和缓解等安全措施，防止由于任何技术原因、人为原因或自然灾害造成的事故发生，并最大限度地减少事故情况下的放射性后果，从而保护工作人员、公众和环境免受不当的辐射危害。

核安全文化是指各有关组织和个人达成共识并付诸实践的价值观、行为准则和特性的总和；它以“安全第一”为根本方针，以维护公众健康和环境安全为最终目标。

保障核安全是培育核安全文化的根本目的，而核安全文化则是核安全的基础，是核安全“纵深防御”体系中的重要屏障，也是对核安全实践经验的总结与凝练。

为了确保核电的安全，核电厂采取的是纵深防御，这既有多道实体屏障，也有全方位的管理屏障。除此之外，通过核安全文化的建设，提升核电厂处处以“核安全为第一”的行为和管理意识，这也是核电厂管理中的重要环节。确保核安全既是技术问题，又是管理问题，更是文化问题。

核安全文化是核电安全发展的思想屏障和精神防线，是核能行业的基本价值观和行为准则，是所有从业者的职业素养和行动指南。核安全文化注重严谨的作风，注重审慎的态度，注重持续的改进。思危则安，思乱则治；思衰则兴，思亡则存。核安全工作在任何时候都不能松懈。

二、核安全文化的必要性

（一）培育核安全文化是核安全的本质要求

根据 INSAG–4 的介绍，安全文化指的是“从事任何与核电厂核安全相关活动的全体工作人员的献身精神和责任心。”其进一步的解释就是概括出一句关键的话，即一个完全充满“安全第一”的思想。这种思想意味着“内在的探索态度、谦虚谨慎、精益求精，以及鼓励核安全事务方面的个人责任心和整体自我完善”。

核安全具有五个特性，即技术的复杂性、事故的突发性、影响的难以感知性、污染后果的难以消除性和社会公众的极度敏感性。这样的特性决定了核安全在核能与核技术利用行业发展乃至整个国家安全中发挥着至关重要的作用。可以说，核安全关乎事业发展、公众利益、社会稳定及国家未来。因此，必须始终坚持“安全第一”的思想理念。而核安全文化是敬畏和维护核与辐射安全的思想、态度和作风，是所有核能与核技术利用事业从业者的良好共识与行动指南。通过培育核安全文化建立“安全第一”的核心思想，正是核安全的本质要求。

（二）培育核安全文化是核行业发展的重要保障

当前，核能与核技术利用行业发展迅速，对核安全文化建设的需求也日益迫切。在核电领域，随着核电快速发展，对核专业人员需求量也越来越大。大量非核专业人员的加入以及运行人员流向在建核电企业，在一定程度上造成了核安全骨干人员的稀释和流失，存在核安全文化弱化的风险。在核技术利用领域，核安全文化缺失现象严重，辐射防护意识薄弱。尤其是小型核技术利用单位，安全和责任意识差，放射源丢失等辐射事故频发。在核电设备制造、核燃料循环等领域也存在核安全文化培育不足的问题，屡屡发生违规补焊、不遵照规程办事等现象。

“核安全是核能与核技术利用事业发展的生命线”。在核能与核技术利用事业发展过程中，核安全文化的缺失和弱化，将给核与辐射安全问题埋下了隐患。因此，2012 年 10 月，国务院公布《核安全与放射性污染防治“十二五”规划及 2020 年远景目标》明确要求“建立核安全文化评价体系，开展核安全文化评价活动；强化核能与核技术利用相关企事业单位的安全主体责任；大力培育核安全文化，提高全员责任意识，使各部门和单位的决策层、管理层、执行层都能将确保核安全作为自觉的行动。”所以，培育核安全文化，是当前形势下核能与核技术利用事业发展的重要保障。

（三）培育核安全文化是减少人因失误的有力措施

IAEA 在 INSAG–4 中指出：“除了在人们称之为‘上帝的旨意’以外，核电厂发生的任何问题某种程度上都源于人为的错误。然而人的才智在查出和消除潜在的问题方面是十分有效的，这一点对安全有着积极影响。正因为如此，个人承担着很重要的责任。”因此，人为因素在核与辐射安全工作中起着至关重要的作用。

一方面，人与机械系统最大的区别在于“人的可靠性很差”。为了应对可能出现的人为错误，人们首先发展并使用了核安全质量保证体系。但实践证明，核安全质量保证有一定的局限性，没有考虑人的非理性“失误”与“违章”，也没有解决如何使人按正确的行动去做的问题。培育核安全文化就是要弥补核安全质量保证的缺陷，在核安全重要活动中形成一种带有普遍性的、重复出现的、相对稳定的有利于核安全的行为心理状态，从而减少人为错误带来的核安全问题。

另一方面，“存在决定意识，意识反过来对存在起到积极的促进作用”。人的才智也可以在查找和消除潜在问题方面发挥积极的作用。先进的核安全文化是人类在长期的核与辐射安全实践中总结创造的宝贵财富，是体现核与辐射安全实践本质特征的文化形态，是提高核与辐射监管者素质、滋养从业人员心灵的精神沃土。通过培育核安全文化，有利于更好地发挥人在核能与核技术利用中的积极作用，减少人因问题带来的影响。

中国特色的核安全文化是根植于最具代表性的社会主义社会化大生产（高集成的核电技术）上的先进管理文化；是科学的、民族的、大众的文化；是生态文明建设的重要组成部分；是建立在社会主义精神文明建设为主导思想上的社会主义先进文化。

第五节　核安全文化的组成与要求

一、核安全文化的架构与阶段

核安全文化包含在意识层面始终坚持安全第一等观念的无形部分和它的有形导出。核安全文化的有形导出即安全文化的表现，它是由两个主要方面组成。第一是由组织政策和管理活动所确定的安全体系，第二是个人在体系中的工作表现。核安全文化的成功取决于上述两个方面对安全的承诺和能力。这就强调安全文化既是态度问题，又是体制问题，既和组织有关，又和个人有关。

IAEA 的《安全文化》(INSAG－4)给出了一个单位安全文化的总体架构，如图 10－5－1所示。它涉及政策层、管理者和个人对安全的承诺。一个单位要形成优秀的安全文化，需要三者在对待一切与安全有关的问题上均有卓越的表现

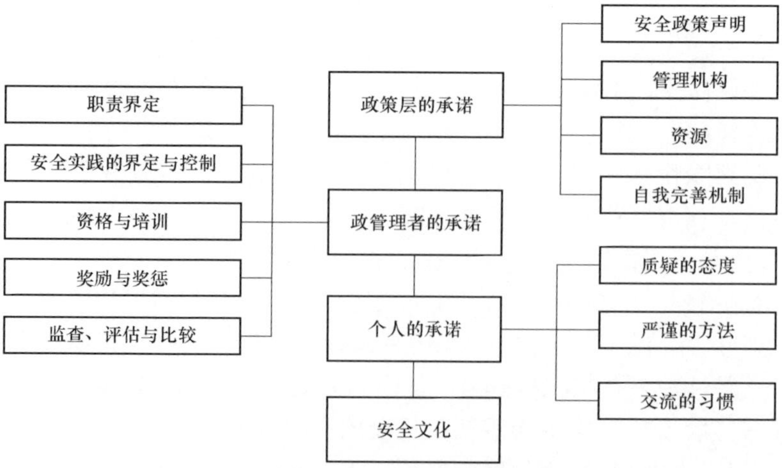

图 10－5－1　安全文化的总体架构

安全文化是个人行为的集中表现，而决策层则起着关键作用。可以说，安全文化主要是领导层安全理念的体现，一定程度上是领导层的意志与态度的物化形态。一个单位安全文化的养成，领导层的言传身教是必不可少的因素。只有领导层正确理解了安全文化的精髓与要义，才能在企业日常运营中进行有效的安全实践，即各级管理层带头执行程序，全力宣贯安全意识，以形成在意识上重视安全、在程序里满足安全、在执行中遵守安全的文化氛围。具体到每一个普通员工，除了严格遵守确定的程序外，还要求他们必须按“安全文化”行事，即建立质疑的工作态度、形成严谨的工作方法和养成相互交流的工作习惯。

一个单位在不同的发展阶段，应有不同的组织文化来配套适应。IAEA 在其安全报告《在核活动中发展安全文化：帮助进步的实践建议》中提出了安全文化发展的三个阶段：在初级阶段，安全来自于外部的要求，而没有意识到个人行为和态度对安全的影响，安全在很大程度上看作是一个技术问题，只要遵循规则和条例就认为是足够的；在中级阶段，一个企业自觉地认为安全是重要的组织目标，对行为表现逐步关注，开始自发地重视安全绩效，并开始寻找一些管理措施达到预期目标；在高级阶段，认为安全总是能够改进的，组织建立了持续改进的理念并应用到安全方面，强调交流、培训、管理模式以及提高效率与有效性。文化的发展是个循序渐进的过程，一个核企业不能幻想跨越前两个阶段而直接进入第三阶段。

二、核安全文化的要求

各级组织和个人在所有活动中，对安全的重视体现在以下方面：一是个人对安全重要性的认识；二是通过培训、教育及自学获得的知识和能力；三是高级管理层的承诺，他们用行动体现安全的高度优先地位，并且要求安全目标被个人所认同和接受；四是通过领导力、目标设置、奖惩机制，以及个人自发的态度提升积极性的激励机制；五是有效的监控；六是清晰的授权责任制。

具体来说，核安全文化对组织和个人的要求体现在对组织中不同层次的人员的要求，具体包括决策层、管理层和执行层三个层面。

（一）决策层

无论是政府层面还是单位层面，决策层推行的政策创造了工作的环境，支配着每个人的行为。对决策层的要求如下：

1. 公布安全政策

所有核安全相关的单位都要发布安全政策声明，将其所承担的职责公之于众，让人人明白。该声明就是全体工作人员的行动指南，并宣告该单位的工作目标和单位管理人员对核电厂安全的公开承诺。

2. 建立科学的管理体系

在制定政策、设置机构、分配资源、建设基础设施等环节中充分考虑安全因素。政府建立健全科学合理的体制、严格的监管机制、高效的审评模式、完备的监督检查程序；营运单位首先要在安全事务方面有明确的责任制。这要求在文件上明确责任，通过建立清晰的汇报渠道，尽量简化接口，使从事核电厂安全事务的各单位之间有极其明确的权限。在确保计划、进度、成本等方面的任何考虑不能凌驾于安全之上，并开展过程评价和优化改进持续提升安全标准。在对核电厂安全有重大影响的单位内部，要设立独立的安全管理部门，由它负责对核安全活动进行监督。

此外，各核相关单位还应创建和谐的公共关系。通过信息公开、公众参与、科普宣传等公众沟通形式，确保公众的知情权、参与权和监督权。

3. 提供人力物力资源

决策层要确保安全所需的充足的人力和物力资源，特别是必须拥有足够的有经验的员工，并辅以必要的顾问或合同承包人。要建立科学的人事管理体制，保证把有能力的人员及早提拔到关键岗位上去。要保证有足够的培训人员和经费。保证所有的职工在从事与安全有关的工作时配备必要的设备、装置和各种技术手段。为保证他们能有效地完成工作，职工的工作环境要好。

4. 决策层不断的自我完善

作为一项安全管理政策，各单位经理们都应该对核电厂安全有关工作进行定期审查。审查的内容主要包括人事安排、学习型组织的培育、运行经验反馈以及对设计变更、电厂修改和操作程序的管理。

5. 决策层的承诺

以上对决策层的要求都要求决策层当众宣布使众所周知，这些承诺说明了公司在社会责任方面的立场，并表明了公司在安全方面的坦诚意愿。

最高层要以个人名义表明他们的承诺，即：他们要关注与核安全有关的工艺过程的定期审查，一旦出现与核安全和产品质量有较大影响的问题时，他们要直接过问，还要经常向职工讲述安全和质量的重要性。特别一提的是，核电厂安全是单位最高层会议上的重要议题。

（二）管理层

管理层：核电厂管理层主要负责企业安全政策和目标的具体实施。对其安全职责的具体要求如下。

1. 明确职责分工

特有的、清晰的授权制度可以使每个人职责分明，每位员工可充分了解各自的职责以及上下级的职责。

2. 安全工作的安排与管理

各部门经理应确保高标准严要求地完成各项与核安全相关的工作。为了保证工作能够按照规定进行，各部门经理应建立一套监督和管理制度，强调文明生产。安排工作时要保障员工适当的工作时间和劳动强度，并努力营造相互尊重、高度信任、团结协作的工作氛围，客观公正的解决冲突矛盾。

各部门经理还应倡导对安全问题严谨质疑的态度；建立全体员工自由反映和报告安全相关问题并且不会受到歧视和报复的保障机制；管理者应及时回应并合理解决员工报告的潜在问题和安全隐患。

3. 对人员资格的审查和培训

各部门经理应确保他们的每一位员工都能充分胜任自己所承担的工作。首先人员招聘和任命程序要保证工作人员在才智和文化程度方面具有令人满意的初施，否则会危及安全，但具体做法要慎重，处罚不应导致人们隐瞒错误。

4. 监察、审查和对比

各部门经理在贯彻质量保证措施以外，还要负责实施一整套监察或监督措施，例如对培训计划、人事任命程序使用、工作方法、文件管理和质量保证体系等的定期审查。此外，还可以通过查阅内部关键绩效指标与外部或其他核电厂的绩效指标进行对比来评估自身的安全绩效。

5. 承诺

通过以上途径，各部门经理不仅仅以行动表现他们对安全的承诺，还要促进职工的安全素养。

（三）执行层

执行层主要包括基层管理干部和执行人员。他们是直接从事具体的，特别是与核安全相关的工作。因此，对他们的要求也更加具体。

1. 质疑的工作态度

质疑的工作态度也称“探索精神”，凡在核安全事故中取得优异成绩者，都具有质疑的工作态度和品行。质疑的工作态度要求每位员工凡事都要问为什么，不放过任何蛛丝马迹。

2. 严谨的工作方法

每个人都要采取一种严谨的工作方法，严谨的工作方法主要要求员工做到：看懂和理解工作程序；按程序办事；对意外情况保持警惕；出现问题停下来思考；必要时请求帮助；追求纪律性、时间性、条理性；谨慎小心地工作；切忌贪图省事。

3. 良好沟通的工作习惯

人人都要明白，良好沟通的工作习惯对安全至关重要，其中包括内容如下：从他人得到有关信息；向他人提供有关信息，保持良好的透明度；汇报完成的工作结果；发现和报告任何异常；正确填写工作记录，无论是正常或异常情况；提出新措施改善安全，重视经验反馈。

第六节　核安全文化的良好实践

一、经验反馈

经验反馈是为了对核电厂的运行经验和教训进行分析和总结，发现不利于安全的先兆，从而在出现严重情况之前采取必要的纠正行动。这一做法正是核安全文化的要求的具体体现，并且在三哩岛核事故和切尔诺贝利核事故后开始被世界核电领域逐步采用，一些为此目的而建立的组织（如美国的核电运行研究所、世界核电运营者联合会等），对经验反馈工作进行了大量的理论创新、实践和经验总结。

我国核安全监管部门高度重视经验反馈工作，开展了大量卓有成效的实践。针对运行核电厂，1988 年发布了《核电厂的安全监督》（民用核设施安全监督管理条例实施细则之二），其中制定了核电站异常事件报告制度。1995 年制定并发布了《核电厂营运单位报告制度》，对运行阶段事件报告的准则、程序、内容和格式做出明确规定，提高运行事件报告效率，并依据该制度开展核电厂运行事件数据收集工作。2004 年国家核安全局修订了《核动力厂运行安全规定》，在经验评价、经验研究、国内国际信息共享等方面对营运单位的运行事件分析及经验反馈工作提出更明确、具体的要求。2012 年国家核安全局发布了《运行核电厂经验反馈管理办法》（国核安发〔2012〕65 号文件），确立了国家核安全局运行核电厂经验反馈体系的框架，明确了参与经验反馈体系的相关单位和职责分工，为经验反馈体系建设奠定了基础。

经验反馈作为一项管理工具，在国内外的核电厂运行中得到了广泛应用，有效提高了核电厂的运行安全水平。国内大亚湾核电、秦山核电以及田湾核电等都建立了各自的运行经验反馈体系。

二、防人因失误工具

除了经验反馈，防人因失误工具的应用也是核安全文化有形导出的具体体现。为了从管理手段上预防人因失误的发生，核电业界在多年的运行及管理经验基础上开发了一系列防人因失误工具。我国核电集团针对各自的特点，开发了较为相似又略微不同的防人因失误工具，广泛使用的防人因失误工具有：

1. 明星自检操作法

明星自检操作法（STAR 操作法）是核安全文化要求执行层具备严谨工作方法的有形体现。在遇到任何异常或安全问题时 STAR 操作法要求：①先停下来，平复情绪，避免盲目处理，造成误操作、误判断，这是自检最重要的一步，看似简单，但是可以极大程度提高操作的成功性和准确性；②冷静思考，分析现象、原因，考虑清楚下一步采取什么样的行动，是否需要外界帮助，识别与操作相关的所有信息，对面临的环境提出质疑，想清楚自己的行为将会带来哪些预期的响应，比如流量、压力、水位、指示灯、噪声等变化，考虑清楚如果发生意外怎么处置，如果预期的响应没出现应该采取什么措施；③采取正确的干预措施和行动，眼睛盯着预期响应的仪表、指示灯的变化；④操作结束后，立即进行检查确认，分析评价，核实实际结果是否与期望一致。

2. 监护操作

监护操作即一人操作，一人监护，同步确认。监护操作的步骤是：①操纵员发出请示操作的口令，并完成操作前的准备动作，如手部选择正确的开关按钮，眼睛观察预期响应的仪表或者指示灯；②监护者确认操纵员所指设备的正确性和准备工作的完整性，以口令方式批准操纵员可以进行执行动作；③操纵员复述监护者的口令后，开始执行操作，并将观察到的信息报告给监护者，共同确认执行动作的正确性。在监护操作中，口令起到至关重要的作用，体现出监护者对执行者的全过程监督，特别是在执行者出现人因失误的苗头前，监护者有机会提前防止人因失误的发生。对于执行者来说，监护者就相当于另外一道安全屏障。

3. 三向交流

三向交流即三段式沟通，信息经过发送、复述、确认，确保信息传递准确无误。核安全领域质量保证是基于文件的管理，而在管理实践中发现，口头交流也不可能放任自流，也应给出控制要求。因此，运行核电厂广泛使用“三向”交流管理措施。

4. 遵守/使用程序

使用程序即严格按文件、程序、指令执行操作。从安全文化的角度看，对活动承担者使用程序增加了附加要求。比如，对使用程序方法分类管理方法，对停止使用程序的要求等。

5. 工前会

为了能够成功地完成一项任务，在开始工作之前，需要对工作有关的一些问题进行明确，加深对相关信息的理解，从而更充分地做好任务准备，以保证任务顺利完成。工前会主要解决以下问题：①明确各岗位的人员的职责分工；②按照分工进行理论知识准备，在时间允许情况下各岗位进行公开“述职”，即口述各自的职责分工、工作流程，其他成员则进行监督，确保无错误、无遗漏；③共同研讨工作中的关键步骤、安全注意事项及应对措施，并对预防措施和预案的有效性进行评估。实践表明，工前会是正式开始一项工作前具有较强“仪式感”的全方位准备工作，包括对人员、技术、管理等方面进行熟悉和确认，以最大限度地减少人因失误的发生。

6. 工后会

工后会即工作结束后进行总结，找出不足，加以改进。在工后会中，重点对工作中失误和问题进行深入分析，把失误和问题当作案例和教训，开展经验反馈，避免在今后的工作中重复出现。工后会和工前会还有一个重要作用就是，促使工作人员逐渐养成良好的沟通习惯，这是核安全文化对执行层一项重要的要求。

7. 质疑的态度

质疑的态度能够促使操纵员对不确定因素和潜在风险进行关注，避免对某些似是而非的异常“自圆其说”。要求对问题进行去伪求真，盘根问底，不放过任何蛛丝马迹，避免从众，倡导核安全工作“小题大做”的精神。具体方法如下：①审查信息来源：与我的工作相关吗？来源是否可靠、准确？信息是否存在疑点？②自我验证信息：合理吗？我的期望是什么？与过去的经验和其他的相关信息吻合吗？③独立核实信息：我能从一个独立、可靠的渠道获得对信息的确认和支持吗？质疑态度的养成可有效避免麻痹思想存在，始终使操纵人员对任何异常都保持警觉状态。

8. 工作交接

交接工作以便提供充分而准确的信息。工作交接时要用标准化的方式传递信息。交接地点应选在有利于讨论且距离工作地点足够近，以方便采取行动的地点。工作交接包括员工、班组、部门、不同单位之间的移交。

思考题

1. 什么是核安全？核安全文化有什么重要性？请简要叙述。

2. 核安全文化的历史背景是什么？请简要叙述。

3. 国际社会上不同的国家和组织对核安全文化的定义有不同的表述，请列举3～5个说明它们有哪些共同点与侧重点？

4. 我国哪一年开始引进、研究和推广安全文化？
5. 请简要叙述核安全文化的必要性。
6. 核安全具有哪五个特性？
7. 核安全文化对决策层、管理层和执行层的具体要求分别是什么？请简要叙述。
8. 请谈谈你对核安全文化的总体认识。

参考文献

［1］International Atomic Energy Agency．Safety Culture（INSAG－4），1991．

［2］李士，查连芳，赵文彦．核能与核技术［M］．上海：上海科学技术出版社，1994．

［3］王成孝．核能与核技术应用［M］．北京：原子能出版社，2002．

［4］《注册核安全工程师岗位培训丛书》编委会．核安全案例分析［M］．北京：中国环境科学出版社，2004．

［5］《注册核安全工程师岗位培训丛书》编委会．核安全综合知识［M］．北京：中国环境科学出版社，2004．

［6］李国柱，陈光．核技术生物科学及农业应用［M］．北京：中国林业出版社，2005．

［7］朱继洲，单建强．核电厂安全［M］．北京：中国电力出版社，2010．

［8］魏义祥，贾宝山．核能与核技术概论［M］．哈尔滨：哈尔滨工程大学出版社，2011．

［9］柴建设．核安全文化理论与实践［M］．北京：化学工业出版社，2012．

［10］阎昌琪，曹欣荣．核反应堆工程［M］．哈尔滨：哈尔滨工程大学出版社，2014．

［11］罗顺忠．核技术应用［M］．哈尔滨：哈尔滨工程大学出版社，2015．

［12］范育茂．核反应堆安全演化简史［M］．北京：中国原子能出版社，2016．

［13］吴宜灿．核安全导论［M］．合肥：中国科技大学出版社，2017．

［14］中国科学技术协会．2016—2017 核技术应用学科发展报告．北京：中国科学技术出版社，2018．

［15］陈文振，张黎明，肖红光．核反应堆工程原理（上）［M］．北京：中国原子能出版社，2019．

［16］陈文振，于雷，余刃，等．核反应堆工程原理（下）［M］．北京：中国原子能出版社，2019．

［17］中华人民共和国核安全法．北京：法律出版社，2017．

［18］陆浩，刘华，王毅韧，等．中华人民共和国核安全法解读［M］．北京：中国法制出版社，2018．